太阳能热利用中的能量高效传递

王亚辉　于　祥　编著

西北工业大学出版社

西　安

图书在版编目(CIP)数据

太阳能热利用中的能量高效传递 / 王亚辉，于祥编著. -- 西安 ：西北工业大学出版社，2024.9. -- ISBN 978-7-5612-9349-2

Ⅰ. TM615

中国国家版本馆 CIP 数据核字第 20247R4T18 号

TAIYANGNENG RELIYONG ZHONG DE NENGLIANG GAOXIAO CHUANDI

太 阳 能 热 利 用 中 的 能 量 高 效 传 递

王亚辉　于祥　编著

责任编辑：付高明　　**策划编辑**：张　晖

责任校对：李阿盟　　**装帧设计**：高永斌　董晓伟

出版发行：西北工业大学出版社

通信地址：西安市友谊西路 127 号　　**邮编**：710072

电　　话：(029)88491757，88493844

网　　址：www.nwpup.com

印 刷 者：陕西向阳印务有限公司

开　　本：787 mm×1 092 mm　1/16

印　　张：12.375

字　　数：309 千字

版　　次：2024 年 9 月第 1 版　2024 年 9 月第 1 次印刷

书　　号：ISBN 978-7-5612-9349-2

定　　价：78.00 元

序

在国家明确提出“双碳”目标及其行动蓝图的背景下，太阳能热利用的前景将愈加光明。得益于技术的持续创新与成本效益的显著提升，太阳能热利用正逐步拓展至工业供热、建筑供暖、农业大棚等多个领域。鉴于此，政府亦将持续强化对太阳能热利用领域的扶持，通过政策激励、技术革新等多种手段，促进其稳健发展，为实现“双碳”目标贡献力量。太阳能作为永续且可再生的能源，其使用不会引致资源枯竭，相较于化石燃料，其可持续性显而易见。太阳能热利用过程清洁环保，不释放污染物和温室气体，起到了保护环境的作用。通过太阳能满足供热和发电等需求，能够有效节省传统能源，并减少能源支出。为了最大限度地发挥太阳能的潜能，我们亟须深入掌握太阳能热利用及能量高效转换的原理，从而进一步提升太阳能的热利用效率，确保这一绿色能源在未来能源结构中扮演关键角色。

本书立足于太阳能应用的前沿进展与科研成就，深入对比和剖析了众多典型的太阳能热利用系统。作者不仅分享了自身在提升系统效率方面的结构创新、理论分析及若干实验研究，而且详细阐述了相关领域的研究成果。书中内容丰富，包括太阳能毛细管网供冷供热系统的实验研究、分段式复合抛物面聚光器结构及其焦面能流密度的光学特性、碟式聚光集热系统的理论与实验探究、磁性纳米流体增强传热效果的作用机理。本书对于推动太阳能热利用技术革新、集热系统优化等提供了宝贵的思路和指导，具有较好的参考价值。

本书的作者深耕于太阳能光热及光伏技术领域，攻读博士学位期间专注于碟式聚光集热系统的研究；担任硕士生导师之后，指导学生深入研究了太阳能供暖、中低温太阳能热风系统以及纳米流体强化换热等课题，积累了宝贵的实践操作经验。本书的撰写与出版，有望为太阳能热利用技术的进一步繁荣提供有力的知识支撑和实用指南，同时本书内容也为可再生能源行业发展和全球碳中和目标达成贡献力量。

2024 年 2 月

前　言

随着社会及科技的发展，能源需求量逐年上升，而化石能源的短缺和环境污染的问题加剧，新型能源的开发和应用就变得日益重要。太阳能、风能、水能等可再生能源受到了广泛的关注和应用。这些能源不仅储量丰富，而且环保、可持续，是未来能源发展的主要方向。太阳能作为一种清洁无污染的替代能源具有光明的应用前景，尤其是历史悠久的太阳能热利用技术。太阳能热利用技术主要集中在中低温领域，但随着技术的发展和应用的深入，高温太阳能热利用也将成为重要的发展方向。未来，太阳能热利用将不再是单一的能源利用方式，而是与其他能源一起，形成多能源互补的利用方式。例如，太阳能与化石能源、风能等互补，可以实现能源的稳定供应和优化利用。

太阳能也存在一些缺点，如太阳能的能效比不高，与传统能源相比，其转化效率相对较低。另外，其生产受地理位置和气候条件限制，某些阴雨天、冬季或者日照时间短的地区，无法获得足够的能源供应；太阳辐射具有随机性和间歇性，其供应不稳定，虽然可以通过储能技术来平滑这种波动性，但需要额外的设备和投资。因此，通过不断的技术创新和成本降低，提高集热效率、减少能量损失是未来发展的重要方向。

根据可操作的温度区间，太阳能热利用被细分为低温、中温和高温三个主要区域。每个区域针对其特定的温度范围采用了不同的技术和应用策略，以最大化太阳能的利用效率和经济性。低温利用通常关注日常热水供应和空间加热，中温利用适用于工业过程热需求，而高温区域则涉及诸如热发电这样的高能量需求应用。

在低温应用领域，太阳能供暖作为热能利用的一种高效形式，其系统主要由太阳能集热器、热量储存单元和热量分配网络构成。尽管这种供暖方式具有显著的环境效益和能源持续性，但在实际操作中仍面临一系列挑战。为了提升系统的整体性能和可靠性，以及系统有效利用率，亟须对现有技术进行深入分析，并针对识别出的问题制定综合性的改进措施。在中温应用领域，太阳能的高效利用依赖于聚光器的技术，它通过集中太阳辐射来克服太阳能自身的低能流密度限制。聚光器的设计和优化因此成为研究焦点，目标在于降低系统成本的同时提升光热转换效率。精确的光学设计和材料选择对于提高聚光器性能至关重要,这不仅可以增强系统的热输出,还能确保更广泛的可行性和经济效益。在高温应用领域,碟式和塔式聚光技术占据了主导地位。碟式聚光集热(发电)系统的效能在很大程度上取决于聚光器将太阳光线聚焦至接收器上的能力,从而产生极高的焦面能流密度。这一密度的水平直接决定了接收器的结构设计和能量转换效率。因此,精确测量焦面能流密度以及深入分析接收器的光热特性,对于优化整个系统的性能至关重要。

笔者近些年逐步开展了相应的理论模拟和实验工作,取得了一些富有特色的研究成果。本书归纳整理了笔者近些年的研究内容,同时也介绍了其他研究者的相关学术成果。希望本书能推动太阳能热利用的理论和应用研究的进一步发展,对同领域的研究者起到启发和开拓思路的作用。

本书共分为六章。第1章提供了太阳能应用的背景信息,回顾了历史上的研究成就,并对太阳能集热器进行了概述。第2章深入探讨了太阳能辐射和聚光的基础理论。第3章介绍了毛细管网太阳能冷热联供系统,详细分析了系统的供热和供冷能力以及其运行特点。第4章聚焦于太阳能中温应用,提出了创新的分段式复合抛物面聚光器结构,并通过模拟与实验研究来分析其光学特性以及系统的光热转换效率。第5章详细介绍了碟式聚光集热系统,并研究了基于铠装热电偶的焦面能流密度测试技术及其热性能。第6章展示了纳米流体强化传热的最新研究成果,制备了新型混合纳米颗粒流体,并在磁场作用下进行了传热实验,讨论了不同因素对传热效果的影响。这些内容安排,旨在为太阳能热利用领域提供全面的理论基础和实验数据,推动相关技术的发展和应用。

本书具体编写分工如下:第1章、第2章、第6.1节、第6.2节由内蒙古工业大学于祥编写,第3至5章、第6.3节、6.4节等节由内蒙古工业大学王亚辉编写。

特别感谢笔者的导师田瑞教授,在研究过程中,得到先生的许多鼓励和启发,让笔者受益匪浅!

西北工业大学出版社及张晖编辑为本书的出版做了大量工作,给予了大力支持,在此深表感谢!

笔者在太阳能相关领域的研究工作得到了所在课题组全体师生的大力支持与帮助,在此一并致谢。

在编写本书的过程中,笔者参考了大量资料与文献,在此向其作者表示感谢。

由于水平有限,书中难免有不足之处,欢迎读者批评指正。

编著者

2024年2月

目　录

第1章　绪　　论

1.1　能源短缺和可持续发展

能源与人类生活水平和生存环境休戚相关，是社会发展和人类进步的物质基础，也是世界经济的命脉。回顾社会发展历史，人类已经经历了三个能源时期，即薪柴、煤炭和石油时期。古代人类以植物秸秆以及动物排泄物等燃料来取暖和加热食物，同时以人力、畜力和简单的风力、水力作为动力从事生产活动，这种薪柴时期持续了很长时间，社会发展缓慢。18世纪开始的工业革命，以蒸汽机的问世宣告以煤炭代替薪柴作为能源动力的煤炭时期到来。到19世纪末，电力进入社会生产的各个领域，这个时期工业迅速发展，生产力大幅增长，人类的生活和文化水平也跟着提高。随着石油资源的开发利用，人类能源利用进入了石油时期。尤其是20世纪50年代后，汽车、货轮、飞机的出现，极大地促进了世界经济的发展。

随着全球经济的快速发展，能源需求持续增长，特别是在工业化迅速进行和城市化加速的背景下，这种趋势对传统能源资源造成了巨大压力，同时也加剧了环境问题，如温室气体排放和空气污染。根据《BP世界能源统计年鉴》(2022版)，2021年，尽管全球一次能源需求增长放缓，但全球石油消费量、煤炭需求和产量均有所增长，化石燃料在全球能源消费占比保持在82%。化石燃料的有限性导致了能源短缺问题的日益严重。截至2020年末，世界石油、天然气、煤炭的探明储量分别为17 324亿桶、188.1万亿 m^3、10 741.08亿t，按照2020年的开采水平，上述三大化石燃料分别仅能供应53.5年、48.8年和139年。

这些问题对人类的生存和发展构成了严重威胁，使得可持续发展成为全球共同关注的焦点。可持续发展这一概念，是在全球面临日益严重的环境问题和资源压力的背景下提出的。1987年，世界环境与发展委员会在《我们共同的未来》报告中首次提出了“可持续发展”的定义，即“满足当前需求的同时，不损害未来世代满足自身需求的能力”。这一定义得到了国际社会的广泛认可，成为各国制定可持续发展战略的重要依据。在国际层面，联合国在可持续发展方面发挥了主导作用。1992年在里约热内卢召开的联合国环境与发展大会通过了《21世纪议程》，这是第一份全球可持续发展行动计划，旨在促进各国采取行动，实现可持续发展。此外，国际社会还制定了《联合国气候变化框架公约》《京都议定书》等一系列重要的国际条约和协议，共同应对气候变化等全球性问题。

中国作为世界上最大的发展中国家，一直积极推动可持续发展。中国政府将可持续发展作为国家战略，纳入国民经济和社会发展规划。中国共产党第十七次全国代表大会明确提出“坚持以人为本，全面、协调、可持续的科学发展观”，强调“促进经济社会协调发展、促进人与自然和谐共生”。在政策推动方面，中国政府制定了一系列法律法规和政策措施，以促进可持续发展。例如，《中华人民共和国环境保护法》《中华人民共和国可再生能源法》等法律法规的出台，为可持续发展提供了法律保障。同时，中国政府还实施了一系列重大战略，如生态文明建设、绿色发展等，以推动经济社会的可持续发展。2020 年 11 月 10 日，习近平主席在上海合作组织成员国元首理事会第二十次会议上指出：“大家一起发展才是真发展，可持续发展才是好发展。我们要秉持创新、协调、绿色、开放、共享的发展理念，拓展务实合作空间，助力经济复苏、民生改善。”

太阳能热利用作为一种可再生、清洁的能源技术，具有巨大的发展潜力，为解决能源短缺和推动可持续发展提供了有效的解决方案。太阳能热利用通过收集太阳辐射能并将其转化为热能，具有无限、无污染、低碳等优点，是实现能源可持续发展的重要途径之一。太阳能热利用技术，特别是高效率太阳能热吸收材料和系统的研究与开发，为满足能源需求增长提供了一种可行的解决方案。通过集成创新材料和高效系统设计，这些技术不仅能提高能源转换效率，还能降低对环境的影响，符合全球对于可持续发展的追求。

面对全球范围内对能源的巨大需求，存在许多挑战，包括如何在保持技术创新的同时控制成本，如何确保新技术的市场适应性和广泛应用，以及如何平衡技术发展和环境保护之间的关系，等等。总之，太阳能热利用技术在全球能源转型和可持续发展中扮演着重要角色。它不仅对能源需求增长问题提供了解决方案，而且有助于减轻环境问题。随着技术的不断进步和成本的降低，我们有理由相信，太阳能热利用将在未来的能源格局中发挥越来越重要的作用。

1.2 太阳能资源分布

太阳是一个炽热的气态球体，它的直径约为 1.39×10^{6} km，质量约为 2.2×10^{27} t，为地球质量的 3.3×10^{5} 倍，体积则比地球大 1.3×10^{6} 倍，平均密度为地球的 1/4。其主要组成气体为氢（约 80%）和氦（约 19%）。太阳内部持续进行着氢聚合成氦的核聚变反应，不断地释放出巨大的能量。根据目前太阳产生核能的速率估算，其氢的储量可以维持 600 亿年，因此对于人类来说，太阳能是用之不竭的。南欧、澳大利亚、美国西南部和墨西哥、中东地区、北非、南非、南美洲东西海岸和中国西部地区是全世界太阳能辐射强度和日照时间最佳的区域。

地球接收到的太阳能的总量异常丰富，一年内到达地表的太阳辐射总量约为 8.85×10^{8} TW·h，相当于 130 万亿 t 标准煤的能量，是 2020 年世界一次能源消费量的 5 500 多倍。这个数字令人惊叹，也说明了太阳能作为一种可再生能源具有巨大的潜力。广义的太阳能所包括的范围非常大，地球上的风能，水能，海洋温差能、波浪能、生物质能以及部分潮汐能都来源于太阳，即使是地球上的化石燃料（如煤、石油、天然气等）从根本上说也是远古储存下来的太阳能。狭义的太阳能仅限于太阳辐射能的光热、光电和光化学的直接转换。

我国太阳能资源的分布丰富区包括甘肃、青海、西藏、宁夏（年平均总辐射量为 1 800～2 100 kW·h·m^{-2}），资源较丰富区为内蒙古、新疆、山西、陕西等（年平均总辐射量为1 500～1 800 kW·h·m^{-2}），形势为西多东少。我国太阳能资源最为丰富的地区是青藏高原地区，其年总辐射量超过 1 800 kW·h·m^{-2}，部分地区甚至超过 2 000 kW·h·m^{-2}，接近世界上太阳能资源最为丰富的撒哈拉大沙漠地区。我国太阳辐射总量等级和区域分布如表1－1所示。

表1－1　我国太阳辐射总量等级和区域分布

名称	年总辐射量/(MJ·m^{-2})	年平均辐照/(kW·h·m^{-2})	占国土面积/(%)	主要地区
最丰富带	≥6 300	≥200	约 22.8	西藏 94°E 以西大部分地区、青海 100°E 以西大部分地区、内蒙古额济纳旗以西、甘肃酒泉以西、新疆东部边缘地区、四川甘孜部分地区
很丰富带	5 040～6 300	160～200	约 44.0	新疆大部、内蒙古额济纳旗以东大部、黑龙江西部、吉林西部、辽宁西部、河北大部、北京、天津、山东东部、山西大部、陕西北部、宁夏、甘肃酒泉以东大部、青海 100°E 以东的边缘地区、西藏 94°E 以东、四川中西部、云南大部、海南
较丰富带	3 780～5 040	120～160	约 29.8	内蒙古 50°N 以北、黑龙江大部、吉林中东部、辽宁中东部、山东中西部、山西南部、陕西中南部、甘肃东部边缘、四川中部、云南东部边缘、贵州南部、湖南大部、湖北大部、广西、广东、福建、江西、浙江、安徽、江苏、河南
一般带	＜3 780	＜120	约 3.3	四川东部、重庆大部、贵州中北部、湖北 110°E 以西、湖南西北部

1.3　太阳能利用形式

人类对太阳能的利用有着悠久的历史，我国早在两千多年前的战国时期就利用钢制四面镜聚焦太阳光来点火，利用太阳光来晒干农副产品，等等。发展到现代，太阳能的利用日益广泛，它包括太阳能的光热利用、太阳能的光电利用和太阳能的光化学利用等。目前太阳能利用主要分太阳能光利用和太阳能热利用两部分，如图 1－1 所示。

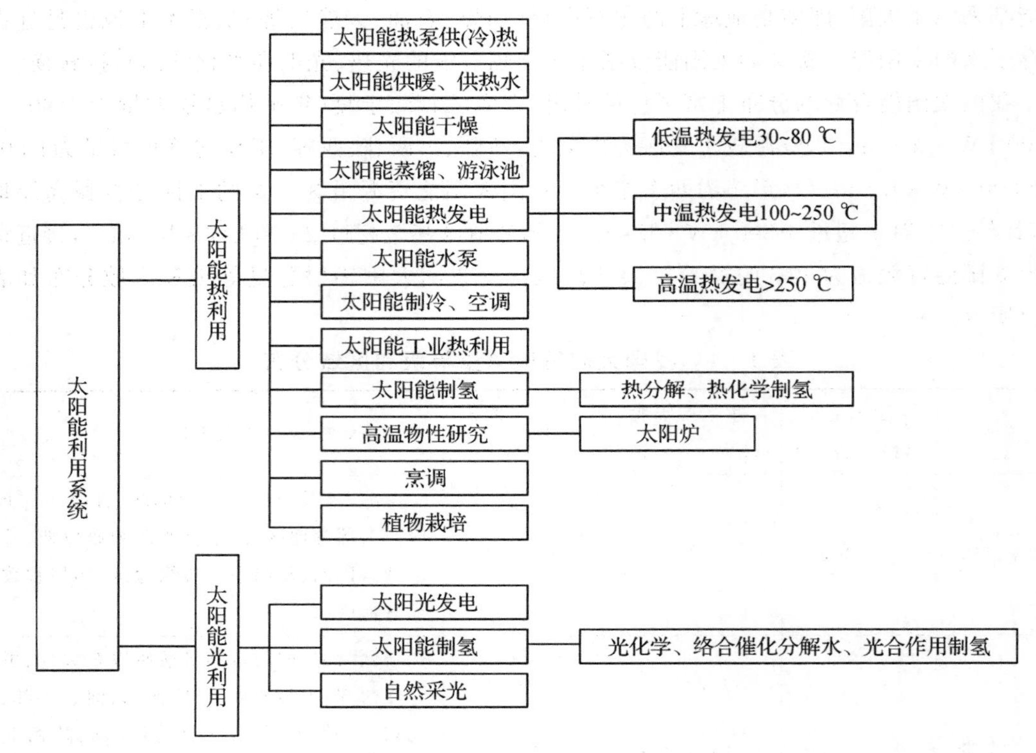

图 1-1　太阳能利用形式

其中，太阳能热利用包括低品位太阳能热利用与太阳能热动力发电两个部分。太阳能热利用即将太阳辐射的能量收集，再进行能量转换，将光能转化为热能进行利用。太阳能光热利用过程一般采用太阳能集热器等装置来捕集太阳辐射能，并将其转化为热能加以利用。根据温度的不同，可将光热利用分为低温利用(＜100 ℃)、中温利用(100～250 ℃)和高温利用(＞250 ℃)。低温利用主要包括太阳能热水器、太阳能制冷、太阳能温室、太阳能膜蒸馏、太阳能干燥器、太阳房等。中温利用装置主要有太阳能供工业热水、水蒸气、热空气或导热油系统，太阳能空调制冷系统，太阳灶，等等。在中温光热利用过程中一般会采用抛物面槽式、抛物面碟式或线性菲涅尔式聚光器。高温光热利用装置主要有太阳炉，太阳能冶金装置，大型抛物面槽式、抛物面碟式、塔式、线性菲涅尔式集热器，等等。

为了获得能流强度较高的太阳能，或者是为了提高吸热工质的温度，需要采用聚光装置对太阳光进行汇聚。按照汇聚光线是否改变路径来划分，太阳能聚光分为反射聚光和折射聚光两种基本形式。折射聚光是利用光线在不同介质界面处透射光线传播方向发生改变的原理聚光的，通常入射光线透过透明材料时光线会被汇聚在一条焦带上或圆盘面上。平凸透镜是最早被使用的一种折射式聚光镜，透镜越厚，其聚光倍率越高。为了减小平凸透镜的厚度，人们将其凸面做成同心阶梯球面，同样可以达到很好的聚光效果。阶梯球面制作工艺较为复杂，后来发展为将每个阶梯球面近似地用平面代替，从而透镜就变为近似地由多个阶梯棱镜构成，也就是菲涅尔透镜。

反射聚光的原理是，采用对太阳光反射率高的镜面或其他材料做成反光镜，将投射到一个镜面或多个镜面的太阳光汇聚成一个点或一条线，可以提高能流密度，产出高品位热能或电力。太阳能聚光集热和热发电利用中，反射式聚光器应用最多，槽式、塔式、碟式和复合抛物面(Compound Parabolic Concentrator，CPC)聚光器均属于反射式聚光。

1.3.1 槽式太阳能集热技术

槽式太阳能集热技术是最早实现商业化运营的太阳能热发电技术，有着发电成本低和容易与化石燃料互补实现能源梯级利用的优点。槽式太阳能聚光系统利用槽式聚光器将太阳能辐射聚焦为高密度能流，加热位于聚光器焦线吸热管道内的传热工质，为电厂或生活提供温热源。根据工质输出温度的不同，槽式聚光系统可以分为中温利用和高温利用。中温利用温度从100 ℃变化到250 ℃，聚光器的聚光比介于15～20之间，主要应用于生活热水、空间加热和热驱动制冷等方面。高温利用工质输出温度高于250 ℃，最高可达400 ℃，聚光器聚光比介于20～30之间，主要应用于蒸汽驱动的热力发电厂。

Shuman于1912年在开罗建成了世界上第一个槽式聚光器，其长62 m，开口宽4 m，用于直接加热水产生蒸汽。美国与以色列联合创办的鲁兹公司于1980年开始研制开发槽式线聚焦系统，并于1985—1991年间先后在美国加利福尼亚州南部的莫罕夫(Mojave)沙漠地区建成了9座大型槽式抛物面线聚焦太阳能发电系统，总装机容量为354 MW，年发电总量10.8亿kW·h。在此过程中，鲁兹公司对产品进行了升级换代，共完成了槽式聚光器第1代到第3代的设计。最终，太阳能发电系统的集热效率可达到54%，热油温度高达390 ℃，发电成本由第1代的26.3美分/(kW·h)降低到第3代系统的12美分/(kW·h)。2007年，美国在内华达州的博尔德城建成了占地400亩(1亩=666.67 m^2)、容量为64 MW的Solar One槽式太阳能热发电厂，如图1-2所示。

图1-2 美国内华达州Solar One槽式太阳能热发电厂

1.3.2 塔式太阳能集热技术

塔式太阳能聚光热发电系统又称作集中式太阳能热发电系统，它是利用许多平面反射镜将太阳光反射到固定在高塔顶部的接收器上，从而达到汇聚太阳光的目的的。这些平面反射镜称为定日镜。定日镜的面积相比定日场是很小的，而且距接收器远，要把阳光准确反射到接收器，必须准确地跟踪定位。定日镜一般采用双轴跟踪结构，控制方法有传感器跟踪与逐日跟踪。每个定日镜都有独立的跟踪系统，不需集中控制。根据定日镜的布置数量，塔式聚光系统的聚光比从 500 到 5 000 不等，接收器能够达到的温度也随着聚光比的变化而变化，温度高时可以超过 2 000 K。如此高温下，除了热发电外，还可以将太阳能直接转换为化学能，如氧化锌生产、煤气化等。

随着定日镜技术的发展，其尺寸越来越大，其目的主要是降低生产成本。定日镜技术从 1975 年开始发展，20 世纪 80 年代美国桑迪亚实验室（Sandia Labs）建成了第一个面积为 37 m^2的原型定日镜。现在位于西班牙安达卢西亚塞维利亚城的 Planta Solar（PS）20 电厂，定日镜面积达到 120 m^2。定日镜技术的另外一个发展是材料的改进，为了提高结构的耐久性和承受能力，并降低自身重量，玻璃镜面、钢支撑结构组合正逐渐被聚合物银镜、合金钢支撑所取代。为了减少支撑面的压力，有的镜面形状取消了方形设计，而改为圆形设计。

PS20 电厂的高塔建设于 2006 年，2009 年开始运转。PS20 共有 1 255 面定日反射镜，发电塔发电能力为 20 MW。相比于 PS10，PS20 有很多技术改良，包括更高效率的接收器、强化的控制系统和新的热能储存装置。PS10 和 PS20 太阳能塔式热发电厂鸟瞰图如图1－3所示。太阳能塔式发电技术的核心部件是太阳能热发电系统，它包括热集热器、蒸汽循环系统、发电机组等。目前，研究人员主要关注如何提高太阳能热发电系统的效率和稳定性，以及降低成本。例如，一些研究团队正在探索新型的高效率热集热器材料，以及改进蒸汽循环系统的运行方式。另外，太阳能塔式发电技术的可持续发展也是研究的重点之一。随着发电站的建设规模越来越大，如何减少对环境的影响，保护生态环境成为了研究的关键。一些研究团队正在研究如何有效利用发电站周边的可再生能源，如风能和水力能源，以及如何减少反射光对周边生态环境的影响。

此外，太阳能塔式发电技术在运行过程中也面临着一些挑战，应对不稳定的天气条件、阴雨天气和夜晚的低温。为了解决这些问题，研究人员正在探索如何利用储能技术来平稳供电，以及如何提高系统的灵活性和适应性。太阳能塔式发电技术的商业化发展也是研究的重点之一。由于该技术在建设和运营成本方面仍存在一定的挑战，研究人员正在寻找新的商业模式来降低成本，提高竞争力。一些发电站正在尝试与当地政府合作，利用土地资源和政策支持来降低建设成本。

图 1－3　PS10（后面）和 PS20（前面）太阳能塔式发电厂鸟瞰图

1.3.3 碟式太阳能集热技术

碟式太阳能聚光系统利用抛物形碟式镜面将接收的太阳能集中到位于其焦点的接收器上，接收器吸收这部分辐射能并将其转换为热能，为后续热发电或中高温能量利用提供基础。碟式聚光器采用双轴跟踪技术，聚集比可以达到4 000，运行温度可以达到900～1 200 ℃，在3种太阳能反射式聚光系统中具有最高的热效率，光电转换效率可以达到29%。

碟式太阳能聚光器是一个旋转抛物面形状的装置，属于点聚焦集热器，因此聚光比可以高达数百到上千，可以产生很高的温度。抛物面由反射性极强的材料制成，可以采用背面镀银的玻璃或正面贴有反光薄膜的铝材。整个抛物面由若干面板组成，用高强度黏结剂或螺丝固定在托盘上，形成一个坚固连续的薄壳结构，通过装在盘内圆的中心与基座相连，其中基座可以作仰角转动和方位转动。目前实验室已有的采光面积为4 m^2的碟式聚光器，如图1-4所示。表1-2列出了国际上碟式太阳能聚光系统的研究和运行现状。

图1-4 实验室的4 m^2碟式聚光器

表1-2 国际上碟式太阳能聚光系统的研究和运行现状

项 目	系 统					
	MDAC	SES/Boeing	SunDish(Ⅱ)	ADDS Mod 2	DISTAL	EuroDish
年份	1984—1988	1988	1994	1999	1999—2000	2001
发电量/kW	25	25	22	9	9	10
净效率/(%)	29～30	27	18～23	22	18～21	22
数量	6	3	3	2	9	2
国家(地区)	美国	美国	美国	美国	西班牙、德国	西班牙
运行时间/h	12 000	8 350	N/A	N/A	40 000	50
	聚光器					
直径/m	10.57	10.57	12.25	8.8	7.5～8.5	8.5
类型	玻璃小镜面	玻璃小镜面	多镜面张膜	玻璃小镜面	单镜面张膜	单镜面张膜
反射镜数目	82	82	16	24	1	12
聚光比	2 800	N/A	N/A	N/A	3 000	3 000
运行时间/h	175 000	13 200	N/A	N/A	100 000	400
效率/(%)	88.1	N/A	90	N/A	88	N/A

	接收器					
方式	直接照射	直接照射	直接照射	直接照射	直接照射	直接照射
采光孔径/mm	200	200	220	150	120～150	150
工作温度/ ℃	810	810	800	850	850	850
效率/(%)	90	N/A	N/A	90	90	90

1.4 太阳能集热器

太阳能集热器是太阳能热水系统的核心组成部分，它直接影响热水系统的供水量和水温度。太阳能集热器将太阳辐射能转化为热能，并将热能传递给水、空气等介质以被人们利用。太阳能集热器有多种类型，包括平板型、真空管型、聚光型等。不同的类型适用于不同的应用场景，如太阳能热水器、太阳能干燥器、太阳能熔炉、太阳房、太阳能热电站等。太阳能集热器的工作原理主要是基于热传导和热辐射。在集热器中，通常有一个吸热体，它能够吸收太阳辐射并将其转换为热能；然后通过金属管道或其他传热介质，将热能传递给需要加热的物体。在太阳能热水器中，水作为传热介质在集热器中循环，将太阳辐射能转化为热能，从而加热水。

太阳能集热器的性能取决于其材料、工艺和设计等因素。为了提高集热效率，通常采用高吸收率的材料和结构设计。此外，为了减少热量散失和防止热量损失，集热器通常采用保温材料和密封设计。

太阳能热水器是太阳能集热器一种最基本的应用形式。太阳能热水器利用光热转换原理，以自来水作蓄热介质，通过集热装置吸收太阳能并将其转换为热能将冷水加热，随时为人们提供生活洗浴热水。最早生产的热水器为板式集热箱加水箱式(闷、晒)，之后随着真空管的出现，又生产出了真空管组合式热水器。相对于前者，这种热水器的集热面积和集热效率有所提高。在这之后生产出了热管真空管太阳能热水器，它将热管安装在真空玻璃管内，在集热器和水箱之间接入一个换热器，构成双回路系统，在集热器回路中使用防冻防腐的介质，故不会出现冻裂管、炸管等现象，同时冷水上水管与热水取水管分开设置。为防止集热管承压过高，热水取水管需装设安全阀。

1.4.1 平板型集热器

普通平板型集热器主要由玻璃盖板、吸热板芯、铝合金边框、泡沫板(或岩棉)保温层等组成，如图 1-5 所示。该型集热器利用“热虹吸”的原理，水在集热器中受热变轻，由集热器底部上升到顶部，再由上循环管流入保温水箱，水箱下部的冷水由下循环管流入集热器的底部。如此反复循环，使整个水箱中的水不断升温。

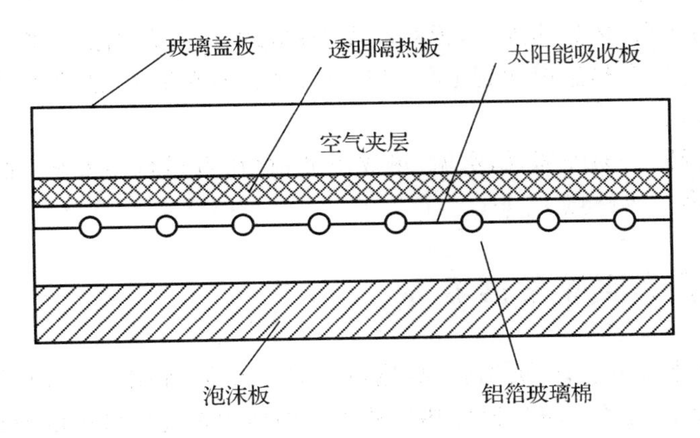

图 1-5　平板型集热器剖面示意图

平板型集热器的优点：①采用金属管板式结构，结构和工艺简单，加工成本低，价格低。②采用超声波焊接技术，可靠性高，美观清洁，不损伤不变形。③热效率高，吸收率高，产热水量大，吸收率高（$\alpha_s \geqslant 92\%$），发射率低（$\varepsilon_h \leqslant 10\%$），日平均热效率 $\eta_d \geqslant 55\%$。④系统可承压，耐空晒，水在铜管内加热，质量稳定可靠，没有任何安全隐患，维护方便。

平板型集热器的缺点：管内易结垢，使热水器的效率明显下降；在高温段效率偏低，散热快，表面热损失大，保温效果差；由于昼夜温度不同，集热器易产生倒流；无抗冻能力，抗台风、冰雹能力差。

1.4.2　全玻璃真空管型太阳能集热器

全玻璃真空管型太阳能集热器由两根同心圆玻璃管构成，内管外表面涂有选择性吸收涂层，外管为透明玻璃，又称为罩玻璃管，夹层之间被抽成高真空，整个形状就像一个拉长的暖水瓶胆，如图 1-6 所示。它采用单端开口设计，通过一端将内外管环形熔封起来，其内管另一端是密闭半球形圆头，由带吸气剂的弹簧夹子支撑，弹簧夹子可以自由伸缩，以缓冲当吸热体吸收太阳辐射而使内管温度升高时热膨胀引起的热应力。当太阳光透过外层透明玻璃照射到内管的外壁上时，壁上的选择性吸收涂层将太阳能转换为热能，加热内玻璃管内的传热流体。

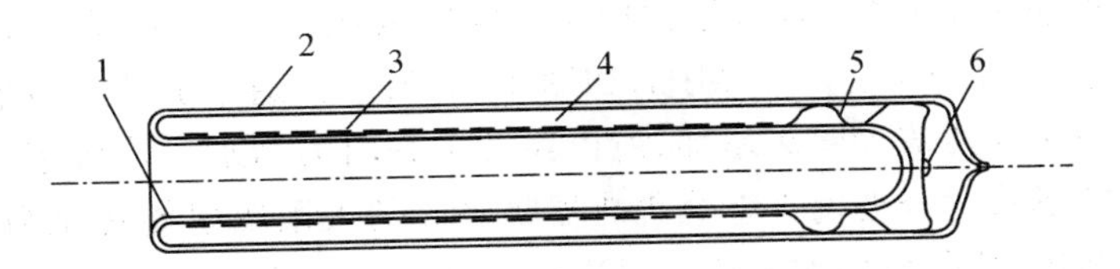

图 1-6　全玻璃真空管型太阳能集热管结构及组成部件

1—内管；2—外管；3—选择性吸收涂层；4—真空；5—弹簧支架；6—消气剂

真空集热管的优点：传热热阻小，无对流损失；应用了选择性涂层，能防止辐射热损失；不必跟踪、聚光即可使集热温度达到 100～150 ℃；具有容水量大、热容大、保温性能好、热效率高和抗冰雹等优点。

真空集热管的缺点：易冻坏，结水垢，热效率低；存在着运行不安全，密封不可靠，结垢，不承压，集热器寿命短等缺点。

1.4.3　热管真空管集热器

热管真空管集热器由热管、玻璃管、吸热板等部件组成，如图 1－7 所示。热管沿轴向分为蒸发段、绝热段和冷凝段。蒸发段使热量从管外的热源传递给管内的液相工质，并使其蒸发。气相工质在冷凝段冷凝，并把热量传递给管外的冷源介质。当冷源和热源隔开时，绝热段使管内的工质和外界不发生热量传递。吸液芯靠毛细作用使液相工质由冷凝段回流到蒸发段及使液相工质在蒸发段沿径向分布。

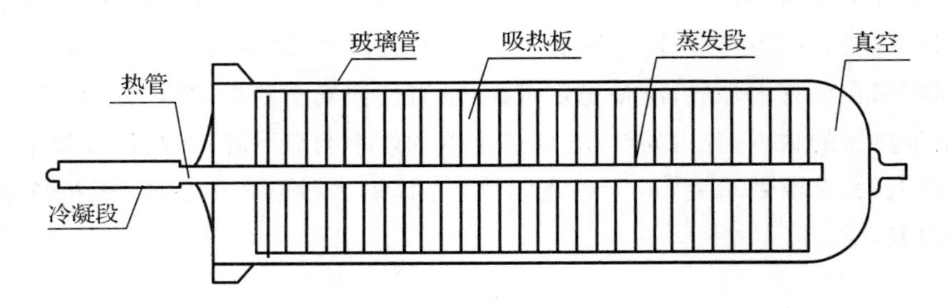

图 1－7　热管真空管结构图

热管真空管集热器的优点：热管传热，管内不过水，耐冰冻；热容小，启动快，在阳光下 2 min即可启动，输出能量；承压高，适用于集中供热系统及高寒地区；保温性能好，热管具有单向传热的特点；热管的形状可随热源和冷源的条件而变化。

热管真空管集热器的缺点：金属与玻璃的热膨胀系数相差很大，需要进行特殊工艺处理才能达到要求，价格较高；封接质量对管的寿命影响很大，技术要求高。

1.4.4　U 形管式全玻璃真空管集热器

U 形管式全玻璃真空管集热器，是在玻璃真空管内放入了 U 形铜管，水或其他传热介质在铜管内循环运行，承压可达 1.2 MPa，如图 1－8 所示。通常流体与玻璃管内表面温差可达 30 ℃，同时由于介质流动距离增加，所以系统沿程阻力增加。热效率高，故障率低，玻璃管内不走水。U 形管式全玻璃真空管集热器将吸收的太阳辐射能转化为热能，将热能通过水箱内的换热器传递到水箱，使水箱水温逐渐升高。当光照不佳时，可启动电加热使系统运行。

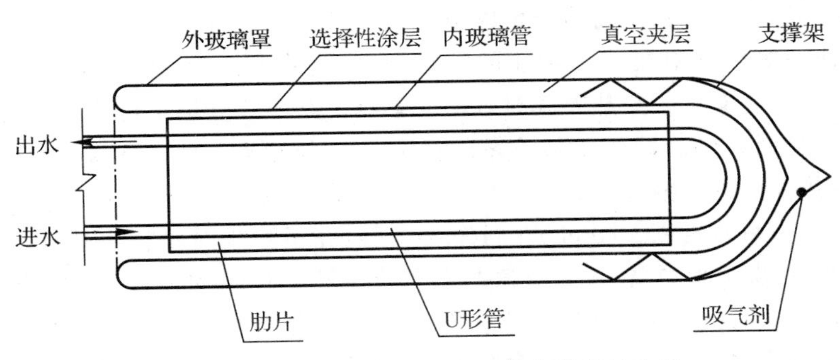

图1-8 U形管式全玻璃真空管集热器结构图

1.4.5 平板热管式太阳能集热器

平板热管式太阳能集热器由吸热蓝膜、玻璃盖板、微热管、保温材料等组成，其构造原理如图1-9所示。集热器结构是由无机高效扁平多孔热管与高效吸热板芯组成的，与传统线型换热结构相比，传热速度快，性能更稳定。蓝膜吸热板芯的作用是吸收太阳能并传递到传热工质。蓝膜吸热板芯是由无机超导热管、蓝膜吸热涂层及板芯流道通过导热硅胶黏合而成的。蓝膜吸热涂层吸收热量，再通过超导热管将热量传递给板芯流道对流到内部水进行高效加热。玻璃盖板可降低吸热体表面与四周环境的辐射热损失与对流热损失。保温材料采用玻璃岩棉加阻燃酚醛，与传统的玻璃岩棉保温技术相比，提高了集热器保温效果和热效率，并有助于增加集热器的整体结构强度。

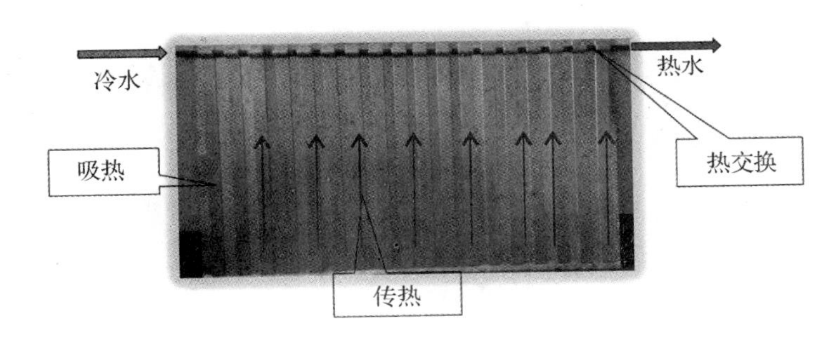

图1-9 平板热管式太阳能集热器工作原理图

国内外研究人员对平板热管式太阳能集热器的传热过程及工作原理进行了大量研究。Abreu等、Esen等进行不同的实验研究了平板集热器的热管的工作情况。Riffat等通过实验对不同的集热器热管的热性能进行了分析，结果显示热管式太阳能集热器可以获得更好的效率。Azad等、Xiao等研究了一种重力热管式平板太阳能集热器，并构建、优化了理论模型。Wu Suchen等设计了一种重力平板热管，得出其在温度均匀性方面有较大优势，适合建筑供暖系统。赵耀华等研究出了一种向集热器的热管充丙酮的平板热管技术，该技术使得平板式集热器的瞬时效率得到了较大的提高。

太阳能集热器的集热性能将直接影响能量利用的效率，国内外学者对太阳辐射强度、工质流量、环境风速等因素对集热器性能的影响做了较多研究。高志超、Kundu、Hussein 等研究了太阳辐射强度对平板集热器瞬时效率的影响。路阳等分析了传热工质流量对集热器热性能的影响，得到集热器的效率随流量的增大呈上升趋势。F. Purnayan 等分析了环境风速对集热器热性能的影响，结果表明，环境风速对集热效率影响较小。另外，研究者对集热器积尘进行了一系列研究。Adel A. Hegazy 等研究了积尘对平板集热器玻璃板透光率的影响，结果得出玻璃板透光率下降值与其倾角、积尘时间和当地气候条件密切相关。Hamdy K. Elmina、Semaoui 等研究了积尘对玻璃样片透射率的影响，实验结果表明，积尘密度增大，相应的透射率减小。侯祎、李念平、刘建波等研究了平板型集热器积尘前后热性能的变化，得出表面积尘降低了集热器的热性能，集热效率下降。积尘会导致集热器透射率下降，目前关于积尘对平板热管式太阳能集热器的影响研究较少。内蒙古是中国沙尘暴的多发区，呼和浩特地区降尘严重。闫素英等研究线性菲涅尔镜场镜面积尘对系统热性能的影响，得出在无降雨自然积尘 10 天后，系统瞬时集热效率降低 29.37%。王志敏等研究积尘对槽式太阳能系统光热性能的影响，得出聚光器镜面积尘对焦面聚光特性有明显影响的结论。赵明智等研究了不同沙尘浓度对光伏组件透过率的影响，得出随着沙尘浓度升高透过率降低的结论。

第2章 太阳能辐射和聚光理论

太阳辐射能被直接或间接地转换成热能、电能、化学能等多种形式的能量，为人类的生产和生活提供动力。太阳能作为一种清洁、可再生的能源，对于缓解能源危机、减少环境污染、促进可持续发展具有重要意义。随着科技的不断发展，太阳能的利用效率不断提高，太阳能的应用范围也不断扩大，未来太阳能将在人类生活中发挥更加重要的作用。

2.1 太阳能辐射概述

太阳辐射，也称为太阳能资源或简称太阳光，是指太阳以电磁波的形式向外传递能量，即太阳向宇宙空间发射的电磁波和粒子流。这种能量来源于太阳内部的热核反应。地球所接收到的太阳辐射能量虽然仅为太阳向宇宙空间放射的总辐射能量的二十二亿分之一，但却是地球大气运动的主要能量源泉，也是地球光热能的主要来源。

2.1.1 太阳能

太阳是太阳系的中心天体，提供了地球上几乎所有的能源。它是一个巨大的气体球，主要由氢和氦组成，直径约为地球直径的 109 倍，达到了约 1.39×10^{6} km；其质量约为地球质量的 33 万倍，达到了约 2.2×10^{27} t。太阳通过核聚变反应将氢转化为氦，释放出大量的能量。这些能量以光和热的形式向宇宙空间中传播，成为地球生命存在的重要条件。太阳是地球气候的主要影响者，其活动周期性地导致地球气候的变化。太阳的辐射强度、紫外线和 X 射线的变化对地球的气候、天气和自然灾害等都有重要影响。因此，研究太阳活动和太阳辐射对地球的影响对于预测和应对气候变化具有重要意义。

太阳也是地球上许多自然现象的源头。例如，极光是由太阳风中的带电粒子与地球磁场相互作用而产生的。此外，太阳辐射还会对地球上的生物产生影响，如植物的光合作用和动物的生物钟等。因此，了解太阳辐射对地球生态系统的影响对于保护环境和维护生态平衡具有重要意义。太阳的未来演化历程是一个有趣而又复杂的问题。根据预测，太阳将在约 50 亿年后成为红巨星，最终可能会变成白矮星或中子星。

太阳表面的有效温度达到了 5 762 K，在这样的高温下，太阳每秒以电磁波的形式向宇宙空间辐射的能量功率达到了约 3.9×10^{23} kW。太阳辐射能中的约二十二亿分之一会到达地球大气层外边界，这部分辐射功率高达 1.73×10^{14} kW。经过大气层的衰减后，约 $8.5\times$

10^{13} kW 的辐射功率将抵达地球表面，这样巨大的能量远远超过了人类的能源需求。

2.1.2 太阳辐射在大气中的传播与衰减

地球上的每个地方至少会在一年中的部分时间接收到阳光。当太阳光线垂直时，地球表面会获得所有可能的能量。太阳光线越倾斜，它们穿过大气层的时间就越长，会变得越分散和漫射。当太阳离地球越近时，地球表面接收到的太阳能就越多。

1.太阳能的衰减

众所周知，当由空气、尘埃以及水汽所组成的气体层包围着整个的地球时，也就形成了地球的大气层，大气层的厚度约为 100 km。大气层中的氧、二氧化碳等气体是辐射及吸收性的气体，故当天空的太阳辐射透过地球的大气层时，则将产生比较强烈的衰减的作用。这种衰减的作用主要被分为了两类，其中的一类主要是在受到了水汽、尘埃以及空气的分子的散射作用之后而产生的衰减作用，另外一类是在受到了包括臭氧、氧以及二氧化碳等气体的吸收作用之后而产生的衰减作用。因此，在从天空所到达的地球表面的太阳的辐射在与投射到了地球的大气层的太阳辐射相比较而言，最为主要的就有三点变化：首先是总辐射量的降低；其次则是投射辐射产生了具有一定数量的散射辐射；此外，额外的太阳光谱能量的分布曲线产生了众多缺口，因而某些波段所形成的衰减比较强烈，如图 2－1 所示。

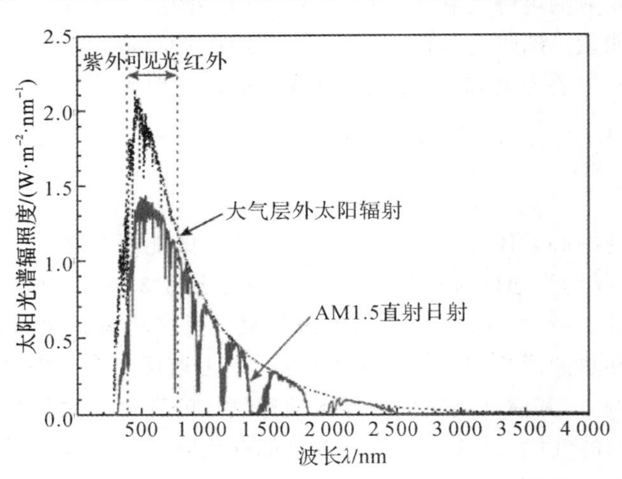

图 2－1 ASTM G173－03 标准太阳辐射光谱图

2.Bouguer－Lambert 定律

Bouguer－Lambert 定律是光吸收的基本定律，是描述物质对某一波长光吸收的强弱与吸光物质的浓度及其液层厚度间的关系。辐射在通过介质之后，沿途被介质散射以及吸收，其辐射量将会逐渐减弱。Bouguer 等通过实验得到了以下关系式：

$$\Phi_{\lambda}=\Phi_{0,\lambda}K_{\lambda}L \tag{2.1}$$

式中：Φ_{λ} 表示通过气体层之后的单色的辐射通量，W/m^2；$\Phi_{0,\lambda}$ 表示初始的单色的辐射通量，W/m^2；K_λ 为单色的消散系数；L 表示为气体层的厚度，m。

此外，Lambert 也对此做了进一步的研究，并进而提出了辐射通量的相对变化值应与其所通过的介质层的厚度变化对应成正比，即

$$\frac{d\Phi_\lambda}{\Phi_{0,\lambda}} = -K_\lambda dL \tag{2.2}$$

这里，将 K_λ 称作为单色的消散系数，同时其也被称为单色的线性的减弱系数。

积分式(2.2)，整理后可得

$$\Phi_\lambda = \Phi_{0,\lambda}\ e^{-K_\lambda L} \tag{2.3}$$

3.大气的光学质量

大气的光学质量主要指在阳光透过地球的大气层之后的实际行程长度与同阳光所沿天球的天顶角方向垂直透过地球大气层的行程长度的比值。假定：在一个标准的大气压以及气温为 0 ℃时，在海平面上的阳光垂直入射时的行程长度为 1 个大气的光学质量，$m=1$；而在地球的大气层的上界面的大气光学质量则为 $m=0$。因此，就引出了均质大气的概念，均质大气被定义为大气中的空气密度 ρ 处处均等，均质大气同时也被称作有条件的大气，地面的气压 P_0 及其成分与实际的大气相同。依据定义，均质大气通常被定义成在单位面积上的垂直气柱所含空气的质量与实际的大气相同，那么气体的分子数目也完全相同。

根据定义，大气的光学质量为

$$m = \frac{\int_{h_z}^{\infty} \rho ds}{\int_{h_z}^{\infty} \rho d h_z} \tag{2.4}$$

式中：ρ 代表空气的密度，kg/m^3；ds 则代表光的光程源，m；h_z 代表当地海拔，m。

根据光线的方程，光的行程也受到了地球曲率以及大气折射的影响。当在不同的海拔时，大气的折射率也就会有所不同。近似的情况之下，这种影响可以进行忽略。

之后 Kasten 等通过研究，推荐使用下面的公式，并且该公式适用于整个的大气层的计算：

$$m = \frac{1}{\sin\alpha + 0.15(\alpha + 3.885)^{-1.253}} \tag{2.5}$$

根据 Kasten 的计算结果和实际观测发现，当仰角为 30°时，实际计算所得大气质量值与观测值非常接近，误差仅为 1%。然而，当仰角小于 30°时，地面曲率及折射效应将会增加，导致计算结果的误差逐渐增大。一般情况下，气温对大气光学质量影响可忽略不计。因此，在高海拔地区，经过压力修正后，得到以下式子：

$$m(p) = m \times \frac{p}{760} \tag{2.6}$$

2.1.3　太阳角

(1)太阳高度角 h：在太阳所处地平经圈上，太阳与地平圈之间的夹角，向上为正，向下为负，如图 2－2 所示。

$$\sin h = \sin\varphi \sin\delta + \cos\varphi \cos\omega \cos\delta \tag{2.7}$$

式中：h 为太阳高度角，rad；φ 为地理纬度，rad；δ 为赤纬角，rad；ω 为时角，rad。

(2)太阳方位角 A：在地平圈上太阳所在地平经圈与天球子午圈之间的夹角，在北半球以南点为起点，顺时针为正，逆时针为负。

$$\cos A = \sin h \sin\varphi - \sin\delta / (\cos h \cos\varphi) \tag{2.8}$$

式中：A 为太阳方位角，rad。

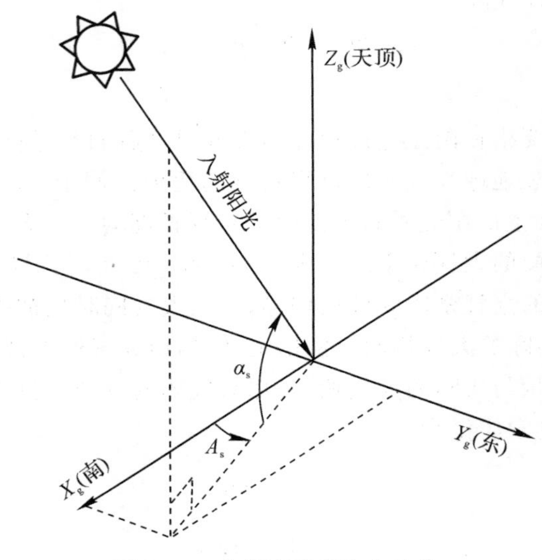

图 2-2　太阳高度角和方位角

(3)太阳常数 I_{sc}：平均日地距离(1.5×10^{11} m)时，地球大气层上界垂直太阳辐射单位表面积上所接收的太阳辐射能。其标准值为 1 367 W/m^2(±3.4%)(1981 年世界气象组织数据)。

太阳持续不断地向外辐射不同波长的能量，这个能量并非一恒定值，它包括常定辐射和异常辐射。常定辐射约占太阳总辐射能量的 90%，包括近紫外部分、可见光部分和近红外部分。异常辐射包括无线电波、紫外线和微粒子流。即使常定辐射，随日地距离的变化，到达地球大气的太阳辐射强度 H_0 也会不同：

$$H_0 = \frac{24}{\pi} I_{sc}\left(1 + 0.03\cos\frac{360n}{365}\right)\left(\cos\varphi\cos\delta\sin\omega + \frac{\pi}{180}\omega\sin\varphi\sin\delta\right) \tag{2.9}$$

(4)太阳辐照度(辐射强度)：太阳照射在物体表面一点元面上辐射能通量与该面元的面积之比，W/m^2。

(5)总辐射 I：水平面上方 2π 立体角范围接收到的直接辐射和散射辐射，W/m^2。

(6)直接辐射 I_B：太阳光直接照射在任意给定平面上的辐照度，即未被大气层吸收或扩散到达地表的太阳辐射，W/m^2。在聚焦型太阳能利用的计算中，通常使用直接辐射作为计算的输入值。

(7)散射辐射 I_D：太阳辐射被空气分子、空气中的各微粒和云层分散成无定方向但不改变单色组成的辐射在给定平面所形成的半球向辐照度，W/m^2。

通常，我们现行使用的辐照监测仪表总辐射表及散射辐射表监测的为水平面方向上的总辐射和散射辐射；直接辐照表跟踪太阳方位接收，监测直接辐射。

数值上

$$I_{总表}=I_{直表}\cos\theta_z+I_{散表} \tag{2.10}$$

式中：θ_z 为太阳天顶角。

冬天时候，太阳天顶角较大，垂直地面方向上的直接辐照分量较小，这也就是冬天总辐照数值经常小于直接辐照数值的原因。

2.2 太阳能聚光理论

2.2.1 太阳能聚光理论

太阳能聚光是通过光线聚焦原理，将能流密度稀薄的太阳能汇集为能流密度很高的光束，以便后续更广泛、有效地利用。

太阳非常遥远，但是不能把太阳看作是一个可以忽略体积的点光源，而应当看作是一个发光球体。如图 2－3 所示，对于地球上的任意一点，入射的太阳光之间会有一个很小的夹角，通常称作太阳张角，用 $2\delta_s$ 表示。根据图中的几何关系，可以确定 $2\delta_s$ 的大小为

$$\sin\delta_s=6.95\times10^5/1.5\times10^8=0.004\ 65 \tag{2.11}$$

故太阳半张角 $\delta_s=16'$，太阳张角 $2\delta_s=32'$。也就是说，太阳光为非平行光，而是以 $32'$ 的角度入射到地球表面。

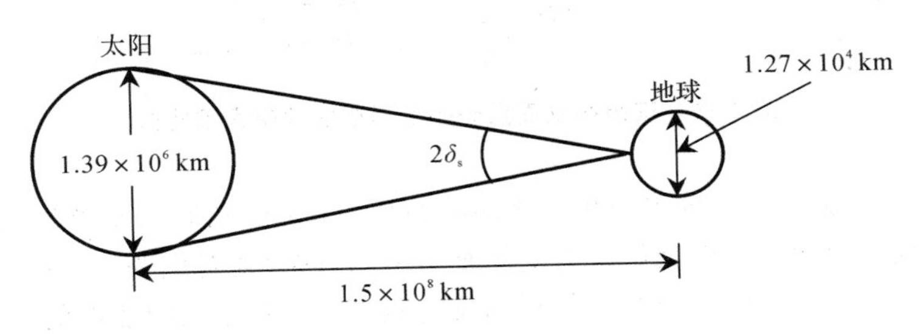

图 2－3　太阳张角的几何关系

2.2.2 太阳能成像原理

无论是折射式聚光器还是反射式聚光器，太阳的直接辐射经透射或反射聚焦后，都会在焦点附近形成影像。对于平行光，太阳能成像的原理可以用光线直线传播定律、反射定律和折射定律来解释。如图 2－4(a)所示，对于一个理想的抛物面镜 AOC，它能将平行光汇聚于

其焦点 F 处。由于太阳张角的存在,实际的太阳光线并非平行光,所以经过抛物面镜聚光后,聚光区域就不是一个点了,而是一个光斑,如图 2-4(b)所示。

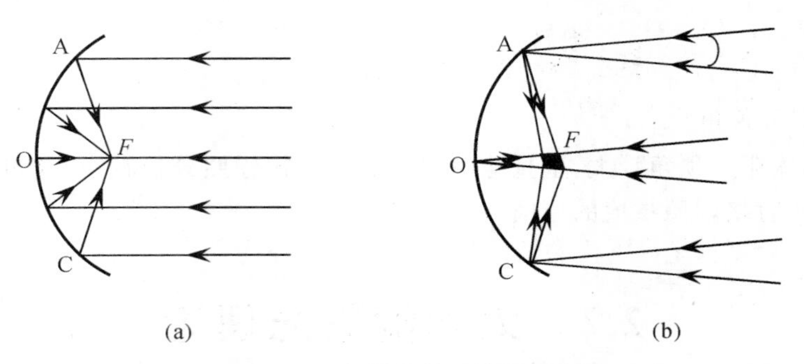

图 2-4 理想抛物镜面的聚光特性

(a)平行太阳光抛物镜面的光学特性;(b)实际太阳光抛物镜面的光学特性

根据反射定律,具有 32′张角的太阳光入射到理想抛物面的一点(x,y),就会沿着入射点与镜面焦点连线组成的光轴,按相同张角向焦点反射。因此,由光学系统所产生的太阳能像是一个有限尺寸的区域,如图 2-5 所示。

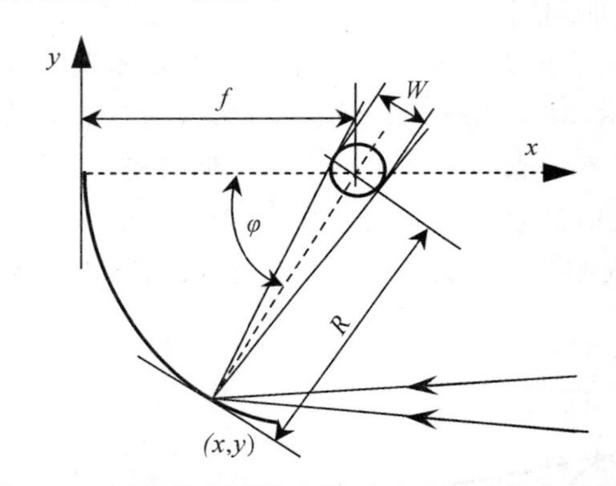

图 2-5 理想抛物面聚光器所形成的理想太阳能像

图 2-5 中:R 为镜面上的点与焦点之间的距离,φ 为聚光器采光半角,f 为抛物线焦距。R 和 φ 的数值会随着反射点位置的变化而变化,φ 的变化范围为 $0 \sim \varphi_{\text{rim}}$,$\varphi_{\text{rim}}$ 也称作聚光器边缘角。由图 2-3 的几何关系可知,反射到焦点的理论太阳能像的尺寸为

$$d = 2R\tan 16' \tag{2.12}$$

抛物面聚光器的抛物线方程为 $x^2 = 4fy$,并且有 $x = f - R\cos\varphi$,$y = R\sin\varphi$,从而可以得到 $R = 2f/(1+\cos\varphi)$,将其代入式(2.12)中可以得到

$$d = 4f\tan 16'/(1+\cos\varphi) \tag{2.13}$$

由于 φ 值是变化的,并且随着其值的变动,所以理想抛物线聚光器下的太阳能像也会发生变化,归根结底就在于太阳光线本身具有 32′ 的张角,而非平行光。

以抛物线方程为母线方程,绕轴线旋转一周,即为旋转抛物面聚光器。碟式聚光器就属于这种类型。理想抛物线聚光下的太阳能像是一个有限区域,以抛物线作为母线的碟式聚

光器的聚焦光斑更是如此。

在理想情况下，碟式聚光器的旋转抛物面非常光滑，入射到抛物面的光线都会沿着入射点与镜面焦点连线组成的光轴按相同张角向焦点反射，这样就形成了聚焦光斑。聚焦光斑处能流密度很高，为后续太阳能的高品位和高效利用提供了可能。但实际情况却有所不同，碟式聚光器的旋转抛物面不可能做到理想镜面一样光滑，其反射的太阳光线就有所偏移，因此在聚焦平面上就形成以聚焦光斑为中心、外围能流密度急剧降低的云图形状。

由于太阳能能流在空中的透过性，所以这个聚焦平面也不是唯一的。垂直于碟式聚光器主轴方向沿焦点上下移动，可以存在多个聚焦平面。准确测量聚焦平面的能流密度分布情况就成为系统设计和应用分析的关键。

第3章　太阳能毛细管网冷热联供系统

目前北方大部分地区依旧采用传统燃煤进行供暖，煤炭燃烧时产生大量有害气体和粉尘，造成大气污染。近年来，我国已经采取了一系列措施来解决北方地区冬季空气污染问题。其中，一项重要的政策是推广清洁能源供暖，逐步减少对传统燃煤的依赖。2021年1月，国家能源局发布了《关于因地制宜做好可再生能源供暖工作的通知》(国能发新能〔2021〕3号)，指出将可再生能源供暖作为区域能源规划的一项重要内容，在可再生能源发展目标中应明确供暖发展目标，根据当地资源禀赋和用能需求推广可再生能源供暖技术，合理布局可再生能源供暖项目。鼓励大中型城市有供暖需求的民用建筑优先使用太阳能供暖系统，鼓励在小城镇和农村地区使用户用太阳能供暖系统，在农业大棚、养殖等用热需求大且与太阳能特性相匹配的行业充分利用太阳能供暖，在集中供暖网未覆盖、有冷热双供需求的地区试点使用太阳能热水、供暖和制冷三联供系统，鼓励采用太阳能供暖与其他供暖方式相结合的互补供暖系统。

3.1　太阳能毛细管网冷热联供概述

近些年来，低温辐射供暖作为一种快速发展的供暖形式，越来越受到人们的关注。随着人们生活质量越来越高，人们对于室内居住环境的舒适性和空气质量的要求不断升高，传统的供暖已经不能使人们的需求得到满足。因此，具有较高舒适性、良好室内环境、环保节能的毛细管网供暖系统逐渐受到人们的关注。低温供暖这一领域中应用最普遍的是毛细管网末端。毛细管技术大多用于建筑物供暖末端，是一种用于室内环境控制的装置，最早在德国出现。使用毛细管供暖可以节省能源。

3.1.1　毛细管网供热概述

毛细管网的出现，引起了很多国内外专家学者的关注，他们对毛细管网供暖系统做了大量的应用性研究。在大量的实验和仿真研究等方面，Miriel等在法国西部地区建设毛细管网供暖系统，利用实验和数值模拟进行分析，从而得出运用该供暖系统，可以提高室内的热舒适性的结论。许登科等对毛细管网供暖系统在我国冬季中部地区的运行特点进行了实验和理论研究。Shuzo等利用计算流体动力学(Computation Fluid Dynamic，CFD)软件，模拟了全空气系统和毛细管网辐射系统，得出毛细管网辐射系统的节能性显著，其在节能性与峰值耗电方面相较于全空气系统分别节约 30% 和 27%。王婷婷等对毛细管网不同辐射方式进行了理论模拟及实验研究，得出顶棚辐射方式的供冷效果最好。冯国会等在沈阳搭建实验房间，以毛细管供暖系统的热源设置为太阳能，将毛细管网末端铺设在墙壁内，并将其与传统的地板辐射供暖进行对比，进行经济性和舒适性分析。王跃等进行了典型工况实验，将太阳能产生的热水直接供给毛细管供暖系统，研究的实验结果为太阳能与毛细管辐射末端的结合供应了依据。Cho 等进行实验测试和室内热环境仿真分析，得出在供给相同的热水温度下，毛细管辐射供暖型系统比传统的地面供暖更能保持地面表面温度的稳定。A. M. John 等利用 CFD 模拟办公室内的热环境和气流，得到地板辐射和壁面辐射都有较高的热交换率，可使室内环境得到较好的改善。Myhren、Jonn Are 等通过实验的方式以及 CFD 模拟的方式对散热器采暖、地板采暖和墙体辐射采暖等三种不同采暖方式的舒适性进行了研究，得出低温供暖舒适度更高。Hasan、Ala 等采用供暖末端为地板辐射进行供暖，并通过经换热器换热后获得的 45 ℃的热水供热，与传统的暖气片进行对比，得出使用低温热水进行供暖，室内舒适性效果较好。

在理论研究方面，张泓森等采用理论分析的方法分析不同室内温度下辐射板采暖房间的热环境，得出在一样的舒适性前提下，使用辐射板采暖比对流采暖对房间进行供暖，室内温度降低了 2 ℃。王恩立等利用 Energy plus 搭建物理模型，并建立普通散热器、低温辐射地板供暖和风机盘管末端供暖等不同形式的供暖，在不同的室外环境及不同的内部扰动下进行模拟计算，得出了能耗及室内环境变化情况。Kang 等研究了毛细管顶板供暖形式，得出采用毛细管网供暖可有效地改善室内热舒适，提升人体的热舒适感觉的结论。Zhao 等在毛细管网供暖形式的研究下，引入了空气源热泵作为热源的方式，得出供水温度的变化对室内热环境的影响变化。

3.1.2　毛细管网供冷概述

与传统空调相比，毛细管网辐射供冷系统在运行过程中具有良好的节能效果。Zhou Xiang 等通过对办公建筑的实地研究，认为与常规空调系统相比，辐射供冷系统具有降低能量的潜力。在实验与仿真研究方面，Rahul Khatri 等通过 CFD 模拟辐射供冷系统在建筑中的热性能，与传统系统相比，其可以保持均匀的空气分布和良好的室内平均空气温度。张哲等利用数值模拟与实验研究结合的方法，分析顶棚、地板、墙壁 3 种供冷末端下的热舒适性，结果显示，地板供冷下室内的整体温度最高。梁秋锦等对 18 ℃供水工况下的供冷系统进行了实验研究，分析了 3 种毛细管网铺设方式下的室内热环境。朱翔等采用 CFD 模拟的方式，分析毛细管栅在不同安装形式下的室内热舒适性，得到室内的最佳敷设方式。

Schiavon 等通过实验研究不同热源高度下毛细管网空调系统下室内热环境变化，结果显示，增加热源的高度有可能减少能源使用并改善室内空气质量。Catalin Teodosiu 等通过仿真软件对辐射供冷顶板系统进行模拟，分别研究了置换通风与混合通风下室内的热环境，结果显示，在混合通风下可以得到更良好的热舒适性。Seyednezhad Mohadeseh 等采用 COMSOL Multiphysics 软件进行模拟，研究了实验室吊顶辐射供冷末端下室内的热舒适性情况。张寒等通过对毛细管网三种铺设方式下的辐射空调系统的性能进行实验研究，结果得出，在踢脚送风与毛细管网顶棚辐射复合下，室内可达到最佳舒适性。综上所述，以毛细管网为基础的辐射供冷系统对于热舒适指标来讲是有利因素，在节能和热舒适性方面更有效，十分符合现在人们的需求。

3.2 太阳能冷热联供系统理论基础

太阳能冷热联供系统将太阳能集热和制冷机组结合起来，满足了人们对冷暖的综合需求，提高了太阳能装置的利用率。图 3-1 为太阳能冷热联供系统示意图，该系统由集热装置、储热装置、供暖/冷终端、制冷机组及控制系统等组成。

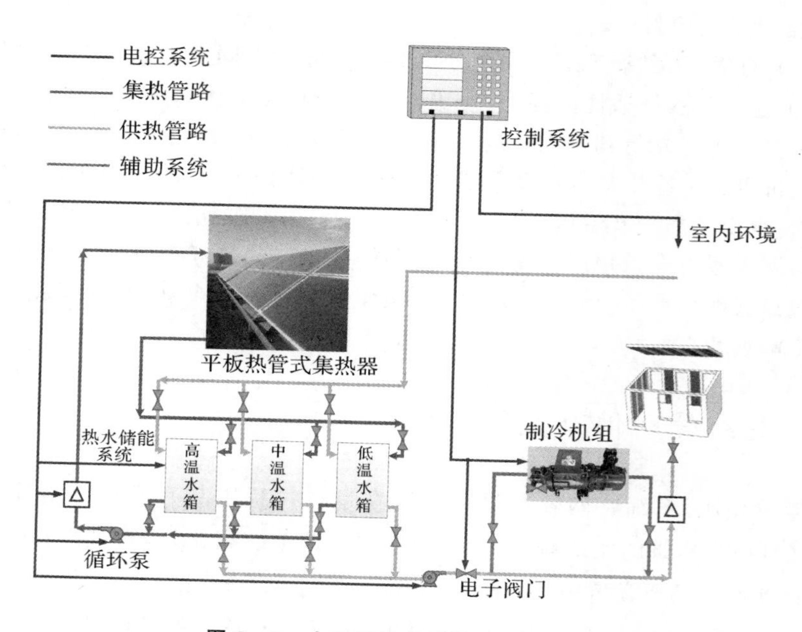

图 3-1 太阳能冷热联供系统示意图

3.2.1 供暖和制冷循环

太阳能毛细管网供暖循环示意图如图 3-2 所示，该循环存在两个主要过程。①太阳能平板热管式集热器——储热水箱：在白天定时手动开启集热循环泵，集热器吸收太阳辐射的热量不断加热来自储热水箱的循环水；②储热水箱-毛细管网：热水在供热循环泵的驱动下分散至毛细管网中，通过对流换热和辐射换热的方式将热水中的热量传递至室内，获得舒适的室内环境。

太阳能吸收式制冷循环主要由发生器、吸收器、蒸发器、冷凝器和溶液热交换器构成。循环原理如图 3－3 所示，启动集热循环泵，加热集热器内的循环水，产生的热水储存在储热水箱，当水温达到要求时，将热源水送到冷机的发生器中充当热源驱动机组运行。冷却水于机组内部先在吸收器吸热，再到冷凝器中继续吸热，之后温度升高的冷却水通过冷却塔进行冷却；冷媒水释放冷量，通过闭式循环不断从蒸发器吸收冷量并送入到需利用冷量的房间毛细管网中。

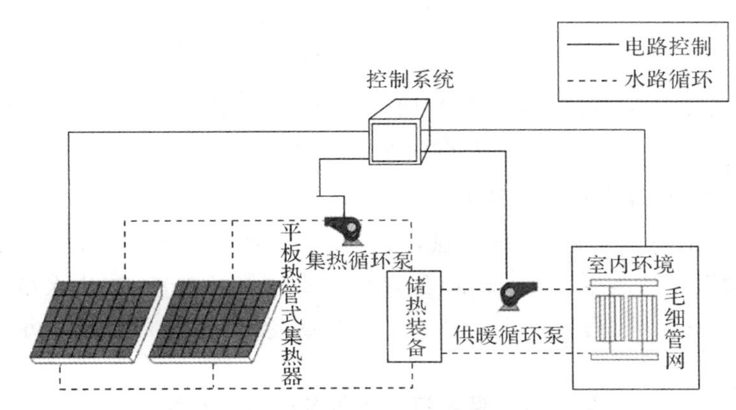

图 3－2　太阳能毛细管网供暖循环示意图

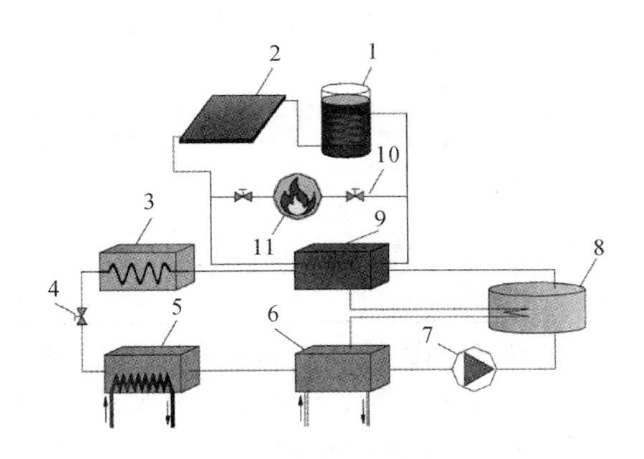

图 3－3　太阳能吸收式制冷循环原理图

1—储热水箱；2—平板热管式太阳能集热器；3—冷凝器；4—节流阀；5—蒸发器；6—吸收器；7—溶液泵；8—溶液热交换器；9—发生器；10—开关阀门；11—辅助热源

3.2.2　集热端理论分析

1.系统得热量

为了分析太阳能冷热联供系统在我国北方地区的性能，对其全天的传热性能进行测试分析。实验测试期间，太阳能集热泵运行时间为 9:00—17:00，毛细管网辐射供暖循环时间为 8:00—21:00，毛细管网供热循环泵以 2.2 m^3/h 定流量运行。影响系统性能的重要因素

为毛细管网与集热器的传热量，其计算公式为

$$Q_u = m c_p (t_o - t_i) \tag{3.1}$$

式中：Q_u 为得热量，W；m 为传热工质的质量流量，kg/s；c_p 为传热工质的比定压热容，J/(kg・℃)；t_o 为出口的水温，℃；t_i 为入口的水温，℃。

2.集热器接收的热量 Q_r

Q_r 是指集热器吸收光照实际总量，其计算公式为

$$Q_r = A\int_{t_1}^{t_2} I(t)\,\mathrm{d}t \tag{3.2}$$

式中：$I(t)$ 为太阳辐射强度随时间 t 的变化函数，W/m²；A 为集热器的面积，m²；t_1 为集热器开始集热的时刻，s；t_2 为停止集热的时间，s。

3.集热器日均集热效率测试与分析

在冬季对系统进行多次测试，在测试中，保持总辐照量基本一致，室外平均温度低于 0 ℃，分别测量太阳辐射强度、室外温度、集热板供水温度及流量、储热水箱内热水平均温度、集热循环泵流量耗电量。每 10 s 记录 1 组数据，处理数据可得测试结果，如表 3－1 所示。

表 3－1　系统运行性能参数测试结果

序号	总辐照量/MJ	温差/℃	制热量/MJ	耗电量/MJ	净得热量/MJ	稳态效率/%	制热比
1	460.33	29.34	152.13	4.08	148.05	33.05	37.29
2	385.79	41.16	92.55	3.30	89.25	23.99	28.04
3	432.90	45.44	98.42	3.42	95.00	22.74	28.78
4	417.01	46.67	79.60	3.60	76.00	19.09	22.11
5	436.43	51.93	79.05	3.48	75.57	18.11	22.72
6	438.91	26.99	146.25	3.60	142.65	33.32	40.63

由表 3－1 可得，影响系统日集热效率与制热量的关键因素为集热板进口温度与室外温度之差，温差越大集热器热损失越高，因此要做好系统保温。日均集热效率最高可达 33.05%。集热循环泵功率为 350 W，集热期间能耗很小，当温差为 26.99 ℃时，1 份电耗可产生 40.63 份热量，故制热效果较优。

集热器的日均集热效率是表征集热器将所接收的太阳光照能量吸收转移为水的热量的能力，其计算公式为

$$\eta = \frac{Q}{Q_r} = \frac{Q}{A\int_{t_1}^{t_2} I(t)\,\mathrm{d}t} \tag{3.3}$$

式中：Q 为集热器内流体所得热量，J。

4.集热器瞬时集热量 Q_s

Q_s 是指在短时间内集热器传递给水的热量，其公式为

$$Q_s = m c_p \Delta T = m c_p (T_i - T_o) \tag{3.4}$$

式中：c_p 为水的比定压热容，J/(kg·℃)；T_i 为进口平均水温，℃；m 为水的质量流量，kg/s；T_o 为出口平均水温，℃。

5.集热器瞬时集热效率 η_s

η_s 是指在单位面积下单位时间所获得的热量，其计算公式为

$$\eta_s = \frac{Q_s}{IA} \tag{3.5}$$

式中：I 为太阳辐射强度，W/m^2；A 为集热器面积，m^2。

6.集热器的得热量 Q_d

Q_d 的计算公式为

$$Q_d = \rho_w c_p v(t_A - t_0) \tag{3.6}$$

7.集热器热效率

η 为集热器的得热量 Q_d 与集热器采光表面太阳辐照量 H 的比值，其计算公式为

$$\eta = \frac{\rho_w c_p v(t_A - t_0)}{A\int_{t_1}^{t_2} I(t)\,dt} \tag{3.7}$$

式中：ρ_w 为水的密度，kg/m^3；c_p 为水的比定压热容，J/(kg·℃)；V 为储热水箱体积，m^3；t_A 为A组水箱内热水温度，℃。

3.2.3　太阳能毛细管网供暖理论分析

本书以毛细管网均匀辐射板为研究对象。毛细管网末端换热段由三部分构成，即管内流体与毛细管壁的对流换热，辐射板与室内空气的对流换热，辐射板与室内墙壁的辐射换热。

1.实验室房间毛细管网供热量

q_1 为毛细管辐射板与室内环境的实际换热量，计算公式为

$$q_1 = c_p m (T_{in} - T_{out}) \tag{3.8}$$

式中：c_p 为水的比定压热容，J/(kg·℃)；m 为水的质量流量，kg/s；T_{in}、T_{out} 分别为毛细管网的供水温度和回水温度，℃。

2.室内辐射板表面总供热量

辐射板表面总供热量为辐射板与空气的对流换热量和墙面之间的辐射换热量之和，即

$$q_2 = q_r + q_d \tag{3.9}$$

辐射换热量计算公式为

$$q_r = 5 \times 10^{-8}[(t_p + 273)^4 - (t_f + 273)^4] \tag{3.10}$$

式中：q_r 为辐射换热量 W/m^2；t_p 为辐射板表面平均温度，℃；t_f 为室内非加热面的面积加权平均温度，℃。

非加热表面面积加权平均温度可按房间各个非加热面温度加权平均得到，计算公式为

$$t_f = \frac{\sum A_i t_i}{\sum A_i} \tag{3.11}$$

式中：A_i 为室内非加热表面面积，m^2；t_i 为室内诸非加热面的温度，℃。

对流换热量的计算公式为

$$q_d = 2.13\ (t_p - t_n)^{1.31} \tag{3.12}$$

式中：q_d 为对流换热量，W/m^2；t_n 为室内空气温度，℃；

3.毛细管网供热效率

$$\eta_c = q_2 / q_1 \tag{3.13}$$

式中：q_2 为室内的得热量，W；q_1 为毛细管网散热量，W。

3.2.4　太阳能吸收式制冷理论分析

发生器是制冷循环的重要部件之一，其主要作用为：吸收来自储热水箱中热水的热量并且减少因制冷剂浓溶液带来的部分热负荷。温水进入溴冷机发生器驱动制冷机组运行，实验记录温水出入口温度(℃)和温水流量(m^3/h)。发生器模型如图 3－4 所示。

吸收器是制冷循环中的核心部件之一，其作用为：①吸收来自蒸发器的冷剂水蒸汽；②排除吸收冷剂蒸汽过程所放出的吸收热；③排除来自发生器浓溶液所带来的部分热负荷。实验记录冷却水出入口温度(℃)和冷却水流量(m^3/h)。吸收器模型如图 3－5 所示。

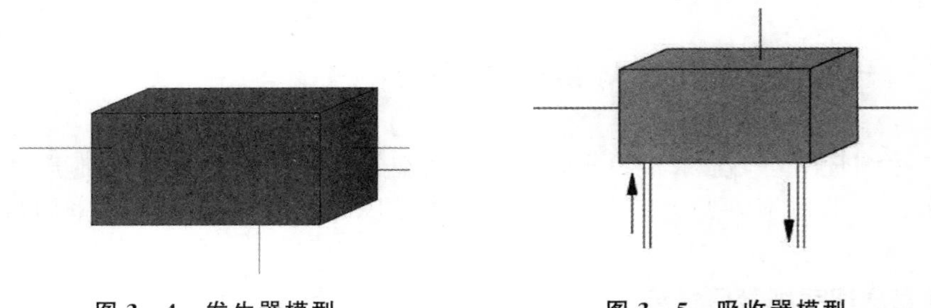

图 3－4　发生器模型　　**图 3－5　吸收器模型**

蒸发器模型如图 3－6 所示，蒸发器的作用是降低冷媒水出口温度。实验记录冷水入出口温度(℃)和冷水流量(m^3/h)。溶液热交换器如图 3－7 所示。

图 3－6　蒸发器模型　　**图 3－7　热交换器模型**

(1)制冷量计算公式为

$$Q_c = \frac{c_c\ \rho_c\ M_c\ (t_{c1} - t_{c2})}{3\ 600} \tag{3.14}$$

式中：Q_c 为制冷量，kW；c_c 为冷水比热容，J/(kg·℃)；M_c 为冷水流量，m^3/h；ρ_c 为冷水密度，kg/m^3；t_{c1}、t_{c2} 分别为冷水的入出口温度，℃。

(2)热源水耗热量计算公式为

$$Q_i = \frac{c_h \rho_h M_h (t_{h1} - t_{h2})}{3\ 600} \tag{3.15}$$

式中：Q_i 为热源水耗热量，kW；c_h 为热水比热容，J/(kg·℃)；M_h 为热水流量，m^3/h；ρ_h 为热水密度，kg/m^3；t_{h1}、t_{h2} 分别为热水入出口温度，℃。

(3)冷却水吸热量计算公式为

$$Q_w = \frac{c_w \rho_w M_w (t_{w2} - t_{w1})}{3\ 600} \tag{3.16}$$

式中：Q_w 为冷却水吸热量，kW；c_w 为冷却水比热容，J/(kg·℃)；M_w 为冷却水流量，m^3/h；ρ_w 为冷却水密度，kg/m^3；t_{w1}、t_{w2} 分别为冷却水入出口温度，℃。

(4)性能系数COP。COP也称制冷性能系数，其定义是单位能耗所产生的制冷量，是衡量溴化锂制冷机的一项重要经济指标。COP值越大，则制冷循环的经济性越好，故将其作为目标参数进行研究。COP的计算公式为

$$\mathrm{COP} = \frac{Q_c}{Q_i} \tag{3.17}$$

式中：Q_c 为制冷量，kW；Q_i 为热源水耗热量，kW。

3.2.5 室内热舒适及评价标准

平均热感觉指数(Predicted Mean Vote，PMV)是把人体舒适感等诸多因素考虑进去，依据人体热平衡方程得出的预计平均热感觉评价指标，其计算公式为

$$\begin{aligned}\mathrm{PMV} = &[0.303\exp(-0.036M) + 0.027\ 5]\{M - W - 3.05\times[5.733 - 0.007\times \\ &(M - W) - P_a - 0.42\times(M - W - 58.2) - 0.017\ 3M\times(5.867 - P_a) - \\ &0.001\ 4M(34 - t_a) - 3.96\times10^{-8} f_{cl}[(t_{cl} + 273)^4 - (\bar{t}_r + 273)^4] - \\ &f_{cl}h_c\times(t_{cl} - t_a)\}\end{aligned} \tag{3.18}$$

式中：M 为人体的代谢率，W/m^2，实验中能量代谢取值 $M=1.0\ \mathrm{met}=65\ W/m^2$；$W$ 为人体所做的机械功，W/m^2，该实验机械效率取0；P_a 为水蒸气分压力，kPa，实验期间根据室内的相对湿度计算得出；f_{cl} 为穿着的面积系数；t_{cl} 为衣服外表面温度，℃；h_c 为对流换热系数，$W/(m^2\cdot K)$；t_a 为室内空气温度，℃，取实验测量温度；$\bar{t}_r$ 为平均辐射温度，℃。

表3-2列出了PMV标尺值，主观热感觉评价分为7个等级，热感觉正值越大，人体就会觉得越热。

表3-2 PMV热感觉标尺

热感觉	热	暖	较暖	适中	较凉	凉	冷
PMV值	+3	+2	+1	0	−1	−2	−3

PMV虽然可评价人体对热环境的舒适度，但是不同人对热感觉感知不同，故用PPD

(Prsdicted Percentage of Dissatisfied)代表人群对热环境的不满意度，得出两者之间的关系曲线如3－8所示。PPD为人群在热环境中对热环境不满意的预计投票平均值，其计算公式为

$$PPD=100-95\exp[-(0.033\,53PMV^4+0.217\,9PMV^2)] \tag{3.19}$$

如图3－8所示，当PMV＝0时，PPD的值为5％。即：在热舒适度达到最佳状态下，仍然存在着5％的人对室内热环境感觉不满意。

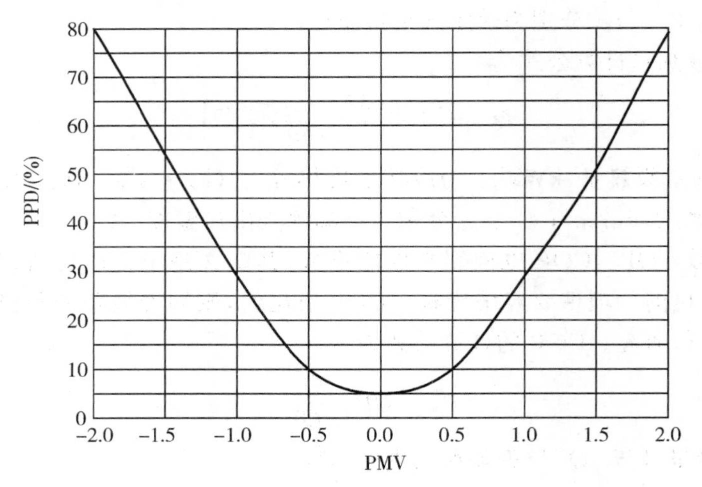

图3－8　PMV与PPD的关系曲线

对于本实验太阳能冷热联供来说，供热时室内热环境在舒适的前提下略微偏冷，供冷时偏热，在进行供暖/制冷热湿环境评价时，可通过式(3.18)及式(3.19)分别计算得出PMV和PPD的值。室内热湿环境划分等级如表3－3所示。

表3－3　供热/供冷下热湿环境的评价等级

热舒适度等级	预计不满意者的百分数PPD	预计平均热感觉指数PMV
Ⅰ级	PPD≤10％	－0.5≤PMV≤＋0.5
Ⅱ级	PPD≤25％	－1≤PMV≤＋1

3.3　太阳能冷热联供系统实验研究

利用太阳能冷热联供系统开展实验研究，该系统由集热装置、储热装置、供暖/冷终端、制冷机组及控制系统组成。现在分析该系统的储热性能、供热性能、制冷性能以及室内热舒适度。

3.3.1　室内结构

实验房间模型如图3－9所示，房间面积为40 m^2，基本尺寸为8 m×5 m×3 m，房间只

有北向一面外墙，开有三个外窗，窗户尺寸为 2.1 m×1.7 m，有一高 2 m、宽 1.5 m 的铁门，东、西、南三向墙体为内墙，分别在房间内屋顶、东向、西向和北向墙体的位置铺设毛细管网。表 3－4 为实验室围护结构参数。

图 3－9　实验房间模型

表 3－4　实验室围护结构参数

位　置	材料参数	传热系数/($W \cdot m^{-2} \cdot K^{-1}$)
北外墙	250 mm 厚蒸压加气砼砌块加 50 mm 厚岩棉板外保温	0.66
内墙	180 mm 厚黏土空心砖	1.64
屋面	80 mm 厚钢筋混凝土楼面加 125 mm 厚矿棉、岩棉、玻璃棉板	0.46
地板	混凝土板	2.3
北外窗	断热铝合金 LOE－E 中空玻璃窗 6＋12A＋6	2.60

3.3.2　实验设备

1.集热器场

太阳能集热器场位于楼顶无遮挡区域，24 块 2 m^2 的集热器阵列存在前后遮挡，朝向正南，倾角 45°。在供暖期间无遮挡情况下，太阳能集热器的日照间距参照《太阳能供热采暖工程技术规范》设置，结合实际测量并进行计算，最终确定采光面积为 39 m^2。集热器采用无机高效扁平多孔热管式，其免维护，运行成本低，可在恶劣的环境中正常工作。

2.储热水箱

实验选用不锈钢制圆柱形的保温水箱，其结构尺寸如表 3－5 所示。其由 3 个 1 m^3 的储热罐串联组成，内部设置了多层温度传感器及水位计，通过监测水箱水位的方法控制储热工质体积，可实现自动补水。水箱内部储热工质(水)的量是决定系统供暖及制冷能力的关键因素。

表 3－5　储热水箱具体结构尺寸

名称	数值
水箱高度	1.23 m
水箱内径	1.16 m
水箱外径	1.24 m
保温层厚度	0.025 m
水箱热导率	16 W/(m·K)

3.毛细管网

供暖/冷终端由一定规格的毛细管网并联组成，安装在实验室房间墙面与屋顶上，可分区自动启闭循环支路，相应位置安装了测温点及湿度监测点。夏季运行时，毛细管工况要求出水温度为 18 ℃，回水温度 23 ℃，能效比可达 1∶8；冬季供暖运行时出水温度为 32 ℃，回水温度 28 ℃，能效比可达 1∶6。冬季为房间供暖运行时，其供水温度在 28 ℃以上即可实现供暖，供暖效果较明显。

4.循环泵

太阳能集热循环泵串联在管路上，带动整个集热系统循环，可以通过 XL－21 型动力柜手动控制开关来实现集热系统的运行与停止，为水箱中水进入集热器提供良好的动力。该泵的性能参数如表 3－6 所示。

表 3－6　太阳能集热循环泵性能参数

PH－101EH 集热循环泵			
最大流量	130 L/min	最大扬程	5 m
额定流量	85 L/min	额定扬程	3 m
额定电压	220 V	额定功率	200 W
额定功率	50 Hz	额定转速	2860 r/min

5.小型溴化锂制冷机组

实验系统所用制冷机组采用松下制冷有限公司生产的低温热水型溴化锂制冷机，该机组型号为 LCC－01D，机组功率小，温水进口温度在 70～60 ℃范围内变化时，可实现制冷，制冷量小于 30 kW，降低了系统运行要求，实现了小面积制冷。机组的主要技术参数如表 3－7 所示。

表 3－7　溴冷机型号参数表

机组型号	LCC－01D	额定制冷量	25.0 kW
冷媒水流量	4.3 m^3/h	冷媒水进出口温度	21～16 ℃
冷却水流量	10 m^3/h	冷却水进出口温度	30～35 ℃
热水流量	2.9 t/h	热水进出口温度	70～60 ℃
电功率	1.5 kW	机组长	2 090 mm
机组运转质量	2 200 kg	机组宽	1 125 mm
机组运输质量	1 800 kg	机组高	1 900 mm

制冷机组管路包括温水循环管路、冷水循环管路及冷却水循环管路三部分,结构上包括溴化锂制冷机组、冷却塔及循环泵等。温水由太阳能集热部分提供,在循环条件满足时,由温水循环泵驱动循环。冷水由溴化锂制冷机提供,冷水循环由冷水循环泵驱动循环,毛细管网为冷水循环管路的组成部分,实现向室内提供冷量的目的。冷却水由冷却塔提供,冷却水循环泵驱动循环,以带走部分热量。

3.3.3 实验测点布置和主要测试仪器

本实验系统在冬季进行供暖测试,在试验测试期间,太阳能集热泵运行时间为9:00—17:00,毛细管辐射供暖循环的运行时间为8:00—21:00。供暖实验测点布置由5部分组成,如图3-10所示:①室外环境参数:采用BSRN3000太阳能辐射全自动监测系统,观测与记录太阳能总辐射、室外温湿度等参数;②太阳能平板热管式集热器:集热板供水管路装有涡轮流量计以测量集热板供水流量,供回水管路分别安装温度传感器以测量进出口温度;③储热水箱:每个水箱中间装有一个温度探头测量水温,底部均装有2 kW的辅助电加热装置;④毛细管网辐射供暖:在毛细管供回水管路上均装有温度传感器和涡轮流量计,分别测量供回水的温度和流量以及毛细管网壁面温度(辐射表面);⑤室内环境参数:测试房间内各个测点温湿度、风速、PMV-PPD值。

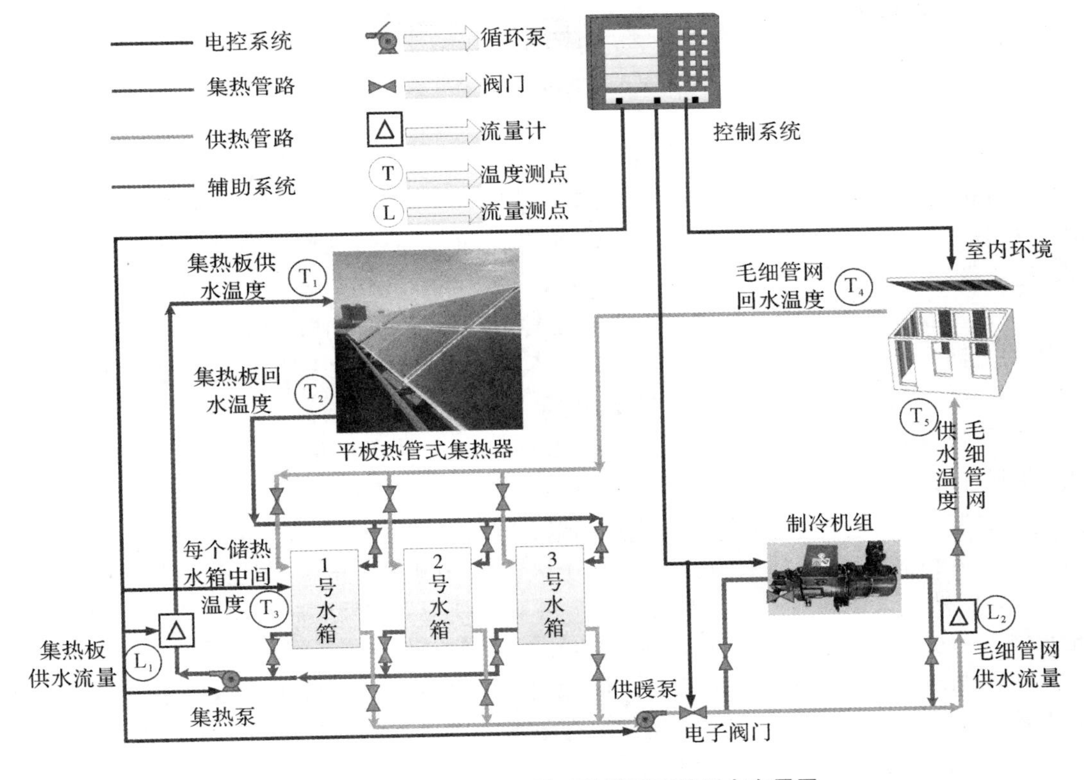

图3-10 太阳能冷热联供系统供暖实验测点布置图

本系统夏季进行制冷实验，制冷实验测试由 6 部分组成：①室外环境参数；②太阳能平板热管式集热器；③储热水箱；④毛细管网辐射供冷，即测量毛细管网供回水温度、流量以及有无毛细管网屋顶温度；⑤冷机内部(见图 3-11)，在溴冷机的相应进出口处采用 PT100 铂电阻与涡轮流量计分别测量温水入出口温度、流量，冷水入出口温度、流量，冷却水入出口温度、流量；⑥室内环境参数，即测试房间内各个测点温湿度、风速、PMV-PPD 值。

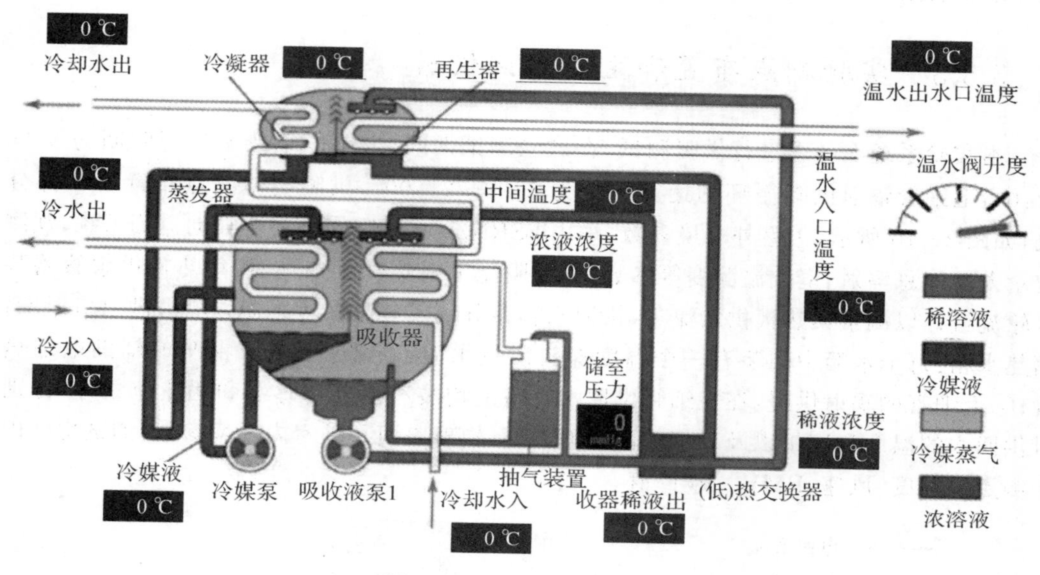

图 3-11　冷机内部结构

采用北京和欣运达科技有限公司生产的 WEBTalk-50 数据采集仪，实时观测、记录数据，设置每隔 1 min 记录一次数据。控制系统采用自主研发的智能型数据及预测平台，可对不同区域单独控制，可调节温度，当冬季供暖集热泵停止运行时，可控制开关三通，进行回水，避免管路冻坏。

本次实验在房间正中央分别距地面垂直高度为 0.1 m、0.6 m、1.1 m、1.4 m、1.7 m 的位置上布置温度测点，各个测点布置两个 K 型热电偶。实时监测各个测点的温度变化，利用多路数采仪每隔 1 min 记录一次温度数据。

在屋顶表面、毛细管网墙壁表面均布置温度传感器，为了测量非加热壁面(南内墙)的温度，在所有墙壁正中央分别布置一个 PT100 热电偶。用温度枪测量房间各个壁面的温度。

本次实验房间共布置 3 个温湿度自记仪，在房间正中央竖直方向距离地面 0.1 m、1.1 m、1.7 m 处布置测试点，每隔 10 min 记录一次数据，其中 0.1 m 高度处为人体脚踝处高度，1.1 m 高度处为人体坐下时头顶的高度，1.7 m 高度处为人体站立时头顶的高度。温湿度自记仪测量精度为：温度≤±0.5 ℃，相对湿度≤ ±3% RH。

供热制冷实验过程中，需要进行流量测试的有集热板与毛细管网的供水流量、温水、冷水及冷却水的流量。测量流量的仪器选用合肥晟节仪表科技有限公司生产的涡轮流量计，其中，冷却水的流量较大，选用 LWGY-D40C 型涡轮流量变送器。

3.3.4　储热性能分析

实验所选用不锈钢制圆柱形的储热水箱，保温材料为岩棉，岩棉具有使用温度高、优良的绝热性和不可燃烧性，是一种很好的保温材料，其具有良好的保温性能。对三个储热水箱进行温度分层标定，在每个水箱内距水箱底部 0.33 m（下层）、0.66 m（中层）、0.99 m（上层）处分别布置 3 层 K 型热电偶传感器，热电偶传感器可对水箱温度进行实时监控，以分析水箱温度分布及保温性能。

1.储热水箱的平均温度

图 3－12 为实验测试期间毛细管网系统运行时间为 8:00—21:00 储热水箱的平均温度，从图中可以看出，供暖系统在大多数的时间都运行良好，储热水箱的平均温度都在 32°左右，基本接近。在 11 月 5 日、11 月 6 日、11 月 9 日，储热水箱平均温度较低。这是因为 11 月 5 日天气阴，太阳光不充足，并未开启太阳能集热系统，依靠开启毛细管网供暖系统为室内人员提供热量。11 月 6 日天气为小雪，集热系统和供暖系统均未运行，但 11 月 6 日储热水箱温度下降较小于 5 日，是因为水箱中热水在供暖循环泵的带动下进入毛细管网，热量散失更快，可以得出储热水箱保温性能良好。

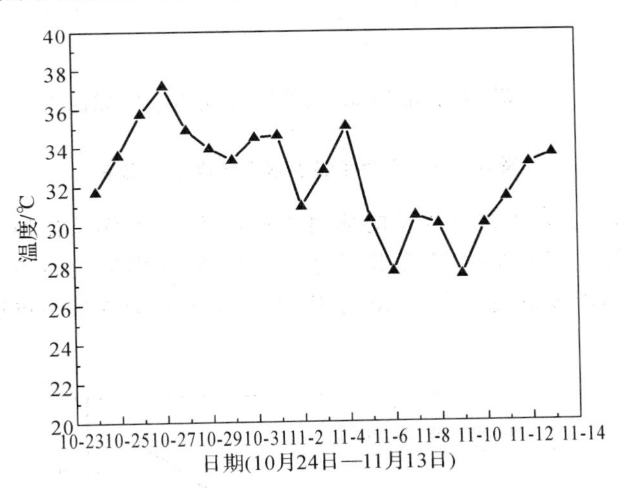

图 3－12　供暖期间每天储热水箱的平均温度

如图 3－13 所示，三个储热水箱的平均温度趋势一致，均呈现先下降后逐渐上升再下降趋势。在 8:00—9:00 时毛细管网供暖系统运行为室内供暖，集热系统并未开启，储热水箱热水热量散失，温度下降；在 9:00—15:00 之间，随着集热系统运行，加热储热水箱的水在 15:00 时储热水箱温度达到最高；之后储热水箱内平均温度下降，这是因为集热系统的得热量小于毛细管网散失的热量。

2.水箱的热损失及热效率

储热水箱的主要性能指标包括水箱热损失和水箱热效率，水箱的热损失和热效率分

别为

$$Q_1 = \frac{hZ\Delta t}{\frac{\ln(d_1/d_2)}{2\pi\lambda_1} + \frac{1}{\pi d_1 \alpha}} + \frac{\pi d_1{}^2 Z \Delta t}{4(\frac{\delta}{\lambda_2} + \frac{1}{\alpha})} \tag{3.20}$$

$$\eta_1 = \frac{Q_d - Q_1}{Q_d} \tag{3.21}$$

式中：Q_1 为储热水箱热损失，J；Q_d 为储热水箱得热量；η_1 为水箱热效率；d_1、d_2 分别为储热水箱保温层的外径、内径，m；λ_1 为水箱热导率，W/(m · K)；λ_2 为保温材料的热导率，W/(m · K)；δ 为保温层厚度，m；h 为水箱高度，m；Z 为传热时间，s；t 为室内环境温度，℃；α 为热扩散系数，m/s。

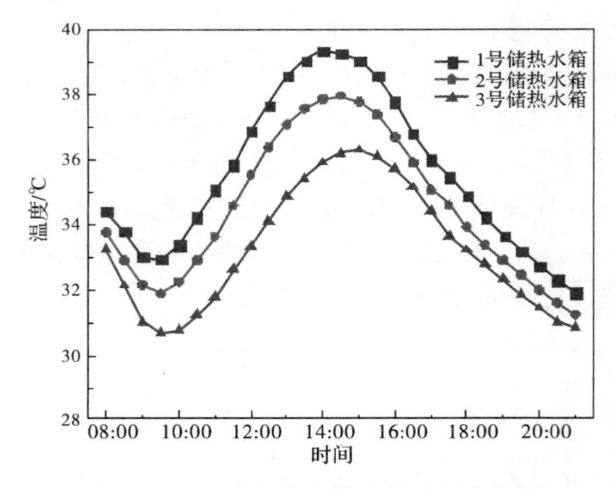

图 3－13　三个储热水箱内热水平均温度

由式(3.20)和式(3.21)可得出水箱的热损失和热效率，水箱采用厚度为 0.25 m 的岩棉作为保温材料。如图 3－14 所示，随着水箱内水温升高，热损失量逐渐增大，这归因于传热时间 Z 与水温和环境温度的传热温差 Δt 逐渐增大，但水箱的热效率仍稳定在 90%以上，保温效果较好。

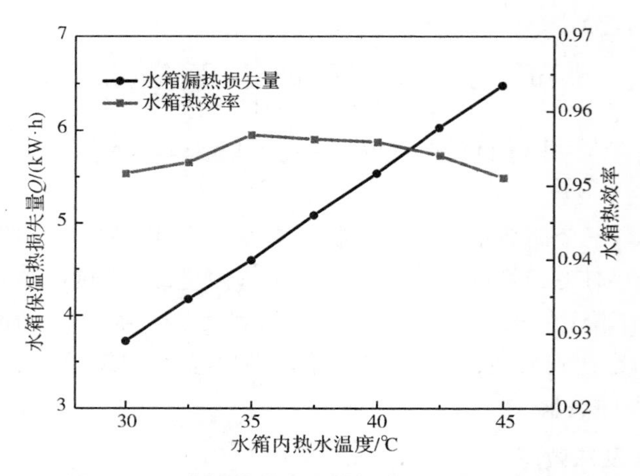

图 3－14　水箱热效率及热损失量随水温的变化

3.4　冷热联供系统性能分析

3.4.1　单位建筑面积毛细管网供热功率

图 3－15 为单位建筑面积毛细管网供热功率。供热功率在 9:00—13:00 逐渐升高，因为在太阳能集热泵运行时，太阳辐射强度与环境温度逐渐升高导致供回水水温逐渐升高，并在下午 14:30 达到最大值，单位建筑面积供热功率为 91.40 W/m^2。在 14:30 之后供热功率逐渐下降，这是因为太阳辐射强度降低，此时集热量减小，水箱散热量增大导致毛细管网供回水温差减小；下降的速率随时间的推移逐渐变小，这是因为此时水箱内热水温度较高，室内的环境温度与毛细管网热水温度差值较大，传热能力较好。8:00—21:00 的单位建筑面积毛细管网供热功率为 56.66 W/m^2，平均供热功率为 2.27 kW。

图 3－16 为毛细管网供热效率随时间的变化曲线，从图中可以看出，10:00—15:00 期间供热效率均高于 40%，且相对稳定。其余时间段太阳能辐照与室外环境温度较低，房间散热量较大，因此毛细管网供热效率较低。16:00 时供热效率最高达到 51%，17:00 时热量供热效率最低为 16%。全天毛细管网平均供热效率为 38.9%。

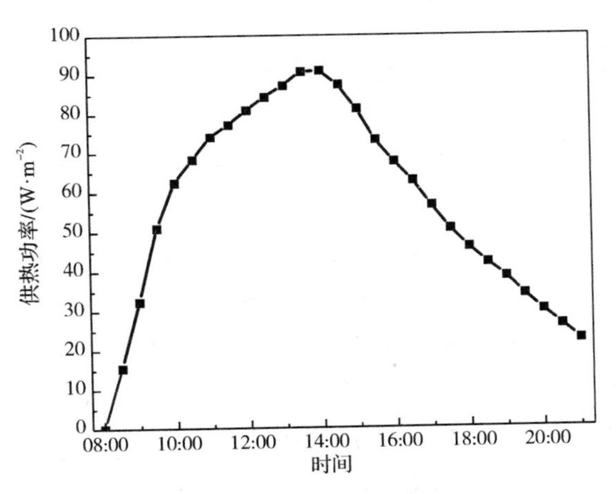

图 3－15　单位建筑面积毛细管网供热功率

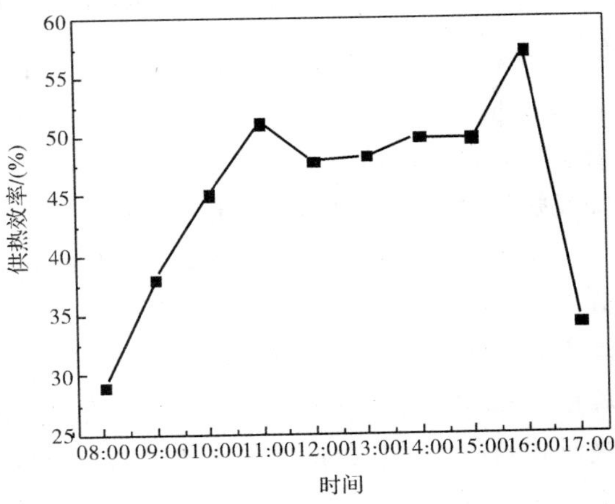

图 3－16　毛细管网供热效率随时间的变化曲线

3.4.2　溴化锂吸收式制冷性能分析

本实验研究温水入口温度、冷却水入口温度及冷媒水出口温度等参数对溴化锂吸收式制冷机组性能的影响。这些参数的变化将会直接影响到机组的制冷量和机组的正常运转。

图 3－17 为制冷量及 COP 随温水入口温度的变化关系，从图中可以看出，在供水温度

为 70 ℃时，制冷量为 18.84 kW，此时 COP 值为 0.41。可以看出在较低的温水入口温度也可以达到不错的制冷效果。制冷量随温水入口水温增加而增大，这是因为温水是溴化锂吸收式制冷机的动力来源，进入溴冷机与发生器进行热量交换，当温水入口温度升高时，发生器出口溴化锂溶液浓度升高，由于溶液循环的量不变，冷剂水蒸气进入冷凝器，被冷凝的冷剂量增加，进而蒸发器中冷剂水换热量增大，制冷量得到了提高。

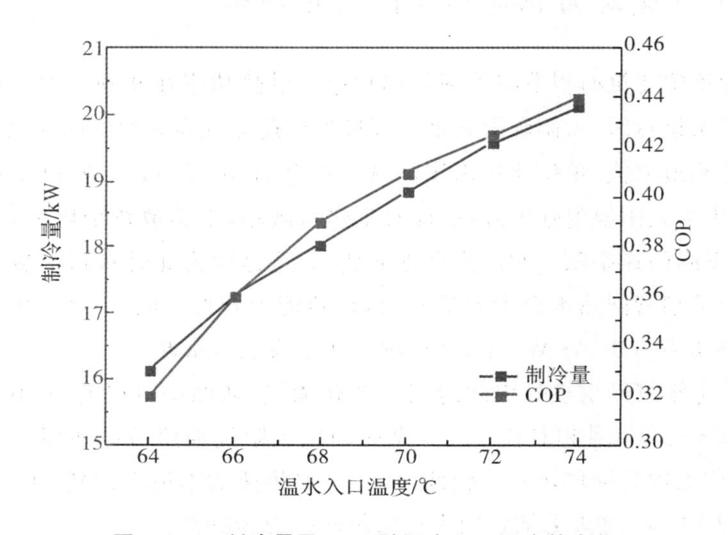

图 3－17　制冷量及 COP 随温水入口温度的变化

当温水入口温度增加时，制冷机组 COP 值也随之增大，但增幅趋势逐渐缓慢，直至为增长率接近于 0。这是因为当溶液循环量不变时，发生器出口的溴化锂浓溶液浓度与温度随着温水入口的增加而增大，使得溶液的浓度差随之变大，但是由于温水入口温度的增加会增加耗热量，所以 COP 值上升趋势变缓。

图 3－18 为制冷量及 COP 与冷却水入口温度的关系，当冷却水入口温度由 22 ℃增加到 32 ℃时，制冷量由 22.56 kW 降低到 18.01 kW，COP 值由 0.46 降到 0.36。当冷却水入口温度升高时，吸收器出口稀溶液温度升高，吸收能力减弱，同时冷凝器与冷剂蒸汽换热效果降低，冷凝冷剂量减少，压力提升。综合以上因素，使得发生器出口浓溶液的浓度减小，因此吸收式制冷机的制冷量随着冷却水入口温度的升高而减少。COP 为制冷量和发生器热负荷的比值，在发生器热负荷不变的情况下，制冷机性能系数 COP 值下降，因此当冷却水入口温度升高时，冷机的制冷量与 COP 值均减小。

制冷量及 COP 与冷媒水出口温度的关系曲线如图 3－19 所示。冷媒水出口温度由 8 ℃增加到 18 ℃，制冷量由 13.64 kW 增加到 19.47 kW，COP 值由 0.37 增加到 0.43。制冷机组制冷量随着冷媒水出口温度升高而增大，这是因为蒸发压力和温度升高，导致吸收能力增加，由于换热温差增加，吸收终了稀溶液浓度降低，从而使得制冷量提高。当冷媒水出口温度增加时，制冷量会升高，COP 为制冷量和发生器热负荷的比值，而冷媒水出口温度的改变对发生器负荷影响不大，因此冷机的 COP 值随之增大。

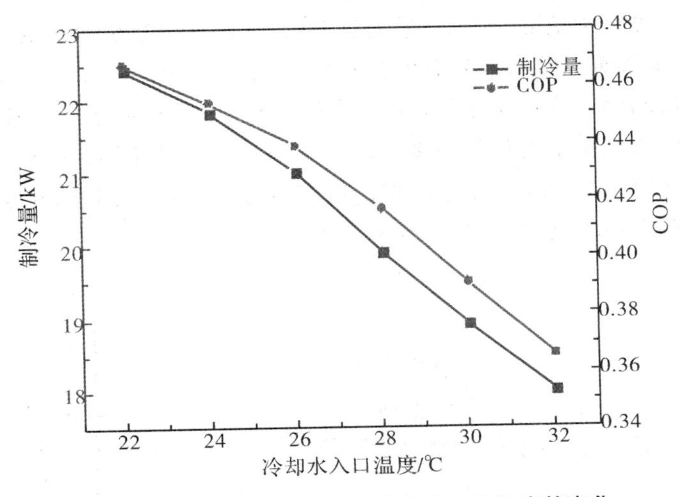

图 3-18　制冷量及 COP 随冷却水入口温度的变化

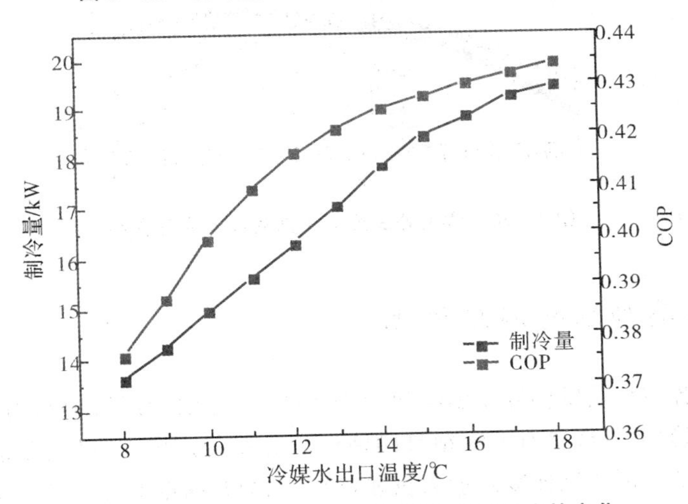

图 3-19　制冷量及 COP 随冷媒水出口温度的变化

3.5　室内热环境分析

3.5.1　室内外温度变化

如图 3-20 所示，供暖量随时间的变化趋势与集热量变化相近，呈现先增后减的趋势。毛细管网供热功率在 13:20 达到最大值 3.93 kW，在 12:20 时集热功率为 9.84 kW，达到最大值，集热器的全天平均集热功率为 6.23 kW。

毛细管网供暖房间温度在实验最初 3 h 内缓慢上升，后续温度在 25 ℃左右趋于平稳，在 14:20 时达到温度最大值 25.57 ℃,最大温差为 5.86 ℃。毛细管网供暖期间室内平均温度为 24.21 ℃,较未供暖房间和室外温度分别提高 6.79 ℃和 15.12 ℃。在 9:00—12:00 期间毛细管网供暖房间的温升速率较快,这是因为毛细管网的供回水温度及环境温度均较高,透过北外窗的太阳热量被室内吸收最多。在 13:00—14:40 期间的室内温升速率基本不变,在 14:40 达到最高值,在 15:00—17:00 期间的温度逐渐下降。因此,对房间采用毛细管网供暖可有效提高室内环境温度,达到较好的效果。

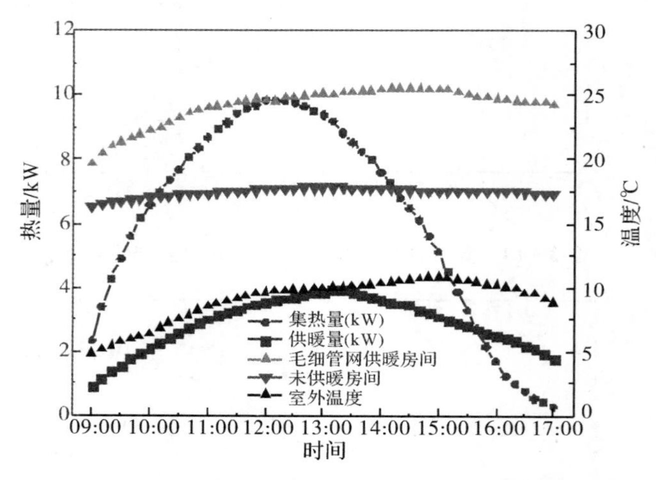

图 3-20　室内外温度变化随时间的变化曲线

3.5.2　各类型墙壁温度变化

图 3-21 为各类型墙壁的温度随时间的变化曲线,毛细管网屋顶和墙壁的温度随时间呈现先增后减的趋势,且墙壁有无毛细管网铺设的温度落差较大,最大差值为 7.82 ℃。这是因为铺设有毛细管网的壁面吸热能力更强,但无毛细管网壁面温度动态偏差较小,这显著体现出墙体利于吸收管网中循环工质的热量。

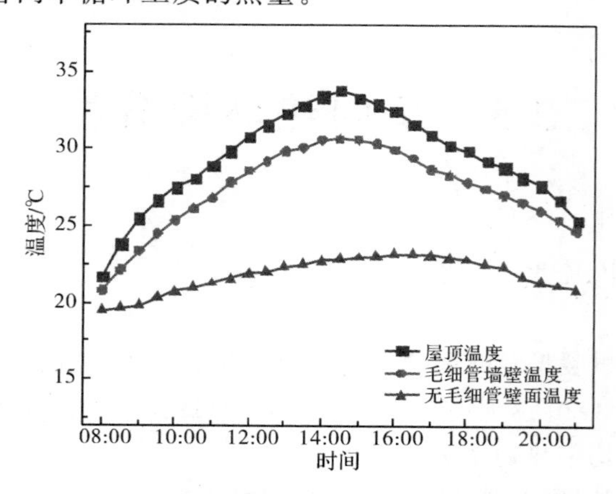

图 3-21　各类型墙壁的温度随时间的变化曲线

17:00 时集热循环泵停止运行，如图 3－21 所示，屋顶温度下降较快，因为环境温度降低，屋顶对室内外的热传导能力增强，储热效率会明显下降，温度流失严重。屋顶与无毛细管网壁面的平均温度差值更大，为 7.61 ℃，因此对房间进行供暖采用毛细管网效果较好。

3.5.3　各垂直高度处温度变化对比

如图 3－22 所示，室内各垂直高度处的温度变化趋势一致。1.1 m 高度处的温度高于 0.1 m 和 0.6 m 处，这是因为毛细管网传递给墙体的热量对屋内低处的冷空气进行预热，空气密度遇热变小继而上升，流经屋顶表面时以热传导和对流的方式进一步吸收屋顶热量，温度达到最高，从而使得室内空气温度梯度随高度的增加存在明显的差异。1.1 m、1.4 m 和 1.7 m 高度处的平均温度相差不大，温度场分布均匀性较好。但是，测点平均温度在垂直方向处于 1.1 m，略高于 1.7 m 处，因为 1.1 m 处位于人体主要产热器官内脏附近，躯干散热引起临近区域温度场变化。

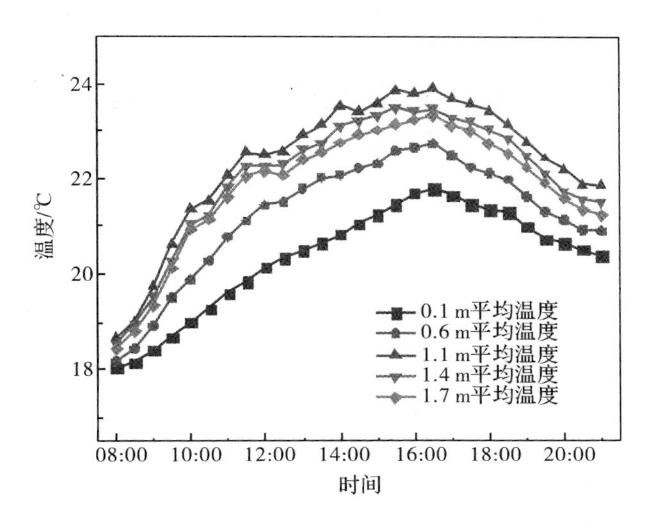

图 3－22　室内各垂直高度处的温度随时间的变化曲线

3.5.4　供暖房间 PMV 与 PPD 变化

图 3－23 为毛细管网供暖运行期间房间的 PMV 与 PPD 值随时间的变化曲线。全天共 11 h 的 PMV 值在－0.5～0.5 之间，定义在－0.5～0.5 之间的 PMV 值为舒适范围，此时人体感觉适中，毛细管网供暖运行期间的平均值为 0.12，因此室内的热舒适度较好。从图中可以看出，在 9:00 时前 PMV 值较低，这主要是因为集热系统并未运行，靠储热水箱的热量维持室内供暖，同时室外环境温度、太阳能辐射强度偏低等原因导致室内温度较低。

如图 3－23 所示，在中午时间段达到最大不满意度，PPD 为 19.09%，此时房间有点热，

PMV 值最高为 0.82。这是因为此时段室外温度、太阳辐射强度较高，使得集热板供回水温差较大，流入毛细管网中热水温度较高，导致室内温度偏高。此时段为午休时间，建议适当调节毛细管网供水流量，或者关闭供暖系统，使得房间舒适性达到较满意的程度。

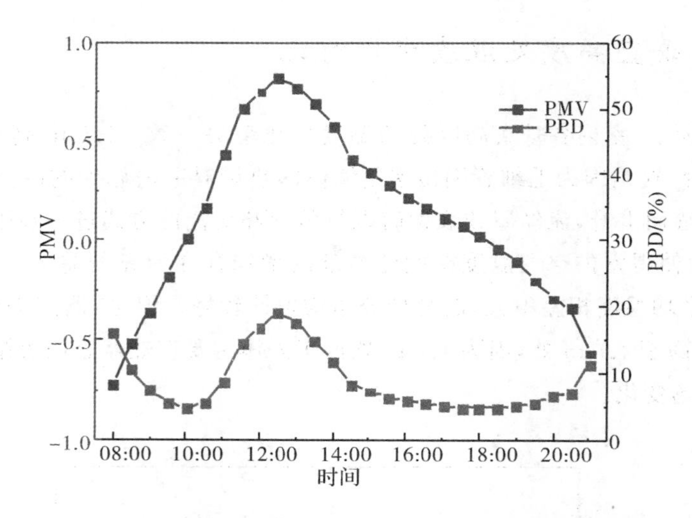

图 3-23　供暖时房间的 PMV 与 PPD 值随时间变化关系

第4章　分段式复合抛物面聚光器集热性能分析

太阳能作为分布最为广泛的可再生能源，可通过集热装置将太阳能转换成热能为工业生产所用。复合抛物面太阳能聚光集热器(Compound Parabolic Concentrator，CPC)是根据边缘光线理论设计的理想聚光器，具有可接收部分散射光、低成本等优点，具有广阔的应用前景。其接收面上能流分布不均，造成系统光热转换效率低下，同时导致转换装置温度分布不均，产生热应力破坏，降低接收器寿命。鉴于上述分析，提出一种新型中温空气式太阳能聚光器(简称分段式CPC)，对其光热性能展开分析。

4.1　聚光集热概述

4.1.1　太阳能聚光集热技术

太阳能聚光集热技术是指利用太阳能聚光集热器将太阳辐射能收集起来，通过与工质的相互作用转换成热能加以利用。太阳能聚光集热技术的核心部分是太阳辐射能转化装置以及太阳能捕获装置。

1.太阳辐射能传化装置

按照辐射能转化装置的传热工质类型分类，当前太阳能集热器主要分为液态太阳能集热器和空气太阳能集热器。

(1)液态太阳能集热器。工质为液体的太阳能集热器称为液态集热器，大部分液态集热器以水为工质，少部分集热器用耐低温防冻介质。液态集热器结构简单，实用性好，主要用于太阳能热水等应用。但是，由于其内部采用液体为传热工质，集热器需要较强的密封性，微小的渗漏会严重影响集热器的工作性能；集热器材料大多数为金属，在潮湿环境下容易腐蚀，需要考虑防腐蚀问题；低温环境下使用时隔热保温要求高，否则会产生冻管结冰问题。

(2)空气太阳能集热器。空气太阳能集热器是一种常用的太阳能利用装置，它是以空气作为传热工质，将收集到的热量输送到功能端。空气集热器相对于液态集热器来说，寒冷条件下不存在冻管结冰现象；密封性要求低，微小的渗漏不会严重影响空气集热器的工作和性能；空气集热器运行期间由于空气压力较小，比液体集热器运行水压低很多，因此设备管路相对可采用较薄的材料，大大降低造价，估计可降低系统成本40%～60%，且不必考虑材料的防腐问题。

2.太阳能捕获装置

太阳能捕获装置根据集热方式的不同分为非聚光型太阳能集热器和聚光型太阳能集热器。

(1)非聚光型太阳能集热器。非聚光型太阳能集热器一般工作温度较低,为低温非跟踪型集热器,可以采用液体或空气作为传热工质;按照集热器内是否有真空,主要分成真空管集热器和平板集热器两类。目前市场上大多数非聚光型太阳能空气集热器以平板型集热器为主,平板型集热器的主要构成部件有透明玻璃盖板、太阳能吸热板、保温层、集热器外壳。平板型集热器结构简单,能吸收直射辐射和漫射辐射,投资额小,易于安装与维修,且其外形能较好地与建筑物相匹配结合。但是,其工作温度较低,无法满足中温应用的需求。

(2)聚光型太阳能集热器。太阳能虽然易获取,分布广泛,无污染,但是太阳能是低品位能源,人类无法短时间通过太阳能获得高品位热源。因此,为了更快地通过太阳能获得高品位热源,就需要利用聚光型集热器对太阳光进行有效的汇聚,来满足温度需求。

聚光型太阳能集热器现阶段在市场上主要有槽式太阳能集热器、碟式太阳能集热器、复合抛物面太阳能集热器等几类。

1)槽式太阳能集热器。槽式太阳能集热器属于中高温集热器的应用范畴,主要是由反射镜、集热管、跟踪系统、支架系统、传动系统、控制系统组成;工作原理为:跟踪系统驱动支架系统带动槽式太阳能集热器运动,使太阳光线经过抛物反射镜汇聚到抛物反射镜的焦斑处,汇聚成高能流密度的太阳能,被焦斑处集热管所吸收,经过热传导将集热管内的工质加热,为系统提供热能。

2)碟式太阳能聚光器。碟式太阳能聚光器是由一段抛物线围绕其主轴旋转形成的旋转抛物面反射镜和双轴跟踪装置、接收器三部分构成的。碟式太阳能聚光器的聚焦方式为点聚焦,借助于双轴跟踪系统,使得旋转抛物型反射镜面将太阳光线聚集到位于其焦点位置的接收器上,接收器将这部分能量吸收并转换成为热能直接利用,或者利用接收器上的热电转换装置将热能转换成电能。

3)复合抛物面太阳能聚光器。复合抛物面太阳能聚光器(CPC)的原理和形状由Winston在20世纪70年代首次提出,因其是一种典型的非成像聚光器,具有低聚焦度,跟踪精度低,并且可以满足太阳能中低温领域的应用,被人们认为是一种极具潜力的太阳能聚光装置。

CPC主要是由抛物面反射镜、接收器、跟踪系统、配套管路和支架组成。CPC抛物面反射镜是由边缘光线原理设计而成的,可将给定入射角度范围的太阳光线反射到接收器表面,接收器表面既有直接入射的太阳光线,也有通过抛物面反射镜反射的太阳光线。抛物面反射镜的反射使得低品位的太阳能,聚焦在接收器表面,增大了其能流密度,提高了接收器出口工质的温度。

相比较其他的聚光器,CPC更适用于工业要求的新型中温空气式太阳能聚光集热器。相对于平板集热器,真空管型太阳能集热器,CPC有着更大的聚光比,其集热温度可达到80～250 ℃,属于中低温的领域范畴。而相对于槽式聚光器、碟式聚光器,CPC聚光器的聚光比较低,但在中低温领域热需求的前题下,CPC因其具有结构简单、建造和维护成本低廉、安装简单、理想聚光等特点而深受人们青睐。基于以上几点，CPC 在太阳能中温利用中发挥重要的作用，具有广阔的应用前景。

4.1.2　复合抛物面太阳能聚光器

近年来，国内外许多学者针对复合抛物面聚光集热器开展了一系列的理论分析、仿真模拟和实验测试研究，分别对复合抛物面聚光集热装置的结构及其应用进行了优化与研究，本节将对复合抛物面聚光集热器的相关的研究现状进行介绍。

1.复合抛物面太阳能聚光器结构研究现状

在复合抛物面聚光集热装置结构方面，为提高复合抛物面聚光集热装置的光学性能，不少学者提出了一种非对称结构的 CPC。如 Qing Dongtan 等提出并制造了一种不对称透镜壁结构的新型非对称透镜壁复合抛物面聚光器（ALCPC－PV），利用软件 Light tools 研究了 ALCPC 的光学性能，结果表明入射角为 0°～60°时的光学效率均在其峰值的 90％以内。Mallick 等提出了一种几何聚光比为 2 的不对称复合抛物面集热器（ACPC），并对其光学特性展开研究。结果表明，该聚光器具有很高光学效率，达 85.85％。Chen 等设计了一种非对称真空管 CPC，实现能量采集的季节性部署，有效地增加了冬季的采光，降低了夏季太阳能的收集效率，系统自然匹配了用户在不同季节的热量需求。

王哲提出了一种非对称非跟踪聚光器，其优势在于接收角范围大且光学效率高，体型较小，结构扁平化，聚光相对来说比较均匀。章波等研究平板接收体非对称 CPC 的结构及特性，建立平板接收体非对称 CPC 模型，利用软件 Tracepro 模拟计算了该模型的光学特性，结果表明平板接收体非对称 CPC 的年采光量较相同面积的平板吸收体得到了显著提高，平均年采光量提高了 15.28％。李桂强通过将折射材料与抛物面反射镜的内壁结构相结合，提出了 CPC 新结构，与传统 CPC 相比，在同等的几何聚光比条件下新结构具有更大的接收半角。

此外，为进一步提高 CPC 光学性能，不少学者提出了二级聚光器耦合及通过算法构建模型，如北京理工大学的彭祖林等设计的一种漏斗式太阳能聚光集热器。该聚光器由二级 CPC 叠置组成，通过对其进行变尺寸设计，第二级 CPC 的最大接收角得到了改善，并得出了最优的接收角范围为 30°～35°。Widyolar 等研制了一种二级高倍聚光器，将槽式抛物面聚光器与二次复合抛物面聚光器耦合，在接收体上聚光比可达 50，实验研究表明，该聚光器在 650 ℃下的光学效率为 63％，热效率为 40％。MazinAl－Shidhani 等提出了一种具有矩形入口孔径的交叉复合抛物面聚光器（CPC）设计，与具有方形入口孔径的传统 CPC 相比，具有显著改善角度响应的优点，研究表明，归因于聚光器内部的多次光反射，该矩形集热器在东西方向运行时，比相同聚光比为 4 的传统方形集热器接收角度大 10°。

Li 等提出了一种基于算法的多截面复合抛物面集中器（M－CPC）性能优化设计方法，根据程序计算结果建立了模型，通过集成精密仪器的激光实验测试其光学性能并与 S－CPC 进行了比较。结果表明，M－CPC 平均光学效率和接收角的改进率分别比 S－CPC 提高了 375.47％和 4％。Jintao Xu 等提出并分析了一种多目标优化的 M－CPC 设计方法，构建了光线路径控制实验平台，验证了选择计算和光线追踪程序的可靠性，采用设计方法得到

5个具有不同反射平面的M－CPC，研究表明：所提出的设计方法和所有构建的M－CPC在保持高光学效率的同时，可以有效避免光线在聚光器中的多次无效反射，提高了光学效率。郑宏飞提出了一种可成像的二维复合抛物面聚光器，分析了其接收半角、聚光比、高宽比等对光学性能的影响，进一步提出三维旋转后的光漏斗复合抛物面聚光器。刘婷婷等在传统CPC热管式真空集热管的研究基础上，设计出一种W型内聚光CPC热管式真空集热管，该新型集热管理论上能够吸收径向入射角在其接收角范围内的全部太阳直射辐射，光学效率较高。

不难发现，国内外学者为提高复合抛物面聚光集热装置光学性能，对复合抛物面聚光集热装置结构设计方面，开展了大量研究，包括非对称结构设计、二级聚光器耦合、基于算法构建模型等。

2.复合抛物面聚光器光学性能研究现状

在复合抛物面聚光器光学性能方面，不少学者主要通过TracePro软件应用蒙特卡罗射线追踪方法对其展开研究，如吴德众针对CPC处内外玻璃管间隙处存在的漏光损失和末端光线损失，基于TracePro软件对各结构CPC的光学效率进行了模拟计算，得出接收管半径对较小接收半角CPC影响更为显著，降低CPC接收管半径有利于CPC的光学效率。Ameri Mehran等基于CPC修正方程并考虑漫射辐射效应，得到了不同几何聚光比下CPC的光学效率。结果表明，几何聚光比在1.63时CPC可以获得最高的太阳辐射吸收。Yutian Hou等使用蒙特卡罗射线追踪方法建立了带扁平接收机的PTC数学模型，并提出了一种创新的矢量计算最小宽度的方法。通过仿真分析发现，在相同几何聚光比的条件下，平面接收器中心的局部聚光比的光学性能在75°～90°的边缘角下表现出色。

此外，也有不少学者对复合抛物面聚光器光学性能应用MATLAB及其他仿真软件进行研究分析，如刘研在Soltrace中建立了CPC的数学模型并进行光线跟踪，计算其几何光学效率，分析了集热器最大接受半角与间隙宽度大小对CPC几何光学效率的影响。Rongai Xu等采用蒙特卡罗射线追踪方法，利用内部MATLAB代码模拟了太阳辐射射线在CPC管状太阳能集热器中的传播过程，分析了射线入射角、CPC聚光比和截取比对管式集热器热通量分布的影响。闫美玉利用MCRT方法对圆管型CPC的聚光特性进行了研究，运用流体仿真软件(Fulent)对比模拟并分析了不同倾斜角、太阳辐照强度下，聚光集热器的传热性能。得出入射光线角度小于接收半角时，随着聚光比增加，平均热流密度几乎成线性增加，热流密度峰值向吸热器圆上部中间聚集，当超过接收半角时，平均热流密度陡降。

通过文献可以看出，国内外学者对复合抛物面聚光集热器的光学性能做了大量研究，主要通过光学仿真软件模拟太阳辐射射线在复合抛物面聚光集热器中的传播过程进行光学性能的研究分析。

4.1.3 接收器

除了上述提到的装置结构，接收器作为太阳能聚光集热装置光热转化的核心结构，对其进行优选设计同样是提高装置光热性能的有效措施之一。

Abo - Elfadl Saleh 等分析了多孔材料的使用对管式热性能的影响，并与平板空气加热器在空气质量流量下进行了比较；单、双道次为 0.075 m/s、0.05 m/s、0.025 m/s。研究结果表明，与平板加热器相比，管式加热器具有更高的净能量增益、输出空气温度、能量和火用效率以及更小的能量损失。陈飞等建立圆管接收体复合抛物面聚光器模型，通过光学仿真得到复合抛物面聚光器反射面起点的纵坐标随圆管接收体直径增大而减小；几何聚光比随复合抛物面聚光器入光口宽度增大而减小，但光学效率与接收角增大。R.K. Mishra 等对无聚光器和有聚光器串联的真空管集热器的能量回收期能量生产因子和生命周期转换效率等能量矩阵进行了评价和比较，对于 6 个串联的集热器，在 ETC - CPC 组合中，进水口和出水口之间的最大温差为 24 ℃，而在没有 CPC 的集热系统中，进水口和出水口之间的最大温差约为 17 ℃。观察到理论和实验结果有很好的一致性。

此外，Manuel Oliveira 等模拟平板吸收器插入 V 型波纹加热液体的效果，结果表明 V 型波纹有助于增加辐射系数，也会降低内部对流系数。另外，选择性表面与几何改进相结合，可以将热效率提高到更高的性能水平。Hirasawa 等研究了通过在吸收板顶部放置高孔隙率多孔介质来减少自然对流热损失的各种方法。研究结果表明，当吸收板温度为7 ℃时，自然对流热损失净减少 100%。Antonio Caldarelli 等研究了在商用选择性太阳能吸收器背面添加低辐射银层而提高真空平板集热器的性能改进。研究结果表明：添加薄的银低辐射薄膜涂层可以通过降低其热发射率来提高吸收器性能。张欣宇等建立同轴非完整型平移抛物面聚光系统，对接收板的导热系数与表面反射率进行研究。研究结果表明：导热系数达到一定数值后，继续增加对于提高接收器的热性能基本没有太大意义；吸热板表面发射率对热性能影响显著，采用发射率为 0.1 的选择性涂层可实现能量最大转化。

综上所述，现阶段人们主要是从聚光器结构以及接收器结构两方面来提高复合抛物面聚光器光热转换效率，忽略了光学效率提高的背后，接收器能流密度分布不均。CPC 接收面上太阳能能流分布极不均匀，呈现中间高、两边低的特点，并且差别极大。这种极不均匀的能流分布使得光热转换过程效率低下，同时造成转换装置温度分布不均，容易产生热应力破坏，这些都影响和限制了 CPC 聚光器的推广和太阳能的高效利用。

4.2　分段式复合抛物面聚光器结构设计

复合抛物面太阳能聚光器是一种典型的非成像太阳能聚光器，与其他聚光器相比较，具有结构简单、成本低、安装方便等优点。传统 CPC 接收面上能流分布极不均匀，呈现中间高、两端低的特点。这种极不均匀的能流分布使得 CPC 运行光热转换过程效率低下，接收器表面出现较大的温度梯度和热应力，从而影响接收器的安全运行和使用寿命。为提高光热转化效率，降低接收器能流分布梯度，提高能流分布均匀性，提出一种新型分段式 CPC 聚光器，并针对其结构设计进行阐述。

4.2.1 传统复合抛物面聚光器工作原理

1974 年 Winston 首次提出了平板型复合抛物面太阳能聚光器的概念，在理想条件下，达到最大理论聚光比 $\frac{1}{\sin\theta}$。该 CPC 型线如图 4-1 所示。

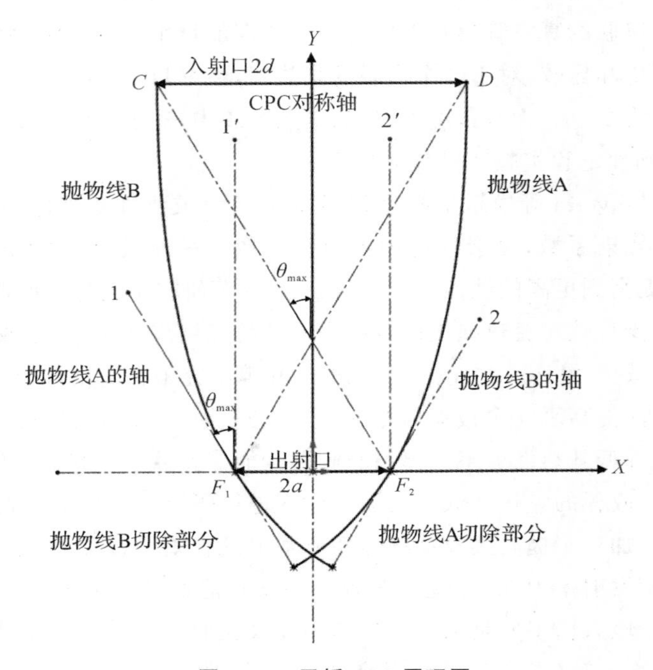

图 4-1 平板 CPC 原理图

由图 4-1 可知，聚光器型线由抛物线 A 与抛物线 B 组成。抛物线 A 绕其焦点 F_1 逆时针旋转 θ_{max}，从而使得抛物线 A 下端点落到出射口的 F_2 点处，抛物线 A 旋转前对称轴 1′旋转为轴 1，F_2C 与轴 1 平行。同理将抛物线 B 绕其焦点 F_2 顺时针旋转 θ_{max}，使得抛物线 B 下端点落到出射口 F_1 处，抛物线 B 旋转前对称轴 2′旋转为轴 2，F_1D 与轴 2 平行。对旋转后抛物线 A 和抛物线 B 在垂直 XY 平面方向拉伸，形成三维复合抛物面太阳能聚光器(CPC)。经过拉伸后，CD 是入射口宽度，F_1F_2 是平板接收面宽度，θ_{max} 是最大接收角。因此，当光线依照小于等于最大接收角进入聚光器，光线经过抛物面反射到达接收器接收面上。

(1)设定接收面宽度 $F_1F_2=2a$，最大接收角度为 θ_{max}，抛物线 A 任意点极坐标极角为 θ，则全尺寸 CPC 抛物面型线(抛物线 A)在极坐标系方程可以表示为

$$\left.\begin{aligned} x &= \frac{2a(1+\sin\theta_{max})\sin\theta}{1-\cos(\theta+\theta_{max})} \\ y &= \frac{2a(1+\sin\theta_{max})\cos\theta}{1-\cos(\theta_{max}+\theta)} \end{aligned}\right\} \tag{4.1}$$

式中：$2a$ 为吸收体宽，mm；θ_{max} 为接收半角，(°)；θ 为抛物面上任意极点的极角，(°)。

(2)由几何光学得 CPC 几何聚光比为

$$C=\frac{2d}{2a}=\frac{1}{\sin\theta_{max}} \tag{4.2}$$

式中：$2d$ 为入射面宽度，mm；$2a$ 为吸收体宽度，mm。

(3)由几何关系得 CPC 型线高度为

$$h=\frac{\frac{1}{2}(1+C)a}{\tan\theta_{max}} \tag{4.3}$$

式中：h 为 CPC 高度，mm；C 为 CPC 几何聚光比。

综上可知，传统的平板型 CPC 两侧反射面的焦线分别位于平板接收器两端，入射太阳光经抛物面反射镜反射后，主要汇聚在接收面的中心区域，此时接收面上的能流分布极不均匀，导致接收面存在较大的温度梯度，进而产生局部应力。当局部应力超过最大设计应力时，会导致接收面产生形变进而缩短接收器使用寿命。因此，在聚光器设计过程中，既要保证聚光器具有优良的聚光效果，同时应尽可能使接收面能流密度均匀化，降低接收器应力破坏。

若按照上述理想型太阳能聚光器的原理设计，抛物面曲面结构经过旋转加工后，抛物面旋转前对称轴 1′与旋转后对称轴 1 存在最大接收角 θ_{max}，这种情况会造成聚光抛物面过长，聚光器整体的尺寸偏大，成本消耗过高。

CPC 聚光器将太阳光汇聚后，照射在接收器表面，进行光热转换，因此，太阳能聚光集热系统是聚光和集热两者的耦合，聚光器结构的优化也要充分考虑接收器的换热情况。当太阳光经过聚光器汇聚到平板接收面的上表面时，在其表面会形成温度场，温度场的分布与太阳能流密度分布有着一定的热力学关系。在同一材质的整体平板中，如果热传导系数和热容量参数均匀，那么理论上可以推导出，接收面太阳能流密度分布与表面温度场分布具有相似的分布趋势。传热学中，传热效果的好坏与温度场的分布息息相关。对于平板接收板，最初的传热过程是由上表面向下传热。如果上表面呈现不均匀分布的温度场，这意味着热量会在平板中形成局部的“热点”，这些“热点”会阻碍热量的传递，导致传热效果较差；反之上表面呈现均匀的温度场，这意味着热量可以更加均匀地分布到整个平板中，以达到更高的传热效率。因此，接收面能流密度均匀化也是优化聚光器结构需要考虑的内容。

4.2.2　分段式 CPC 聚光器理论基础

传统复合抛物面太阳能聚光器能将入射面上的太阳光线进行聚集，反射到接收器的接收面上，实现低成本提高能流密度的目的。在其运行聚光时，聚集到接收面上的光斑能流密度分布不均匀，这不仅降低了光热转换效率，还使得转换装置局部温差过大极易造成热应力的破坏，严重影响接收器的使用寿命。针对上述缺陷，本书根据给出的几何聚光比、接收器宽度和抛物线几何关系，运用光线追踪法对聚光器进行分析研究，利用微元法和几何构造法对传统复合抛物面的型线进行分段型设计。设计分段每段型线焦点均匀分布，可以大幅提高接收面太阳能流密度分布均匀程度，进而为 CPC 的安全经济运行奠定基础。其理论基础阐述如下：

(1)抛物线几何光学。太阳光线以抛物线对称轴反方向平行射入抛物线后，其反射光线会汇聚于(经过)抛物线的焦点，如图 4-2 所示。

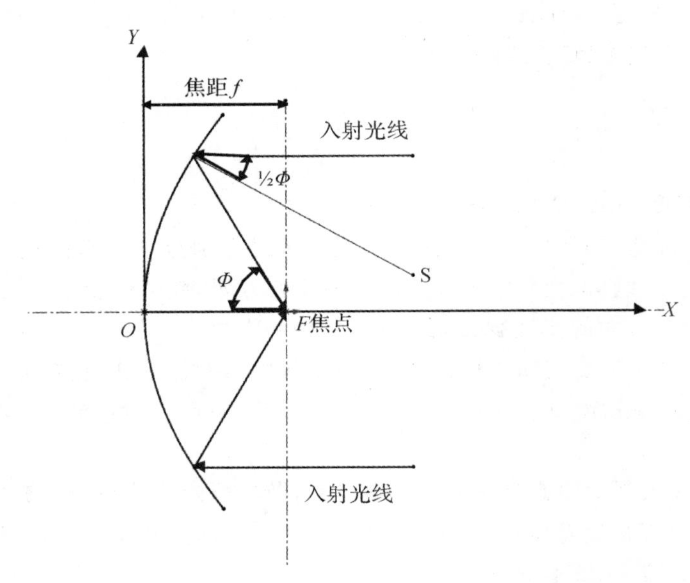

图 4-2　抛物线几何光学图

(2)微元理论。微元法是从实物极小的部分出发分析，通过对微元的细节进行描述，最终来解决整体事务的方法。本书主要利用微元法对曲线进行分割，对每个微小段进行微积分，然后对微小段的结果进行累加求和，最终得到整条曲线的性质。对于分段光滑的曲线，微元法可以非常精确地计算出曲线的弧长、曲率、切线方向等几何量，同时也适用于解决复杂曲线的问题。微元法思想是积分学中最重要的思想内容，微元法在实际生活中有非常广泛的应用。合理地应用微元法可以使得复杂的问题简单化。

(3)几何构造法。几何构造法是指解决某些几何构建问题时，运用数据、外形、坐标等特征，使用问题中已知几何关系为原条件，通过已知数学关系式和理论为工具，将几何外形构造成满足条件或结论的数学对象，从而使原问题中所需几何关系及特征在新构造数学对象中展现出来。

根据上述方法及理论对 CPC 型线进行优化，新型分段式 CPC 聚光器设计思路为：抛物面由反射光材料制成，太阳光以平行于抛物面对称轴行径入射，会撞击其凹面，被反射到抛物面焦线处。通过这一光学原理，利用微元法，将接收面微元成 n 条焦线，所产生 n 条焦线都有唯一抛物面段与焦线产生映射，再以映射的抛物线段的横纵坐标和几何关系为原条件，通过已知抛物线基础关系式构造出一种新的分段式抛物面。所构造的分段式抛物面有 n 条焦线位于接收面上，因此当微元的每条焦线的能流密度一致时即可认为接收面能流密度均匀且为常数。

由于构造的分段式抛物面聚光器是对称结构，是由两个相同分段抛物面所构成，所以两个相同分段抛物面的焦线在接收面微元有两种微元方式来涵盖整个接收面。一种为整体微元，将整个接收面进行微元，微元成 n 条焦线，通过几何构造出分段抛物面，对称后两个相同分段抛物面各自焦线形成叠加；另一种只对接收面的一半面进行微元划分，单个分段抛物面负责一半接收面，通过对称结构来整体涵盖整个接收面。

图 4－3 与图 4－4 所示为焦线排列方式不同的两种分段式复合抛物面聚光器光路示意图。由图 4－3 可以看出，单个分段抛物面焦线分布在接收面半侧上，光线追迹时两侧抛物面反射光线在接收面上无交叉，单侧抛物面反射光线聚集到对侧半边接收面上。由图 4－4 可以看出，单个分段抛物面焦线分布在整个接收面上，光线追迹时单侧抛物面反射光涵盖整个接收面，两侧抛物面反射光线形成交叉重叠。为了区分图 4－3 和图 4－4 两种焦点分布方式不同聚光器，下面将其各自分别命名为Ⅰ型、Ⅱ型聚光器。

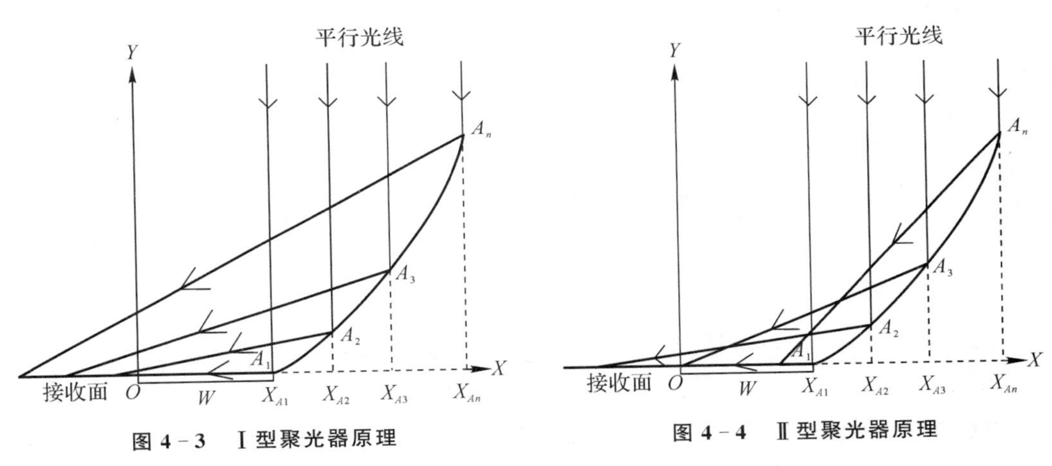

图 4－3　Ⅰ型聚光器原理

图 4－4　Ⅱ型聚光器原理

4.2.3　分段式 CPC 聚光器型线

将微元法和几何构造法相结合，设计出实现接收面能流分布均匀的分段式复合抛物面聚光器。将聚光器沿入口面宽度在 X 轴上面的投影进行等分，与接收面上焦点对应等分区域建立映射关系。根据已知聚光器内表面初始反射点和抛物线焦点排布的位置关系，计算聚光器内表面下一反射点在 X 轴上的坐标，再根据 X 轴坐标来计算得到该点在 Y 轴方向上坐标。依此步骤计算内表面反射点在 X 轴和 Y 轴方向的点阵，最后得到聚光器内表面所有点阵的 X 轴和 Y 轴坐标。

以Ⅰ型聚光器为例，以接收面型线中点为原点建立 $X-Y$ 二维直角坐标系，$X-Y$ 坐标平面垂直于各抛物反射面焦线和接收面，以 $X-Y$ 坐标平面和接收面交线为轴 X，$X-Y$ 坐标平面和聚光器对称面交线为 Y 轴。根据微积分理论，将半接收面宽度沿 X 轴反方向划分为 n 个单元，每单元距离为 $\Delta w = 2W/(2n) = W/n$。对每个单元以及相对应的抛物线段进行统一标定，标号为 $i(i=1,2,3,\cdots,n)$，各抛物线段初始点标号为 $A_1,A_2,A_3,\cdots,A_n$，各焦点依次标号为 $B_1,B_2,B_3,\cdots,B_n$。

给定第 i 个抛物面反射镜在 $X-Y$ 坐标系上型线方程组表达式：

$$\left.\begin{aligned}2P_i(Y_{A_i}-b_i)&=(X_{A_i}-a_i)^2\\2P_i(Y_{A_{i+1}}-b_i)&=(X_{A_{i+1}}-a_i)^2\end{aligned}\right\}\tag{4.4}$$

式中：P_i 为准焦距；a_i 为第 i 段抛物线段顶点的横坐标；b_i 为第 i 段抛物线段顶点的纵坐标。

由抛物线几何关系得

$$\left.\begin{aligned}\frac{P_i}{2}&=-b_i\\a_i&=X_{B_i}\end{aligned}\right\}\tag{4.5}$$

将式(4.5)代入式(4.4)得

$$\begin{cases}2P_i\left(Y_{A_i}-\dfrac{P_i}{2}\right)=(X_{A_i}-X_{B_i})^2\\2P_i\left(Y_{A_{i+1}}-\dfrac{P_i}{2}\right)=(X_{A_{i+1}}-X_{B_i})^2\end{cases}\tag{4.6}$$

由微元法可得 A_i 和 A_{i+1} 两点横坐标关系，以及焦点 B_i 横坐标分布情况为

$$\begin{cases}X_{A_{i+1}}=X_{A_i}+(C-1)\Delta w\\X_{B_i}=-\left(i-\dfrac{1}{2}\right)\Delta w\end{cases}\tag{4.7}$$

对于给定的接收面宽度 W，几何聚光比 C，分段数 n，确定初始位置坐标，即可根据式(4.7)依次类推求出完整分段式抛物面聚光器的型线方程。

例如第1段抛物线初始点 A_1 坐标已知，以及其焦点 B_i 坐标已知，则点 A_2 与点 A_1 的关系为

$$\left.\begin{aligned}X_{A_2}&=X_{A_1}+(C-1)\Delta w\\Y_{A_2}&=Y_{A_1}+\frac{(X_{A_2}-X_{A_1})(X_{A_1}+X_{A_2}-2X_{B_1})}{2P_1}\end{aligned}\right\}\tag{4.8}$$

式中：P_1 为第1段抛物线的准焦距；C 为聚光器的几何聚光比。

将点 A_1 坐标代入式(4.5)中可求得

$$P_1=\frac{2Y_{A_1}+\sqrt{4Y_1^{\ 2}-4(X_{A_1}-X_{B_1})}}{2}\tag{4.9}$$

将式(4.9)代入式(4.8)中即可得点 A_2 与点 A_1 的关系式为

$$\left.\begin{aligned}X_{A_2}&=X_{A_1}+(C-1)\Delta w\\Y_{A_2}&=Y_{A_1}+\frac{(X_{A_2}-X_{A_1})(X_{A_1}+X_{A_2}-2X_{B_1})}{2Y_{A_1}+\sqrt{4Y_1^{\ 2}-4(X_{A_1}-X_{B_1})}}\end{aligned}\right\}\tag{4.10}$$

根据式(4.10)同理类推聚光器内侧反射面上点 $A_3,A_4,\cdots,A_n$ 的坐标，得到 Ⅰ 型聚光器内侧反射面的末端点 A_n 坐标为

$$\left.\begin{aligned}&X_{A_n}=X_{A_{n-1}}+(C-1)\Delta w=X_{A_{n-2}}+2(C-1)\Delta w=\cdots=X_{A_1}+(n-1)(C-1)\Delta w\\&Y_{A_n}=Y_{A_{n-1}}+\frac{(X_{A_n}-X_{A_{n-1}})(X_{A_n}+X_{A_{n-1}}-2X_{B_{n-1}})}{2Y_{A_{n-1}}+\sqrt{4Y_{n-1}{}^2-4(X_{A_{n-1}}-X_{B_{n-1}})}}\\&X_{B_n}=-\left(n-\frac{1}{2}\right)\Delta w\end{aligned}\right\}\tag{4.11}$$

聚光器两侧反射光线在接收面上交叉重叠，同理，对于Ⅱ聚光器有

$$\left.\begin{aligned}&X_{A_n}=X_{A_{n-1}}+(C-1)\Delta w=X_{A_{n-2}}+2(C-1)\Delta w=\cdots=X_{A_1}+(n-1)(C-1)\Delta w\\&Y_{A_n}=Y_{A_{n-1}}+\frac{(X_{A_n}-X_{A_{n-1}})(X_{A_n}+X_{A_{n-1}}-2X_{B_{n-1}})}{2Y_{A_{n-1}}+\sqrt{4Y_{n-1}{}^2-4(X_{A_{n-1}}-X_{B_{n-1}})}}\\&X_{B_n}=-W+2n\Delta w\end{aligned}\right\}\tag{4.12}$$

从式(4.11)与式(4.12)可以看出，接收器宽度、几何聚光比、焦点排列方式可以描述Ⅰ型、Ⅱ型聚光器形状。因此，当接收器的宽度所固定，几何聚光比确定，焦点排列方式一定时，可以根据所需分段数目来确定Ⅰ型、Ⅱ型聚光器的具体表达式，并通过表达式绘制具体形状。

为直观显示分段式 CPC 与传统 CPC 结构，通过对接收器宽度、几何聚光比、分段数赋值，给定焦点在接收面的分布顺序，代入式(4.12)求解有限项的分段抛物线，并将求解的点阵坐标导入软件中建模，同时对传统复合抛物面聚光器赋相同参数建模，进行相互对比。如图 4－5 所示为Ⅰ型、Ⅱ型聚光器与传统 CPC 聚光器有限项下型线拟合对比图。

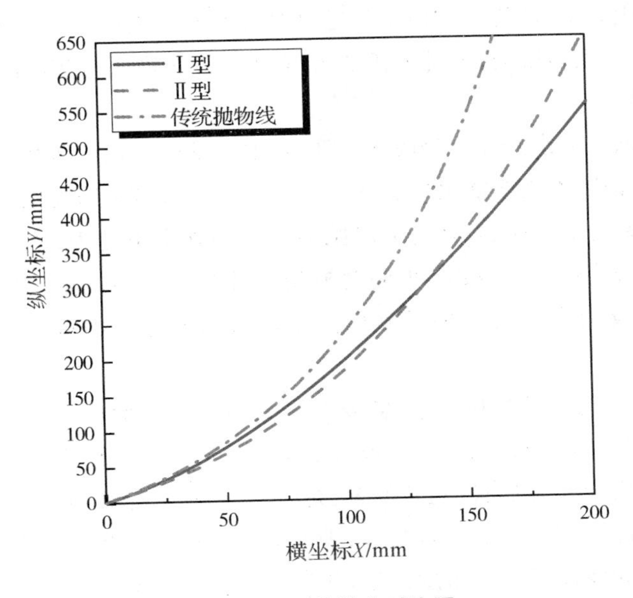

图 4－5　型线拟合对比图

由图 4 - 5 中可以看出，Ⅰ型聚光器的高度要比另外两种聚光器的高度低，传统 CPC 相对Ⅰ型、Ⅱ型聚光器的槽深要深，并且Ⅰ型聚光器曲率要比Ⅱ型聚光器曲率小。三种聚光器的槽式、高度、曲率都不一样，将会导致三种聚光器的聚光性能存在一定的差异。

理想状态下的分段式聚光器是分段数趋向于无穷，但实际条件下制造理想状态的分段式复合抛物面聚光器很难。在实际条件下，将以分段数为变量，确定适合加工的分段数目。

4.3 分段式 CPC 聚光器光学性能分析

聚光器将太阳光线汇聚到接收器的吸收表面，吸收表面涂有高吸收率涂层实现光热转化，工质流经接收器完成吸热过程。光热转换过程的高效运行取决于各个细节之间的完美衔接，是提高装置聚光集热性能的关键，特别是汇集光线到接收器表面实现光热转化。传统 CPC 光热转化时，接收面的能流密度分布不均匀，不仅降低了光热转化效率，还产生较大温差造成热应力破坏。本章通过模拟分析的方法探究聚光器的聚光过程，建立光学仿真模型，开展聚光器结构优化，达到接收面能流密度分布均匀化的目标，为聚光器热性能测试提供理论依据。

4.3.1 分段式 CPC 聚光器建模和参数设定

为了准确得到分段式 CPC 聚光器的光学性能，首先通过 SolidWorks 建模软件中绘制草图选项卡绘制分段式 CPC 的二维型线，然后应用拉伸选项卡将绘制的型线沿着轴向方向拉伸，即可得到分段式 CPC 的三维模型。通过对聚光器三维模型下方增添平板接收器及框架得整体装置三维模型，此时接收器宽度为聚光器出口宽度，长度为型线轴向拉伸长度，框架为左右开口框架。

将在 SoildWorks 中建立好的分段式 CPC 基本三维模型代入到模拟软件 TracePro 中。在分析分段式复合抛物面太阳能聚光集热器光学性能时，忽略不同入射角度对光线透射率、光线反射率、光线吸收率的影响，将各分段抛物面连接处平滑处理，连接处反射率与抛物面反射率保持一致。对导入 TracePro 中装置模型设置材料属性，通过自定义添加材料属性，设置各分段反射面反射率为 0.95 的反射材料，设置平板接收器的接收面吸收率为 0.95 的吸收材料。

TracePro 中再进行光线追迹之前，需要对光源进行确切的设定，光源有三种设点形式，包括格点光源、表面光源、档案光源。选择合适的光源形式后，通过对比模型的入射面以及当地的太阳辐照度设定光源形状、光源位置、光线输出方式、光线数、光通量等一系列光源参数。本书采用的光源形式主要有格点光源、表面光源，光源形状为矩形，光线输出方式为垂直光源面入射和与光源面呈一定角度入射，光通量取值 700 W/m^2。

上述模型的材料属性以及光源设定后即可进行光迹追踪分析。模拟仿真分析中，

TracePro 会生成光线迹象图,通过筛选光线得出具体的光线追迹图。再通过选取接收器表面,可生成接收面的辐照度-光照度分析图、3D 的辐照度-光照度分析图、幅度-灰度分析图、光振分析图等结果图。对所生成的结果图进行系统性的分析,以此来评估所设计分段式复合抛物面聚光集热器的光学性能。

4.3.2　分段数对聚光器光学性能的影响

影响分段式 CPC 聚光器光学性能的因素有型线设计的分段数、型线各分段焦点排布、反射镜面的反射性能、平板接收器接收面的接收性能、光学入射偏角、太阳辐照度等。本节利用光学软件 TracePro 对所设计的分段式 CPC 光学性能进行系统性分析,分析不同分段数对分段式复合抛物面聚光器光学性能的影响规律,为装置的后续优化提供依据,同时指导后续实验的进行且与其形成相互对照作用。

1.分段数对分段式聚光器能流密度分布的影响

为改善传统 CPC 运行时,接收面能流密度分布不均问题,基于抛物面几何光学原理,利用微元法、几何构造法对 CPC 型线进行分段设计。分段设计所得的新型二维型线是由多个分段抛物线段组成,各抛物线段其焦线均匀分布于接收面上,与其一一对应。当各抛物线段入射太阳能流相同时,即每条焦线的能流密度一致时,理论上可提高接收面能流密度均匀性。因此,分段数量是影响上述装置光学性能的重要因素之一。为了计算分析分段个数对装置光学性能的要求,建模时,在几何聚光比为 6、接收面宽度为 80 mm 的前提下,对接收面均匀地选取焦线,分段聚光抛物面。为更直观显示分段数对装置光学性能影响,将降低模型的拉伸长度为 10 来减小仿真过程的取点距离,经分析计算,得到不同分段数对装置能流密度均匀性的影响情况。图 4-6、图 4-7 所示为Ⅰ型聚光器不同分段数下光线追迹与能流密度分布图,分段数量分别为 2、3、4、5、10、20、40。

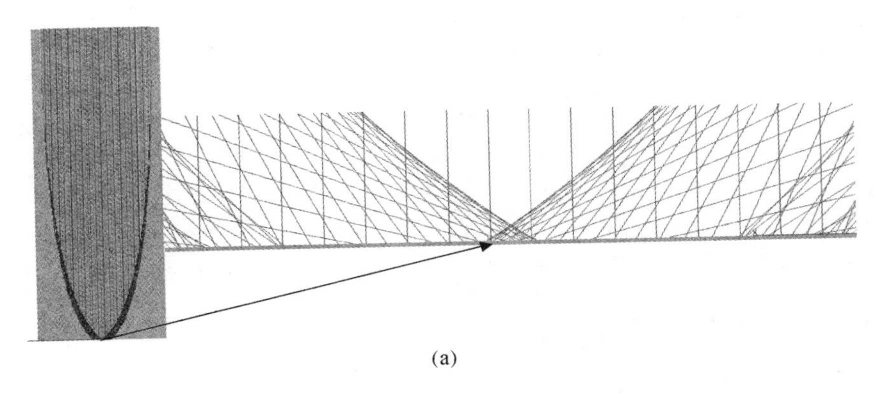

(a)

图 4-6　传统 CPC 与不同分段数下Ⅰ型聚光器的光线追迹

(a)传统 CPC

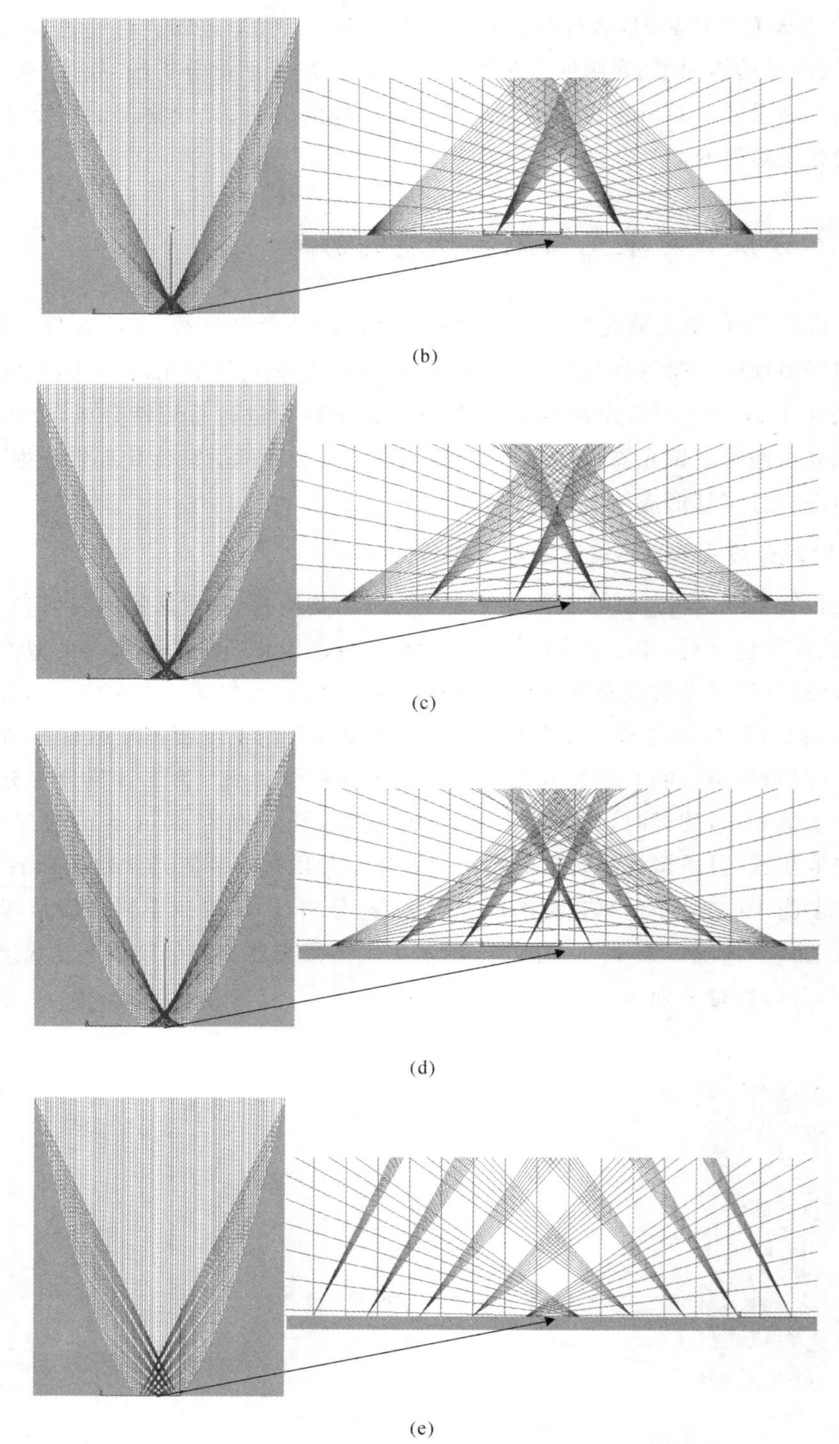

(b)

(c)

(d)

(e)

续图 4-6 传统 CPC 与不同分段数下 Ⅰ 型聚光器的光线追迹

(b) Ⅰ 型 2 分段;(c) Ⅰ 型 3 分段;(d) Ⅰ 型 4 分段;(e) Ⅰ 型 5 分段

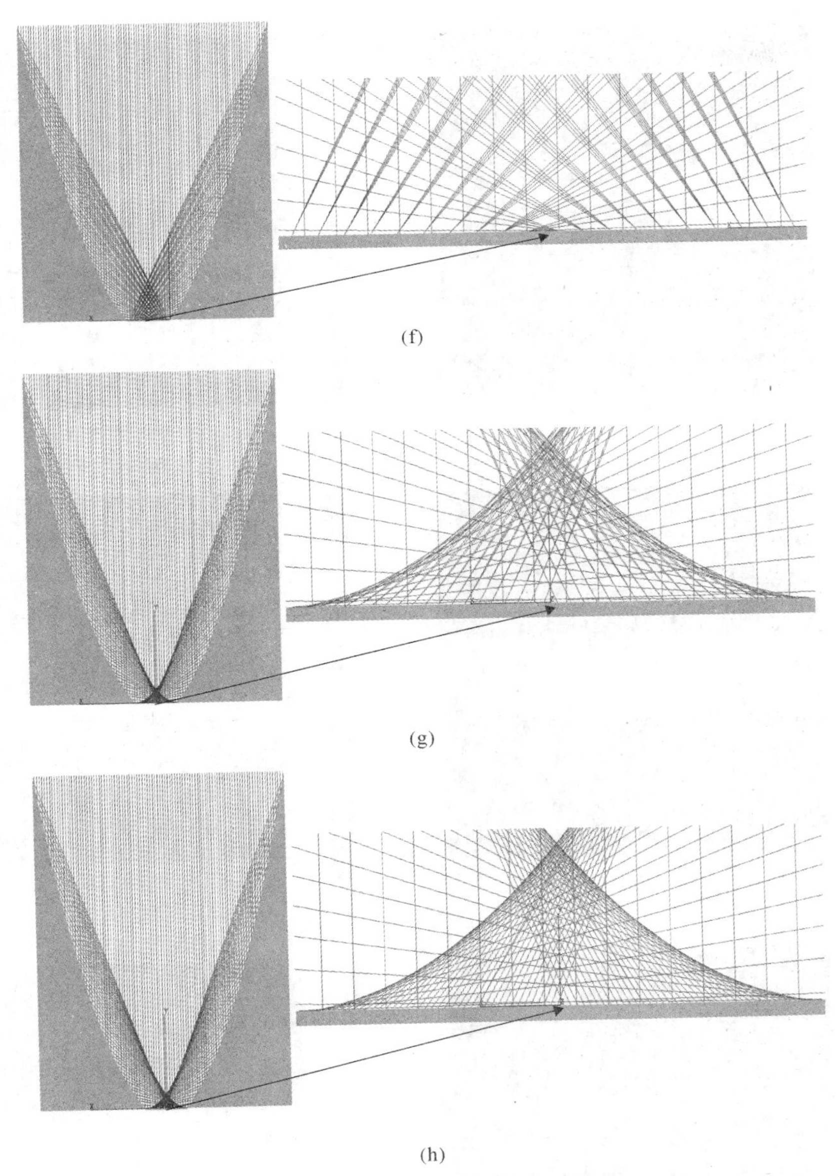

续图 4-6　传统 CPC 与不同分段数下Ⅰ型聚光器的光线追迹

(f) Ⅰ型 10 分段；(g) Ⅰ型 20 分段；(h) Ⅰ型 40 分段

由图 4-6 可知，在几何聚光比为 6 与接收面宽度为 80 mm 的条件下，传统 CPC 光线追迹图呈现一种光线紧密状态，而Ⅰ型分段式复合抛物面太阳能聚光器随着分段数量的增加，光线追迹图中出现明显的光线分股现象。光线分光股数随分段数的增加而逐渐增加，并且光线分股数为分段数的 2 倍。分段数为低分段数下，光线分股明显呈现松散状态；分段数达到一定程度下，光线追迹分股数逐渐增大，分股现象呈现紧密状态。

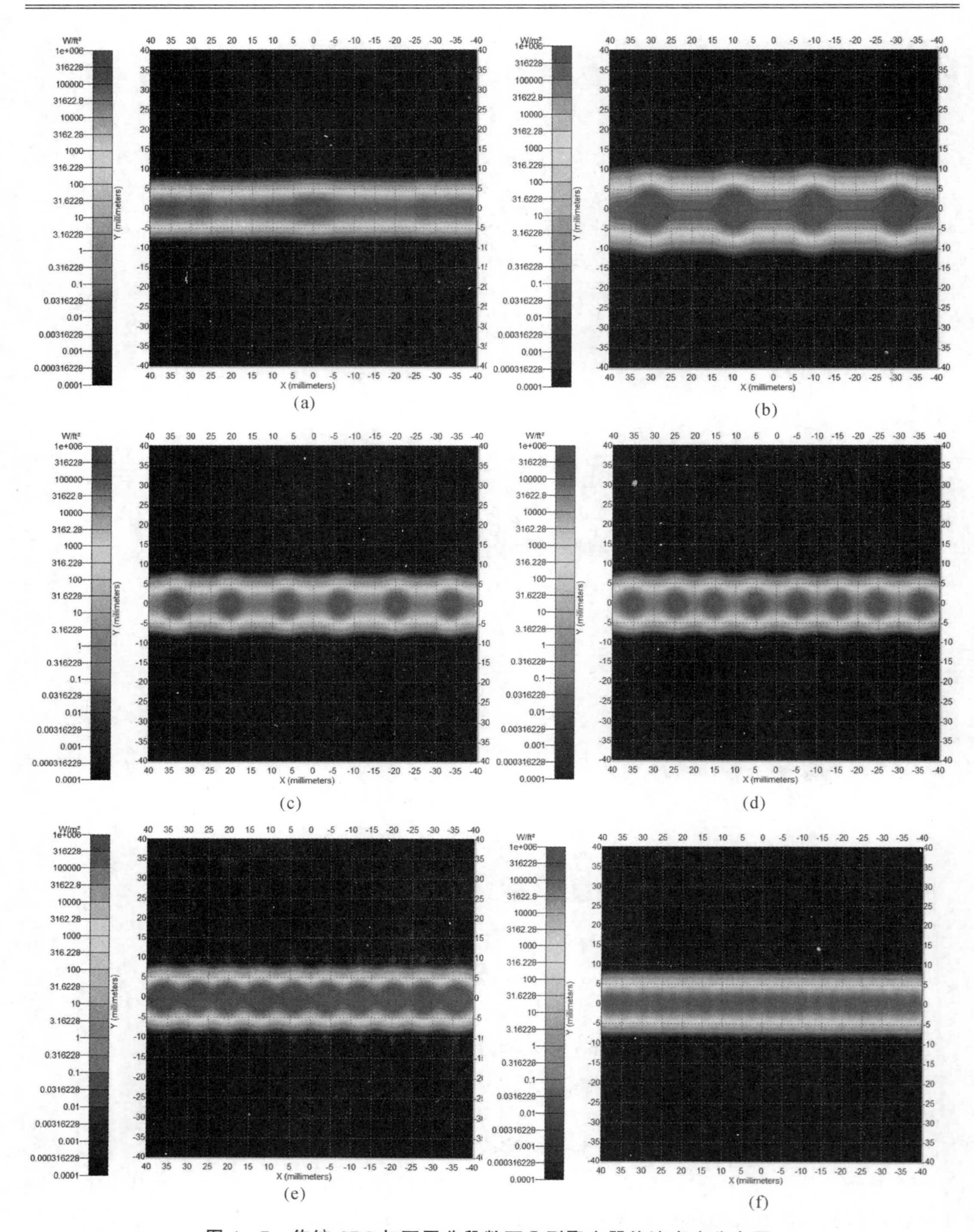

图 4－7 传统 CPC 与不同分段数下Ⅰ型聚光器能流密度分布图

(a)传统 CPC；(b)Ⅰ型 2 分段；(c)Ⅰ型 3 分段；(d)Ⅰ型 4 分段；(e)Ⅰ型 5 分段；(f)Ⅰ型 10 分段；

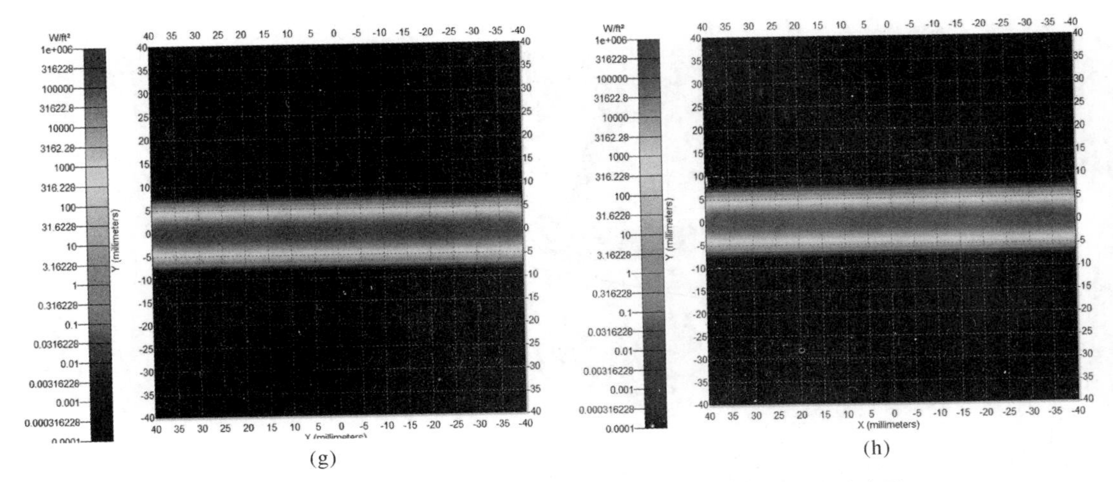

(g)　　　　(h)

续图 4－7　传统 CPC 与不同分段数下Ⅰ型聚光器能流密度分布图

(g)Ⅰ型 20 分段；(h)Ⅰ型 40 分段

根据图 4－7 能流密度分布图，可得出以下结论：当分段数较少时，Ⅰ型聚光器出现明显的高能流点，其数量为分段数的 2 倍。随着分段数的增加，高能流点数量也随之增加，最终趋向于一条均匀的能流带。也就是说，能流密度分布由点规律逐渐趋向于均匀带。与传统 CPC 相比，Ⅰ型分段式复合抛物面太阳能聚光器低分段数下，光线分成多个分股，能流密度能流点分布明显，均匀性明显小于传统 CPC。但是，当分段数量大于或等于 10 时，光线分股趋于紧密，能流密度均匀程度明显优于传统 CPC。同理，对Ⅱ型聚光器分析计算，各分段数下光线追迹图与能流密度分布图如图 4－8、图 4－9 所示。

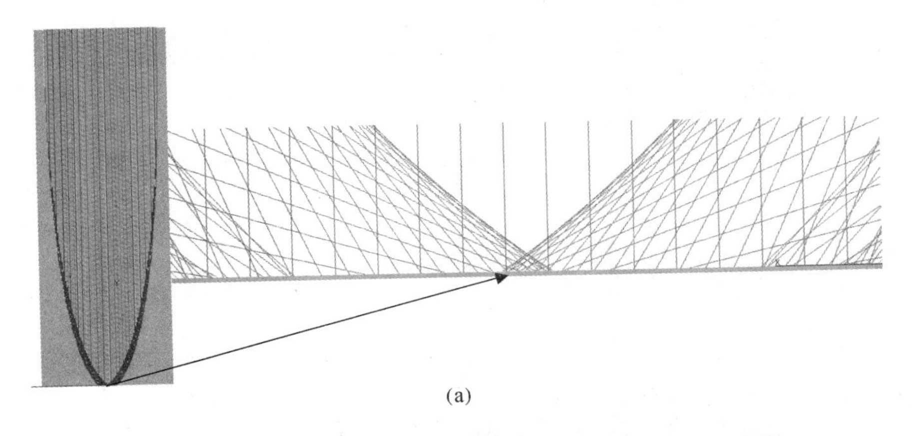

(a)

图 4－8　传统 CPC 与不同分段数下Ⅱ型聚光器的光线追迹图

(a)传统 CPC

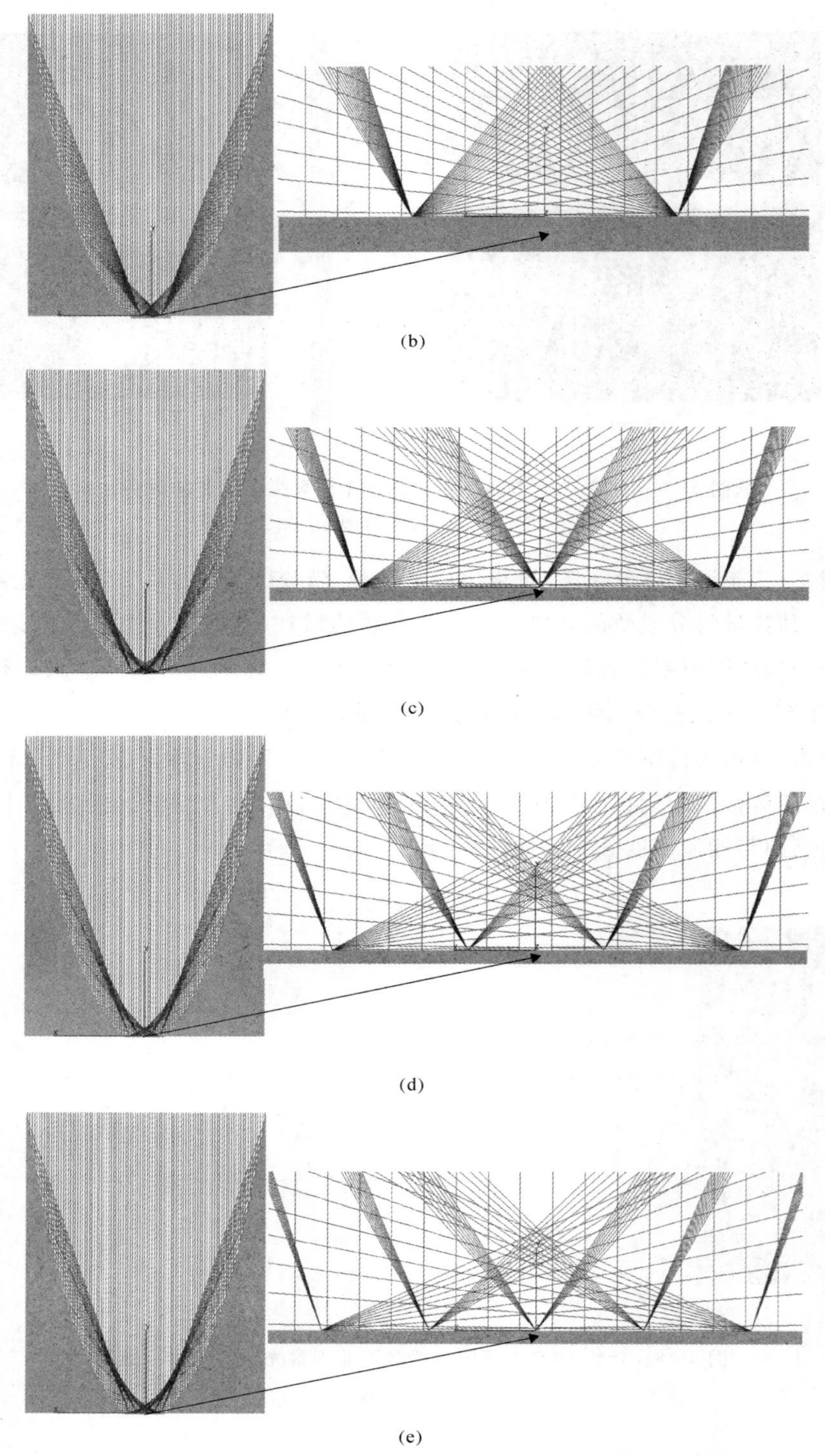

(b)

(c)

(d)

(e)

续图 4-8　传统 CPC 与不同分段数下Ⅱ型聚光器的光线追迹图

(b)Ⅱ型 2 分段;(c)Ⅱ型 3 分段;(d)Ⅱ型 4 分段;(e)Ⅱ型 5 分段

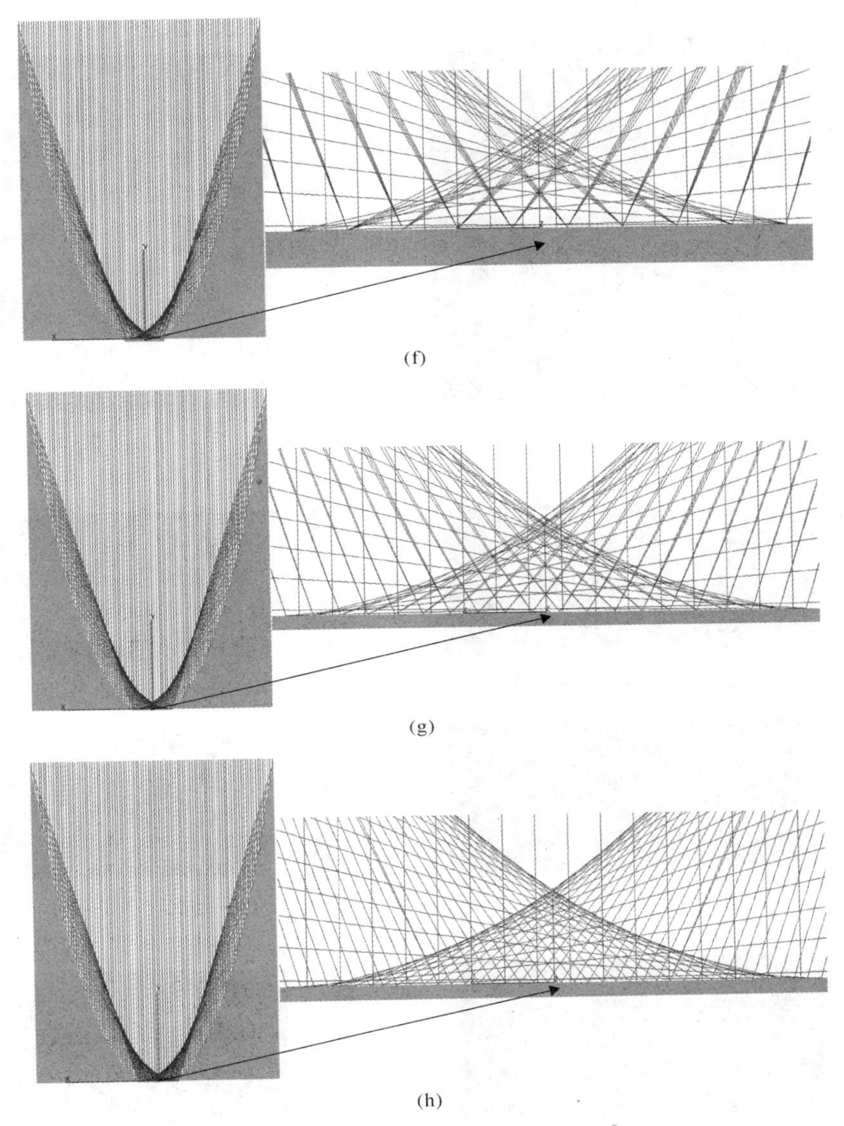

(f)

(g)

(h)

续图 4－8　传统 CPC 与不同分段数下Ⅱ型聚光器的光线追迹图

(f)Ⅱ型 10 分段；(g)Ⅱ型 20 分段；(h)Ⅱ型 40 分段

由图 4－8 可知，Ⅱ型聚光器的光线追迹与Ⅰ型聚光器的光线追迹趋势一致，随着分段数量的增加，光线追迹图中出现明显的光线分股现象，光线分光股数随分段数的增加而逐渐增加，其光线分股数与分段数一致。对比图 4－6 和图 4－8 可知，低分段数且分段数相同情况下，Ⅰ型聚光器光线紧密程度相对于Ⅱ型聚光器光线紧密程度要高，高分段数且分段数相同情况下，Ⅰ型聚光器光线紧密程度相对于Ⅱ型聚光器光线紧密程度相差不大。主要原因在于，Ⅰ型聚光器微元焦点数总是Ⅱ型聚光器微元焦点数的 2 倍，当分段数小时，微元量小，两者差异较大且Ⅰ型聚光器光线紧密性强；分段数较大时，微元量大，两者差异较小且Ⅰ型聚光器与Ⅱ型聚光器光线紧密程度相差不大。

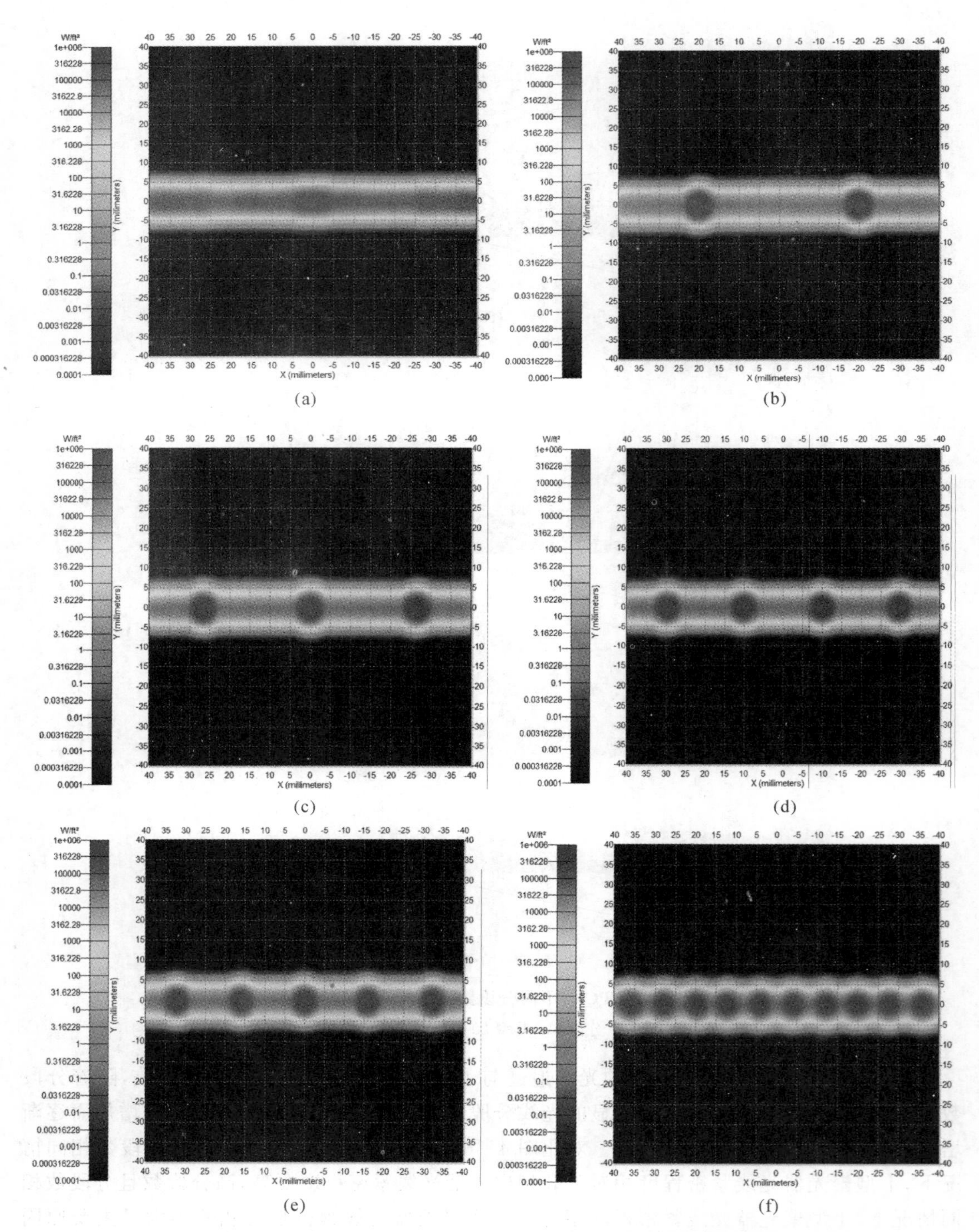

图 4-9　传统 CPC 与不同分段数下Ⅱ型聚光器的能流密度分布图

(a)传统 CPC;(b)Ⅱ型 2 分段;(c)Ⅱ型 3 分段;(d)Ⅱ型 4 分段;(e)Ⅱ型 5 分段;(f)Ⅱ型 10 分段

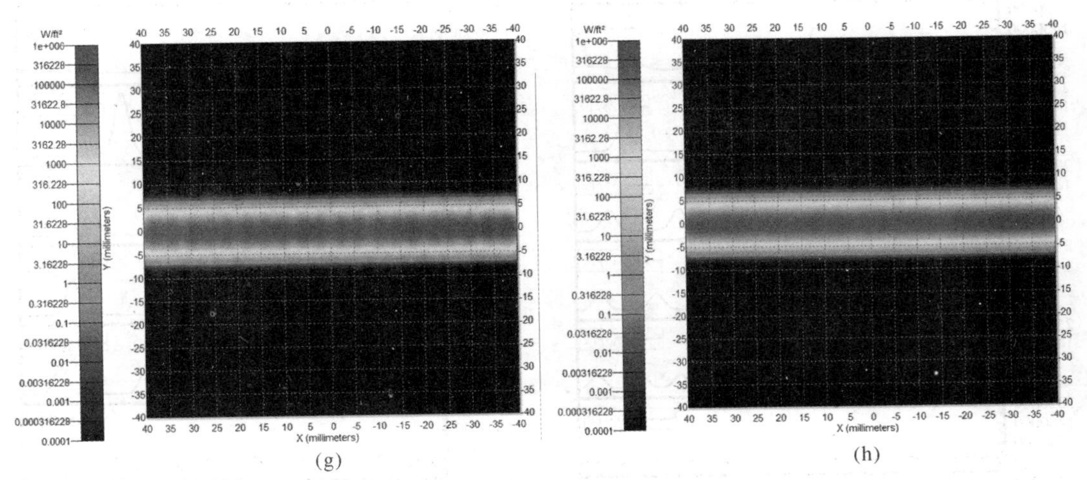

续图 4－9　传统 CPC 与不同分段数下Ⅱ型聚光器的能流密度分布图

(g)Ⅱ型 20 分段;(h)Ⅱ型 40 分段

由图 4－9 可知,Ⅱ型聚光器与Ⅰ型聚光器能流分布随分段数变化趋势一致。在低分段数情况下,Ⅱ型聚光器出现能流点,其数量等于分段数。随着分段数的增加,能流点数量也会增加,并最终趋向于一条能流带。由此,能流密度分布由点规律最终趋向于均匀带。相较于传统 CPC,Ⅱ型分段式聚光器在小分段数下,光线存在分股,能流密度和能流点分布明显,均匀性显著小于传统 CPC。然而,当分段数量大于或等于 20 时,光线的分股趋于平均,能流密度的均匀程度明显优于传统 CPC。

由图 4－7 与图 4－9 对比分析可得,同一分段数下,Ⅰ型分段式聚光器相较于Ⅱ型分段式聚光器,Ⅰ型光线分股数多且为Ⅱ型光线分股数的 2 倍,Ⅰ型能流密度点多于Ⅱ型且能流密度均匀化程度明显高于Ⅱ型。

为进一步分析Ⅰ型分段式聚光器和Ⅱ型分段式聚光器聚光过程中接收面能流密度分布情况,对接收器的接收面上均匀取点,通过各点处的能流密度情况,反应接收面总体的能流密度分布情况。为了更好得出截面上能流分布情况,减小取点距离,降低三维模型的长度设置为 10 mm。经过仿真计算,得出横截面能流密度分布图如图 4－10、图 4－11 所示。

图 4－10 为Ⅰ型分段式复合抛物面太阳能聚光器能流密度分布曲线图,图 4－11 为Ⅱ型分段式复合抛物面太阳能聚光器能流密度分布曲线图。由图 4－10、图 4－11 可知,在接收面宽度、几何聚光比不变的情况下,随着分段式复合抛物面太阳能聚光器分段数量的增加,其能流密度峰值逐渐减小,能流密度峰值频率逐渐增加。Ⅰ型聚光器的分段数大于等于 10 时,能流密度峰值明显小于传统 CPC 能流密度峰值,能流密度曲线接近于一条直线,能流密度截线分布呈均匀状态。Ⅱ型聚光器的分段数大于等于 20 时,能流密度峰值小于传统 CPC,能流密度曲线趋向于一条直线,能流密度分布较传统 CPC 均匀化高。同分段数下Ⅰ型聚光器相较于Ⅱ型聚光器能流峰值低,峰值频率高,能流密度分布均匀性程度高。

为了能更直观地体现能流密度分布的均匀程度,定义一个无量纲量能流密度不均匀度 S,用于表征能流密度分布的不均匀程度,其值越小代表能流密度均匀程度越大。

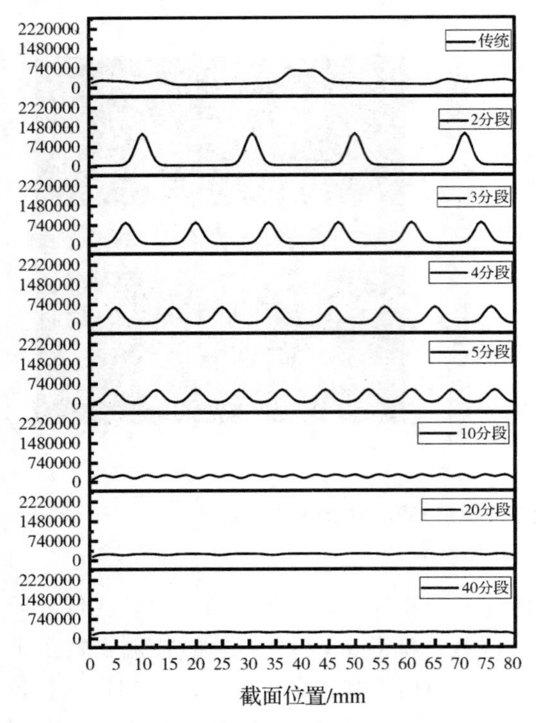

图 4-10　传统 CPC 与不同分段数下Ⅰ型聚光器能流密度分布曲线图

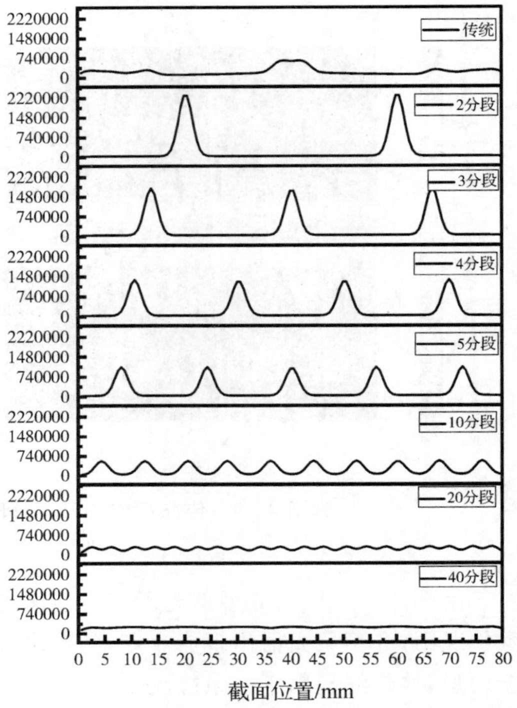

图 4-11　传统 CPC 与不同分段数下Ⅱ型聚光器能流密度分布曲线图

$$S=\sum_{i=1}^{n}\left|\frac{\varepsilon_i-\bar{\varepsilon}}{\bar{\varepsilon}}\right| \tag{4.12}$$

式中：ε_i 为第 i 个检测点的能流密度；n 为接收面表面测点总数；$\bar{\varepsilon}$ 为 n 个测点的平均值。

基于仿真分析数据，由式(4.12)可计算出各分段数下接收器接收面能流密度分布的不均匀度。图 4-12 所示为传统 CPC 与Ⅰ型聚光器、Ⅱ型聚光器不均匀度对比图。

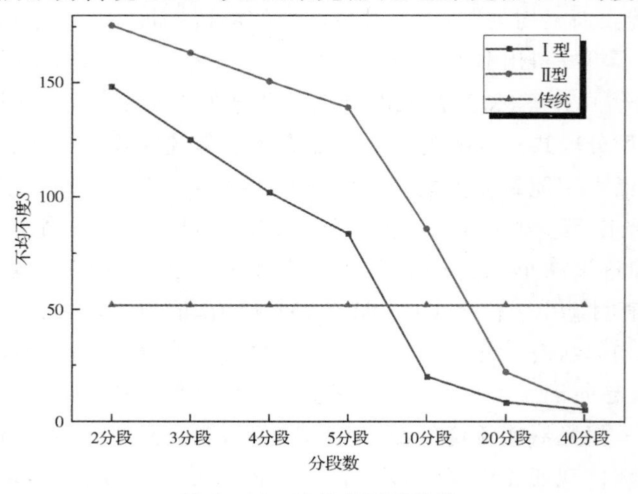

图 4-12　不均匀度对比图

由图 4 - 12 可知，随着分段数的增加，Ⅰ型聚光器与Ⅱ型聚光器接收面能流密度分布的不均匀度逐渐减小。能流密度不均匀度在分段前期缓慢变化呈现线性减小，当分段数处于一定程度下，不均匀度的减小呈缓慢态势发展。分段数为 2～5 时，Ⅰ型聚光器和Ⅱ型聚光器的不均匀度 S 明显大于传统 CPC 不均匀度 S($S=51.93$)，呈线性变化。分段数由 5～10 倍速变化时，Ⅰ型聚光器不均匀度 S 逐渐减小，分段数 5～10 内一定存在一分段数使得Ⅰ型聚光器不均匀度 S 接近传统 CPC 不均匀度 S。当分段数为 10 时，Ⅰ型聚光器不均匀度 S 明显小于传统 CPC 不均匀度 S，此时不均匀度 $S=20.08$。而Ⅱ型聚光器不均匀度在分段数 5～10 明显大于传统 CPC 不均匀度 S。分段数 10～20 倍速变化时，Ⅰ型聚光器不均匀度明显小于传统 CPC，但其变化速率呈现缓慢趋势。Ⅱ型聚光器的不均匀度在 10～20 还呈现线性变化，在分段数 10～20 存在一分段数使得Ⅱ型聚光器不均匀度接近传统 CPC。在分段数为 20 时，Ⅱ型聚光器不均匀度明显小于传统 CPC，此时不均匀度 $S \leqslant 21.93$。分段数 20～40 时，Ⅰ型聚光器和Ⅱ型聚光器的不均匀度明显小于传统 CPC，其变化速率都呈现缓慢态势。

不均匀度其值越小代表能流密度分布越均匀，Ⅰ型聚光器和Ⅱ型聚光器随分段数的增加，不均匀度最终会小于传统 CPC，因此分段设计有助于提高能流密度分布的均匀性。在相同分段数的情况下，Ⅰ型聚光器不均匀度永远小于Ⅱ型聚光器的不均匀度，Ⅰ型聚光器接收面能流密度均匀性要优于Ⅱ型聚光器。

2.分段数对接收面能流分布梯度的影响

由于任何介质(材料)都有热胀冷缩的特性，所以，温度介质会因为温度梯度的存在而在内部产生内应力，这应力也就叫温度梯度应力，也叫热应力。热应力主要由于温度的变化而引起物体内部应力的变化，当均匀物质在均匀温度变化下作自由膨胀时，并不产生热应力。因此，对于均匀物质的接收面上热应力产生主要是温度分布不均匀性引起的，这是由于通过聚光器时就存在聚光的不均匀性，从而导致聚光系统的温度分布不均匀性。下面通过对接收面能流密度与温度场之间的关系分析分段设计对接收面热应力的影响。

(1)接收面材料热流密度计算公式为

$$q=\frac{\lambda(T_1-T_2)}{l} \tag{4.13}$$

式中：λ 为材料导热系数；T_1 为热表面的温度，℃；T_2 为冷表面的温度，℃；l 为材料厚度，mm。

T_2 表示冷表面的温度，表示接收面的下表面，其中接收面下表面冷端温度近似相等，而材料的厚度 l 与材料导热系数一定，那么能流密度与接收面上表面温度一一映射。能流密度在截线上的位置导数(能流密度梯度)与表面温度场的温度梯度相互对应。也就是表面能流密度梯度越大，热应力越大。

能流梯度是一个矢量，表示能流密度曲线在一点处方向的导数沿该方向取得最大值，即能流密度曲线在一点处沿该方向(能流梯度方向)变化最快，变化率最大(能流梯度的模)。因此，分析接收面能流密度梯度，只需对曲线位置求导，对比求得导数绝对值的最大值即可。

为进一步分析Ⅰ型分段式复合抛物面太阳能聚光器和Ⅱ型分段式复合抛物面太阳能聚光器聚光过程中接收面能流密度变化情况，对能流密度曲线各点位置求导，取位置求导的绝对值，通过对比取各点位置处的能流密度梯度数值最大值，来反应接收面总体的能流密度变化最大情况。经过分析计算，得出分段数对能流密度梯度数值图如图 4－13 所示。

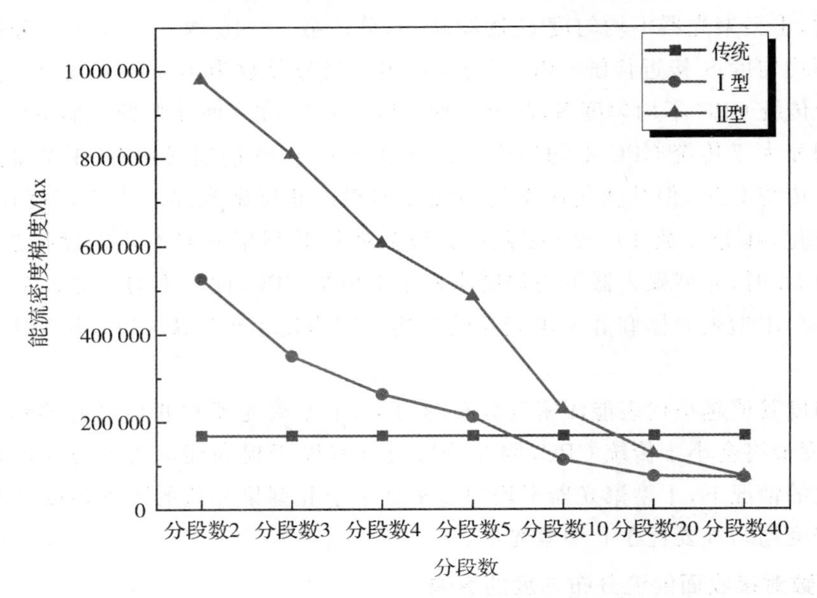

图 4－13　不同分段数下能流密度梯度 Max 值

由图 4－13 可知，随着分段数的增加Ⅰ型聚光器和Ⅱ型聚光器的能流密度梯度的峰值逐渐减小，分段数越大能流密度梯度峰值越小。Ⅰ型聚光器在分段数为 10 时，能流密度梯度 Max 为 112 032.36，Ⅱ型聚光器在分段数为 20 情况下，能流密度梯度 Max 为 125 945.60，明显小于传统 CPC 能流密度梯度 Max170 282.40。当分段数达到 40 时，Ⅰ型、Ⅱ型聚光器能流密度梯度 Max 值相差无几，总体看出Ⅱ型聚光器能流密度梯度最大值递减程度相对于Ⅰ型聚光器递减程度要高。

综上表明，分段设计有助于接收面能流密度梯度的减小，能流密度梯度峰值的减小意味着对应能流梯度所产生的热应力降低，因此接收器接收面表面涂层的使用寿命延长，增强接收器的安全和服务周期，进一步为集热器安全运行奠定基础。

3.分段数对聚光器高宽比与弧长的影响

CPC 的高宽比和弧长对影响其重心位置、安装稳定性和风阻因素具有决定作用。当接收体接收面尺寸固定，高宽比和弧长越小，CPC 制造成本越低，安装的重心越低，风阻越小，装置稳定性越好。

考虑到 CPC 制作的经济性以及 CPC 安装的稳定性和风阻因素，需要对聚光器高宽比及弧长进行研究。CPC 高宽比的计算公式为

$$V=\frac{h}{2W} \tag{4.14}$$

式中：V 为分段式 CPC 高宽比；h 为分段式 CPC 高度，mm；$2W$ 为分段式 CPC 接收面宽度，mm。

如图 4-14 所示，探究了特定几何聚光比、接收宽度下，分段数对聚光器高宽比的影响。

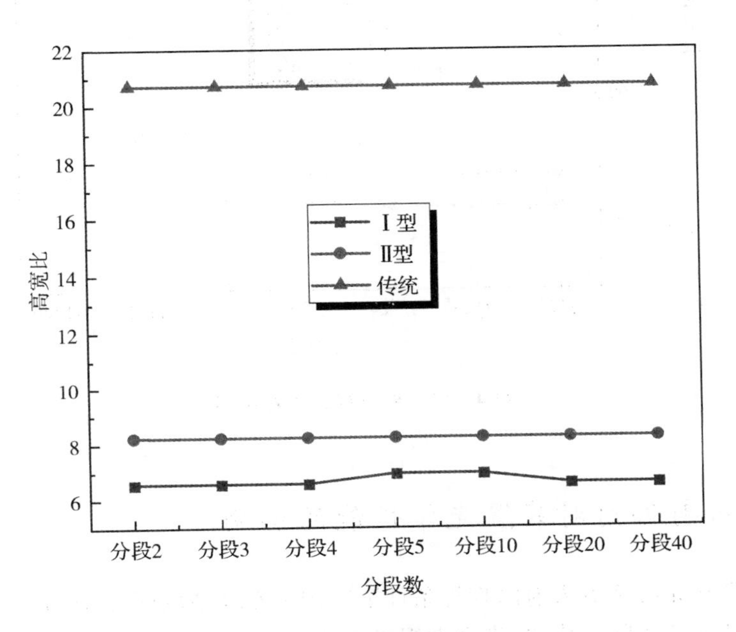

图 4-14　聚光器高宽比

由图 4-14 可知，分段设计的Ⅰ型聚光器高宽比＜Ⅱ型聚光器高宽比＜传统 CPC 高宽比，随着分段数的增加Ⅰ型聚光器高宽比随分段数的增加有一定波动，显示出先增后减趋于稳定的一种趋势；Ⅱ型聚光器高宽比随分段数的增加趋向于稳定。Ⅰ型、Ⅱ型 CPC 的高宽比最终趋于一个数值并围绕其小范围波动，其中Ⅰ型 CPC 高宽比围绕 6.5 上下波动，而Ⅱ型 CPC 高宽比围绕 8.2 上下波动。综上可知，Ⅰ型聚光器、Ⅱ型聚光器安装稳定性以及经济性相对于传统 CPC 要好，表明分段设计有助于提高聚光器安装稳定性以及经济性。

如图 4-15 所示为Ⅰ型、Ⅱ型聚光器和传统 CPC 在几何聚光比为 6、接收宽度为 80 mm 条件下，不同分段数对中心轴右侧抛物线弧长的影响。由图 4-15 可知分段设计的Ⅰ型聚光器弧长＜Ⅱ型聚光器弧长＜传统 CPC 弧长；随着分段数的增加Ⅰ型聚光器弧长随分段数的增加有一定波动，显示出先增后减趋于稳定的一种趋势；Ⅱ型聚光器弧长随分段数的增加趋向于稳定。其中，Ⅰ型 CPC 单抛物面弧长围绕 569 mm 上下波动，Ⅱ型 CPC 单抛物面弧长围绕 695 mm 上下波动。上述表明分段设计可大幅度减少对 CPC 弧面材料的使用。

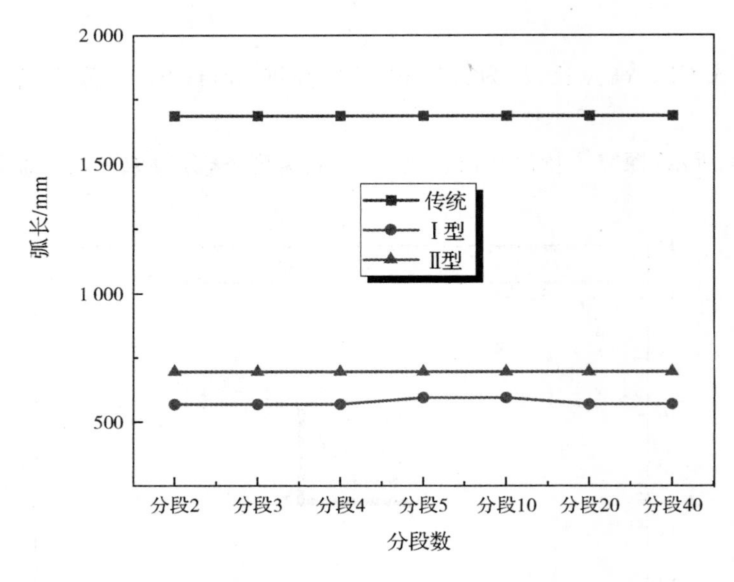

图 4-15 聚光器弧长对比图

4.3.2 入射偏角对装置光学性能的影响

分段设计是在光线垂直入射的理想条件下对传统 CPC 型线进行设计。实际生活中，太阳光线入射角度是随时间变化的，进而太阳光无法一直在垂直入射面情况下入射到分段式 CPC 内。因此，分段式 CPC 需要考虑光线入射偏角对分段式 CPC 的影响。对于分段式 CPC，径向入射偏角 α 和轴向入射偏角 β 会共同影响分段式 CPC 的聚光集热性能。本节将在Ⅰ型聚光器 10 分段数模型的基础上，探究径向入射偏角和轴向入射偏角对分段式 CPC 光学性能的影响。

1.径向入射偏角对装置光学性能的影响

首先分析计算径向入射偏角对分段式 CPC 光学性能的影响。调整 TracePro 中光学模型的光源入射角度，当光线倾斜入射时，光线会经过抛物面反射镜反射，一部分光反射聚集到平板接收面上，另一部分会反射出 CPC。因此，评价径向入射偏角对分段式 CPC 光学性能的影响不仅通过光线追迹图来显示光线迹像，还需要计算平板接收器接收的光线数与入射面总的光线数相比的光线接收率。对径向入射角度 0°～2°范围内进行计算，经计算分段式 CPC 在 0～2°径向入射偏角范围下的光线追迹如图 4-16 所示。

如图 4-16 所示，图的左侧为对应径向入射偏角下光线追迹图，右侧为对应入射偏角下能流密度图。当径向入射偏角为 0°即光线垂直入射面入射时，入射到装置内的光线都被各分段抛物面反射镜均匀反射到各分段抛物面反射镜在平板接收器表面的焦点上，光线呈现规则分布，接收面能流密度呈均匀状，入射光线均被平板接收器吸热面所接收，进行光热转化，无光线漏出，光线接收率百分之百。当入射径向偏角不为 0°时，即光线倾斜入射的时候，有部分光线经过抛物面反射镜反射出入射面，光线呈不规则汇聚到接收面，接收面能流密度显示不均匀，光线接收率降低，接收器接收面光热转化降低。

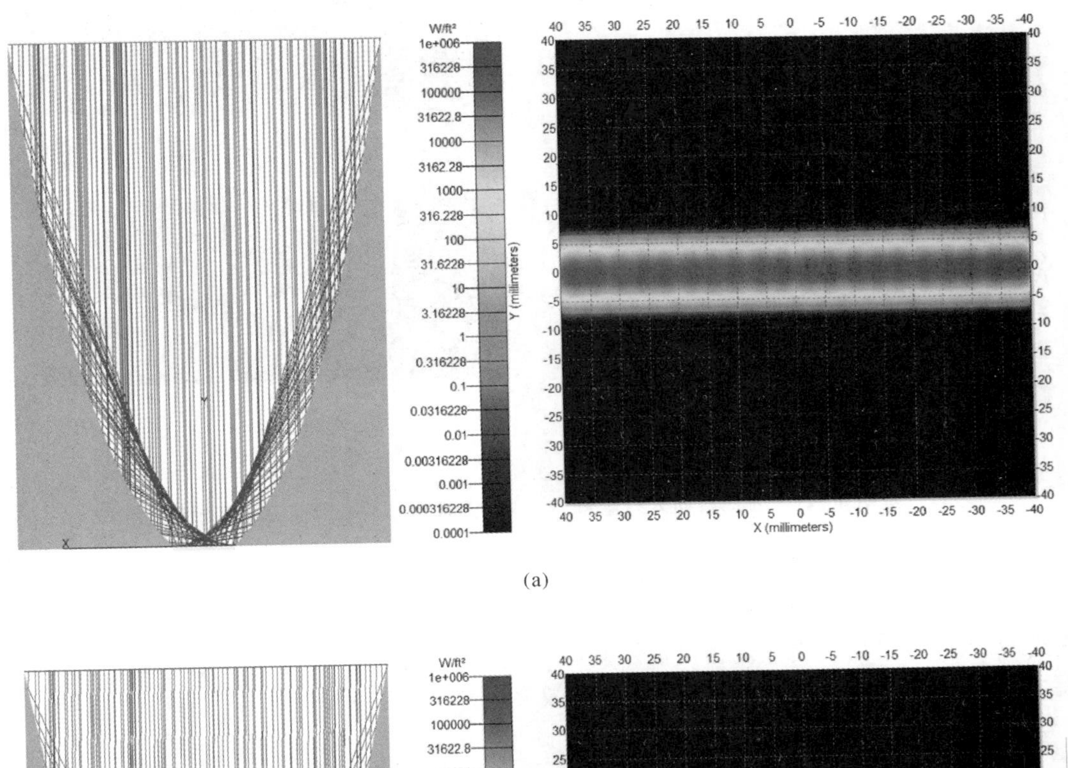

(a)

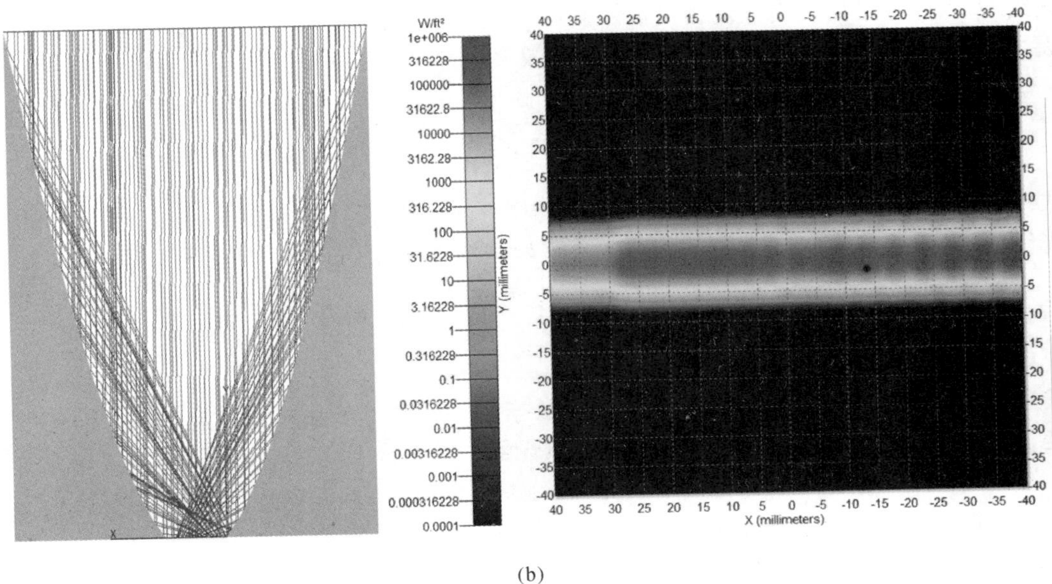

(b)

图 4－16　不同径向入射偏角下 I 型聚光器光线追迹与能流密度分布

(a)径向入射偏角 0°；(b)径向入射偏角 1°

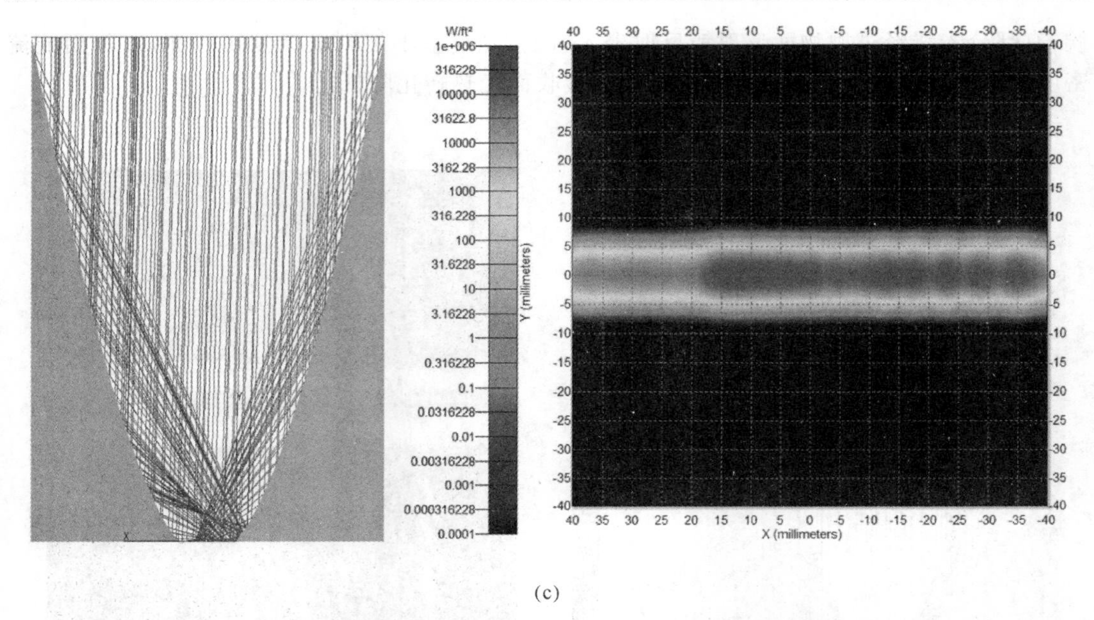

(c)

续图 4-16　不同径向入射偏角下Ⅰ型聚光器光线追迹与能流密度分布

(c)径向入射偏角 2°

随着径向入射偏角的增加，接收面上光线数目减少，经聚光器反射镜面反射出入射面的光线增多，导致了接收面能流密度的不均匀。显然，径向入射偏角对分段式聚光器影响很大，下面对不同径向入射偏角对聚光器聚光效率与光线接收率进行计算。

(1)光线接收率 η_0 为

$$\eta_0(\alpha)=\frac{N(\alpha)}{N(0)} \tag{4.15}$$

式中：$\eta_0(\alpha)$为径向入射偏角为 α 下的光线吸收率；$N(\alpha)$为径向入射偏角为 α 下接收面接收光线数；$N(0)$为光垂直入射面入射进入聚光器光线总数。

(2)聚光效率 η_e 为

$$\eta_e(\alpha)=\frac{E(\alpha)}{E(0)} \tag{4.16}$$

式中：$\eta_e(\alpha)$为径向入射偏角为 α 下的聚光效率；$E(\alpha)$为径向入射偏角为 α 接收面能流密度，W/m^2；$E(0)$为光垂直入射面入射进入聚光器的能流密度，W/m^2。

经式(4.15)与式(4.16)计算，绘制光线接收率与聚光效率如图 4-17 所示。

如图 4-17 所示，随着径向入射偏角的增加，聚光效率与光线接收率变化趋势一致，都呈现逐渐减小的态势。当径向入射偏角≤0.1°时，光线接收率与聚光效率保持到最高值，分别为 100%和 92.50%；当径向入射偏角>0.1°时，聚光效率与光线接收率有规律地减小，都有着平稳减小再快速减小的周期性变化趋势。通过聚光效率和光线接收率，分析可知，分段式 CPC 需要保证光线垂直入射面，才能有更好的光学性能。

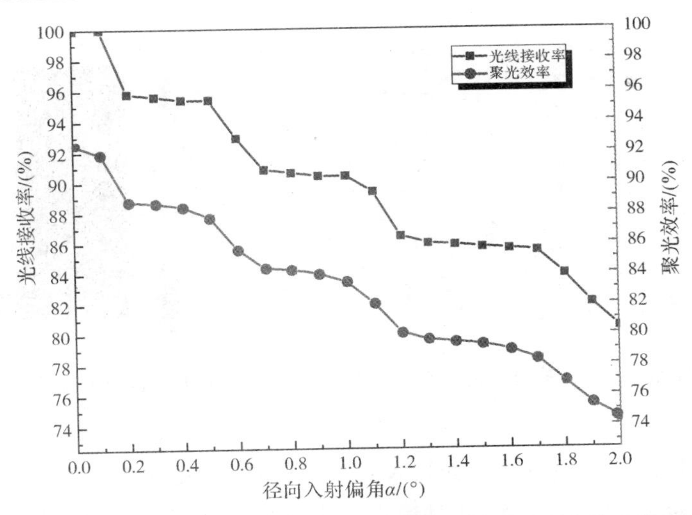

图 4－17　不同径向入射偏角下Ⅰ型聚光器光线接收率与聚光效率图

2.轴向入射偏角对装置光学性能的影响

入射偏角不仅仅只有径向入射偏角，由太阳的方位引起的轴向入射偏角一样会对分段式复合抛物面聚光集热器产生影响。和径向入射偏角一样，经过仿真计算可以得到轴向入射偏角对装置光学性能的影响。在 0°～20°的情况下，分段式复合抛物面聚光集热器光线轨迹以及接收光线的能流密度受轴向入射偏角的影响情况如图 4－18 所示。

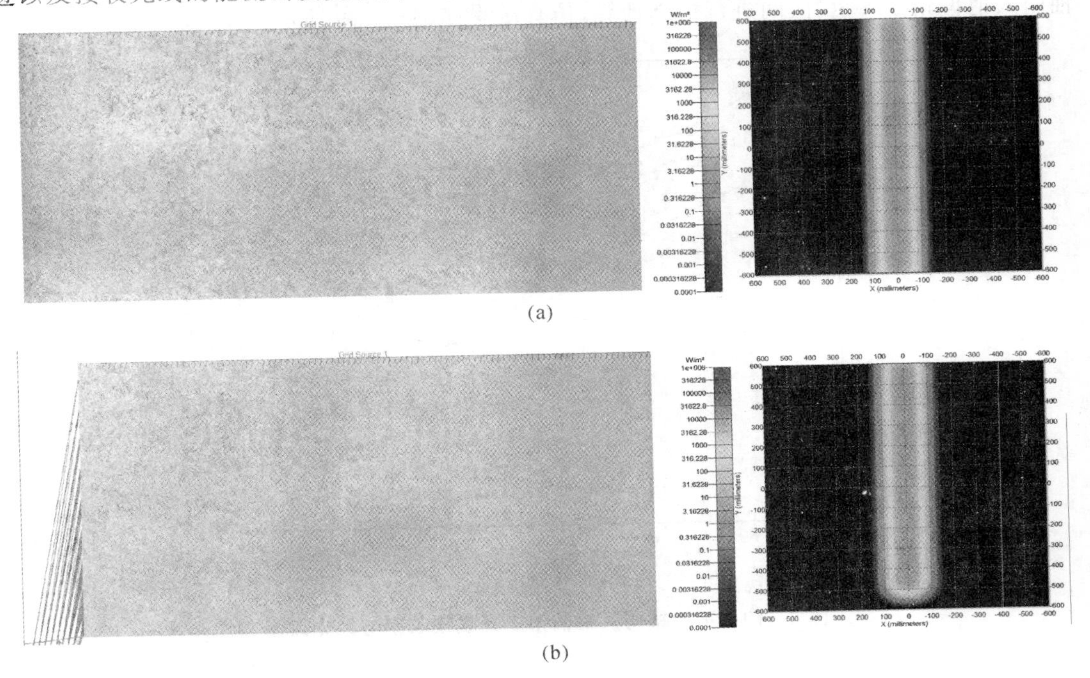

(a)

(b)

图 4－18　轴向入射偏角下Ⅰ型聚光器光线追迹与能流密度分布

(a)轴向入射偏角 0°；(b)轴向入射偏角 10°

(c)

续图 4-18　轴向入射偏角下Ⅰ型聚光器光线追迹与能流密度分布

(c)轴向入射偏角 20°

由图 4-18 可知，当光线垂直聚光器入射面入射时，进入到聚光器的光都被接收面接收所利用，没有光线被反射出聚光器，此时接收面能流密度分布呈现均匀状态，接收面接收的有效长度就是自身长度。当光线轴向倾斜入射时，部分光线会被反射出聚光器，此时横截面能流密度呈均匀状态，接收面有效长度较垂直入射时减小。对比图 4-18 中(b)、(c)，随着轴向入射偏角的增加，光线反射出聚光器的光线数增多，接收面吸光有效长度逐渐减小，接收面横截面能流密度分布依然呈现均匀状态。这一结果表面，轴向入射偏角对分段式聚光器能流密度均匀性影响不大，但不利于聚光器的高效率聚光。为进一步量化轴向入射偏角对聚光器性能的影响，通过式(4.15)与式(4.16)对分段式聚光器光线接收率与聚光效率在轴向入射偏角 0°～20°区间进行仿真计算，仿真结果如图 4-19 所示。

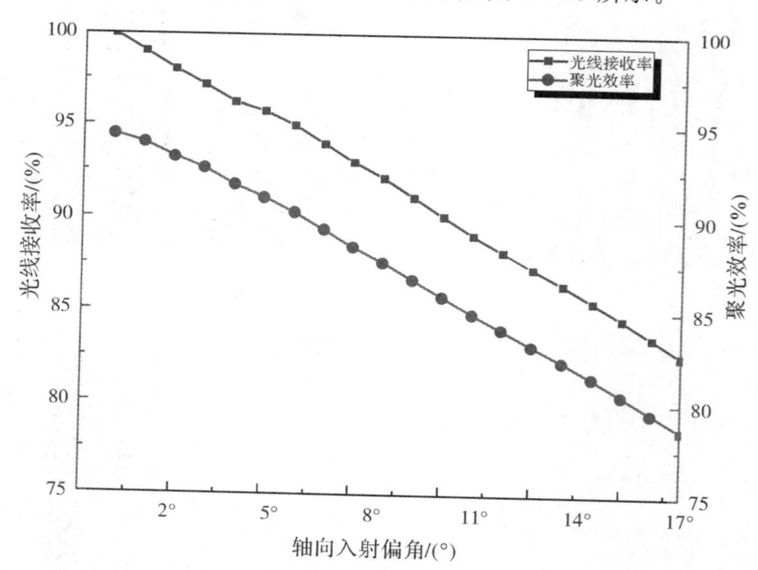

图 4-19　不同轴向入射偏角下光线接收率与聚光效率

如图 4-19 所示，随着轴向入射偏角的增加，分段式聚光器的光线接收率与聚光效率变化效率趋势一致都呈现逐渐减小的态势。当轴向入射偏角等于 0°时，分段式聚光器的光线接收率与聚光效率最高为 100%和 94.48%；随轴向入射偏角的逐渐增大，光线接收率与聚光效率同步缓慢减小；当轴向入射偏角增加到 20°时，此时光线接收率与聚光效率为 81.66%和 77.68%。综上所述，轴向入射偏角对横截面能流密度分布影响不大，只对聚光效率影响强烈，分段式聚光器可以单轴固定跟踪，保证正午时刻的轴向入射角即可获得较好聚光效果。

4.4　分段式 CPC 聚光集热实验研究

为了进一步探究分段式 CPC 在实际运行工况下能流密度分布的均匀性，以光学性能仿真计算结果为基础，搭建了分段式 CPC 聚光集热实验系统。开展了分段式 CPC 聚光集热系统光热特性的实验测试，分析空气流速、进口空气温度、太阳辐照度等因素对系统光热转换性能的影响。

4.4.1　分段式 CPC 聚光集热器结构

基于 Tracepro 软件，对分段式 CPC 光学特性进行了模拟计算，探究了分段式 CPC 结构参数对分段式 CPC 光学特性的影响。为验证分段式 CPC 光学特性的准确性，基于分段设计理论搭建了分段式 CPC 聚光集热实验台架。实际的实验台架与理论设计存在一些偏差，需要对分段数选择、材料的选择、加工方法的选择、实验工况的设定等方面进行分析与准备。本节将介绍分段式聚光器以及平板接收器加工制作过程。

1.聚光器的加工制作

本实验中的分段式 CPC 聚光器较传统 CPC 在光学模拟部分中表现出一定的优越性，但分段式 CPC 聚光器是多段抛物面首尾连接的，较传统 CPC 平滑的单抛物面结构复杂，其加工制作方法是一难点。根据实际条件总结分段式 CPC 制作方法如表 4-1 所示。

表 4-1　分段式 CPC 制造方法

序号	制作方法	优缺点
1	通过多段小平面镜近似得到分段抛物面	成本低，抛物面精度差
2	通过 3D 打印得出整体模型，通过抛物面粘贴反射膜得到分段 CPC	打印材料耐性差，精度高
3	数控机床切割侧面型线，高精度焊接抛物面，抛物面粘贴反射镜获得	精度高，制造简单，成本偏高
4	先制造高精度模具，通过浇铸加工分段式 CPC	精度高，制造繁琐，成本过高

本实验中对于分段 CPC 的要求主要包括以下几个方面：

(1)制作的分段式 CPC 是多段抛物面连接，为了得到更好的聚光效率需要较高精度的工艺。

(2)此次实验是室外开展，聚光器受外界环境影响较大，制造材料需要较高的耐性。

(3)聚光器需要下方装配平板接收器,制造聚光器需要满足后续组装这一特性。

(4)满足上述三点,尽可能地降低制造成本,以便于后期实际应用推广。

对比上述罗列出的制造方法的优缺点,最终确定分段式 CPC 聚光器以及传统 CPC 制造方法。首先通过机械数字机床切割不锈钢板材制造聚光器侧面结构,通过高精度焊接将抛物面焊接到聚光器侧面结构,再在抛物面上贴设高反射率的反射膜,最终制造出聚光器。聚光器具体结构:入射面宽度 480 mm,接收面预留宽度 80 mm,长度 1 200 mm,高度 556 mm。

不锈钢材质反射率低,需要在抛物面上铺设一层反射膜。最常见的反射膜有:①反光膜:常用于灯具灯箱反光,具有高反射率,便于加工,价格低廉。②小平面发射镜:可在抛物面上排布,近似分段 CPC 曲面。本实验需要高精度抛物面,分段式 CPC 不适用于这种铺设方式。③镀锌平板:具有一定的高反射率,便于加工,成本高昂,具有一定厚度。聚光器内部膜厚度不易过大,厚度过大将会影响聚光精度。综合考虑,本次实验采用铺设反射膜的方式来提高抛物面反射率,此次选取膜的反射率由 UV3600 测得,膜反射率光谱如图 4-20 所示。在 330～2 100 nm 的波长范围内,选取的反射膜材料反射率平均值为 88.71%,表明此次选取的反射膜材料具有高的反射率,符合实验要求。

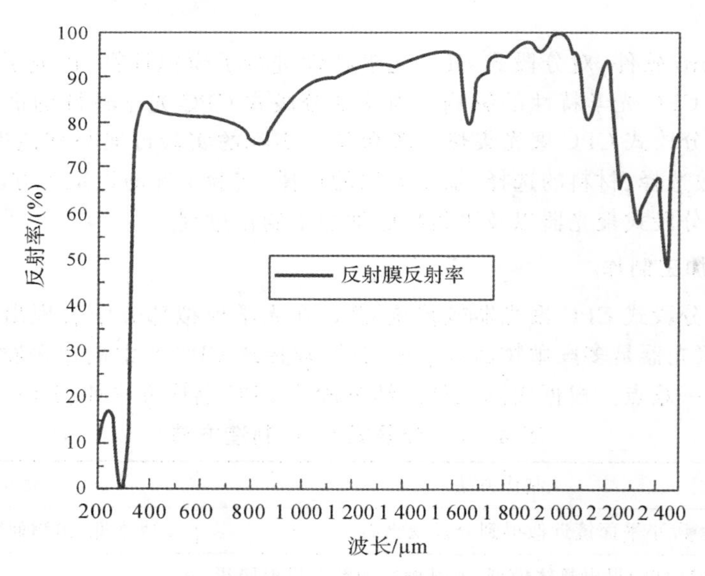

图 4-20　选取的反射膜反射率曲线分布图

2.平板接收器设计及加工

(1)平板接收器材质。依据所设计的分段式聚光器的应用领域、适用范围,接收器材质主要选取不锈钢材质。主要原因是材质比强度高,具有重量优势,使其可以比传统等级的材料厚度减少使用,节省成本。由于采用现代炼钢技术,不锈钢可以像传统钢一样切割、加工、制造、焊接和成型,所以易于制造。由其长的使用寿命周期产生的长期价值通常产生最便宜的材料选择。本实验设计适用于中温空气式复合抛物面太阳能聚光器的平板接收器,选用不锈钢具有耐火和耐热性，可以抵抗结垢并在高温下保持强度，有效避免潮湿空气腐蚀的缺陷，使得接收器使用寿命大大延长。

(2)平板接收器结构。为了有效增强接收器的性能并与分段式聚光器形成配合，将接收器结构划分为吸热、换热、储热三层结构。吸热板处于正上方位置，吸热板上焊接直形肋片，换热通道由吸热板与储热方管上下叠加安装形成“梳子形”通道，平板接收器横截面示意图如图 4-21 所示。在吸热板上表面均匀涂抹选择性太阳能吸收涂层，太阳辐射在吸热板表面可完成光热转换过程，在太阳光条件下将太阳辐射转换成热量加以利用，工质空气在吸热层与储热方管之间的缝隙通过将热量带出到应用场合，方管状储热单元增大了工质空气与换热壁面的换热面积，增强传热效率与应用时间。另外，四个储热单元方管经过相同的处理，在实际运行工况下独立运行，降低了制造加工过程所带来的误差影响。

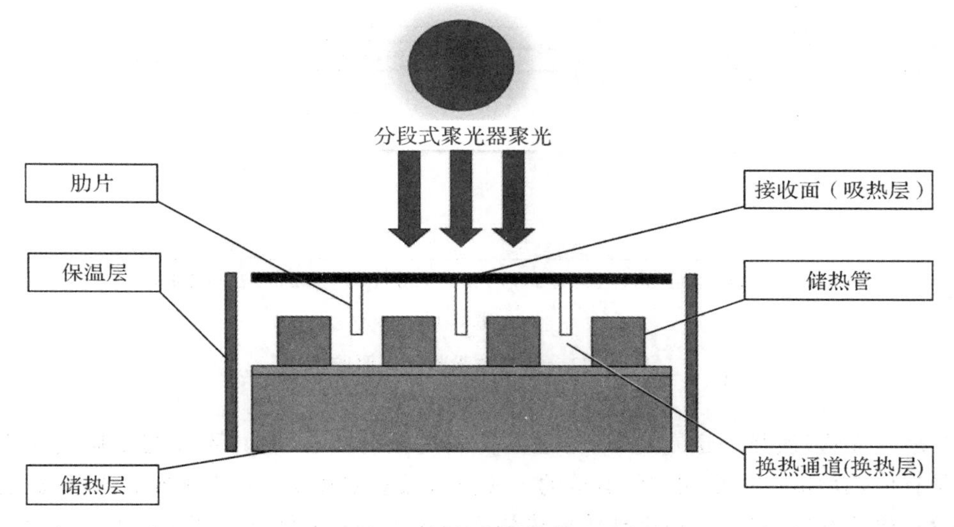

图 4-21　平板接收器横截面示意图

(3)吸热层(吸热板)。吸热层是将分段式 CPC 聚光器汇聚到吸热层表面光线的光能转换成热能，为集热流体所传热的结构。为了适用于分段式 CPC 聚光器的光学特性，将吸热层设计为一块厚度较小、强度较高的不锈钢平板。不锈钢平板表面吸收率很低，为了增强吸热板的吸收太阳能能力，减少辐射产生的热损失，在吸热平板的上表面均匀涂抹无光黑色涂料形成一层太阳能选择性吸热涂层。

太阳能吸热涂层主要是使平板接收器最大程度地吸收太阳辐射能并将其转换成热能，选择性吸收涂层的主要作用是将光转化为热量，并且最大限度地降低吸热面太阳能散射损失。选择性吸热涂层作为光热转换重要的一环，选取选择性吸热涂层评价标准如下：选择性吸热涂层具有良好太阳辐射吸收率、具有较强的吸附性和耐高温性、较低的红外辐射发射率。综上考虑，本实验将选用的选择性吸收涂层为百绘彩公司制造的耐高温哑光黑漆，对其物性进行相关测试，相关物性参数如表 4-2 所示。选择性涂层吸收率由 UV3600 测试而得，如图 4-22 所示，所选选择性吸热涂层明显具有光线吸收率。所选选择性吸热涂层符合评价标准，可用做此次实验的吸热涂层。

表 4-2　选择性吸收涂层物性参数

测试种类	干燥时长	涂层颜色外观	吸附力
评价标准	≤2 h	黑色	≥5 MPa
测试结果	30 min	黑色	20 MPa

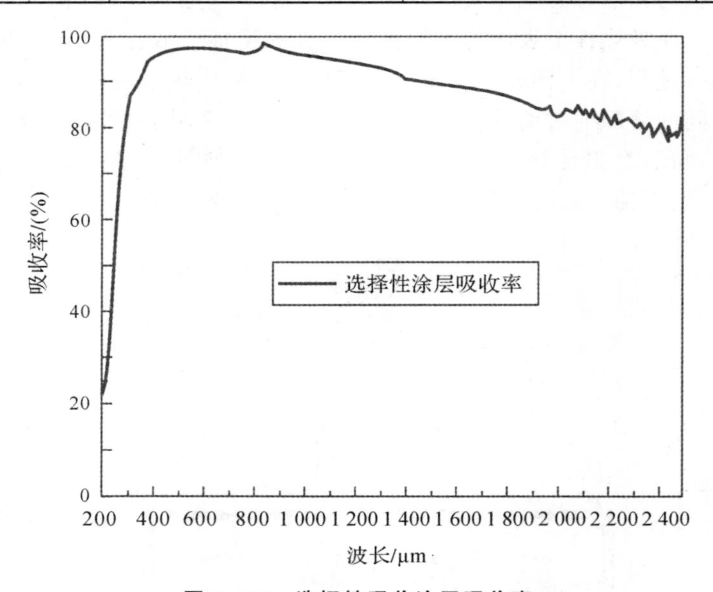

图 4-22　选择性吸收涂层吸收率

(4)空气流道(换热通道)。换热通道是传热过程的核心结构,不仅与工质空气直接接触,还具有传热功能。传统的空气流道的工质空气接触热阻大,通道分布不合理,通道壁面换热面小,热流密度不均匀,最终导致集热装置整体集热效率低下。新设计的空气通道采用全贯穿式“梳子状”设计,工质空气与吸热面直接接触,“梳子状”通道使工质空气整体换热面积增加,从而达到增强换热的效果。

本次设计的通道主要由三部分组成,即进风通道、换热通道、出风通道。进出风通道做了 30 mm 外置延长稳流段与整流片,使得经过延长流段的空气更加均匀,保证了进出口测温点的准确性和稳定性,便于流量测试以及控制流量,减小实验产生的误差,增强实验的准确性。

换热通道具体结构如图 4-23 与图 4-24 所示,换热通道整体结构主要由下接收面与储热层上表面围成方盒。储热层上表面放置有等距的方形不锈钢直管,直管相互独立互不影响。为了增强导热能流和受热面与空气的接触面积,在接收面下表面按相邻直管空隙位置分布焊接直形肋片,并通过在肋片与接收面接触处均匀涂抹导热硅脂来增强接收面与肋片的热传导能力。在工作状态下,太阳辐射在接收器接收面完成光热转化,一部分热经过热传导与对流换热传递到空气中,另一部分热通过储热方管与储热层的壁面导热传递到储热材料中。为防止空气不均匀流入换热通道以及空气在流道内形成换热死角,导致实验测试的不准确,在进出口焊接两小型方片。

图 4－23　接收器换热结构与焊接肋片的接收面

图 4－24　接收器换热结构侧面图

4.4.2　实验装置

1.跟踪装置

太阳能跟踪装置根据维度和运动方式可以分为单轴跟踪以及双轴跟踪两种方式。单轴跟踪即只有一个旋转轴来改变跟踪平面的位置角度，来达到太阳光线垂直于跟踪平面，获得光射强度的最大化，从而提高聚光器光聚光效率。双轴跟踪指具备两个方向的旋转轴，这样跟踪平面可以在太阳的方位角以及高度角上同时跟踪太阳，从而达到时刻保持太阳光线垂直于跟踪平面。单轴跟踪理论上只在某一时刻实现跟踪太阳运行轨迹，而双轴理论上可以完全跟踪太阳的运行轨迹以实现任何时刻入射角为零。

本书所设计的分段式 CPC 聚光器是在特定光线入射角度下为改善能流密度分布设计而成的。入射偏角光学仿真分析表明，径向入射变化对分段式 CPC 聚光器聚光过程中接收面能流密度分布以及聚光效率影响较大，轴向入射偏角对接收面能流密度分布影响较小，但对聚光效率的影响较大。因此，为了验证设计的准确性，此次实验采取手动双轴跟踪的太阳能跟踪系统，具体结构如图 4－25 所示。

图 4－25　分段式 CPC 聚光器和传统 CPC 聚光器放置于跟踪装置示意图

如图 4－25 所示，将分段式 CPC 聚光器和传统 CPC 聚光器与跟踪平面平行放置。跟踪平面主要通过垂直阀门和水平阀门调节高度角度和方位角度，主要参照物为与跟踪平面共面的日晷，通过对应日晷的无阴影状态即为太阳光线垂直于跟踪平面。

2.对比测试系统

(1)不同空气流速下集热效率对比测试系统。在上述光学仿真计算的基础上，搭建了分段式 CPC 复合抛物面聚光集热器与传统 CPC 复合抛物面聚光集热器光热特性对比测试实验台，如图 4－26 所示。测试装置包括两台几何聚光比为 6，入射面宽度为 480 mm、长为 1 200 mm的聚光集热器，相互对比，其中一台集热器为现阶段传统 CPC，另一台为本书所设计的分段式 CPC。测试系统还包括气象数据检测与记录仪器、温度数据测试采集仪器、空气流速控制与校核仪器等。测试过程中，为了保证对比条件的一致性，测试采用两台集热器单独运行，由两台风机分别驱动，通过空气流速控制使其流速一致。两台聚光器装置左右平行放置于太阳能追踪架上。此外，为了便于描述，分段式 CPC 左侧放置，标号为“1 号装置”；传统 CPC 右侧放置，标号为“2 号装置”。

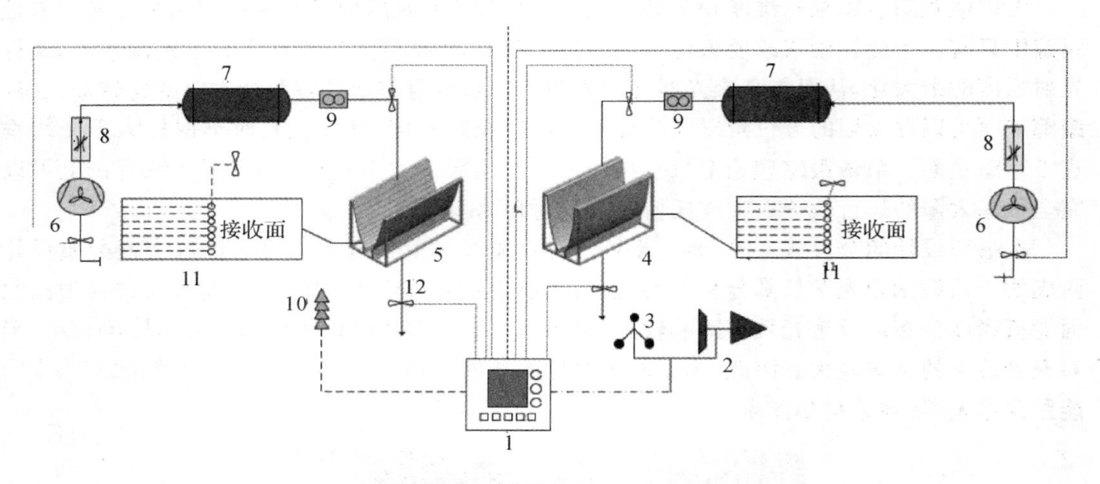

图 4－26　光热特性对比测试示意图

1—TP700 数据记录仪器；2、3—太阳辐射测试系统；4—传统 CPC 聚光器；5—分段式 CPC 聚光器；6—排风机；7—延长管路；8—风速控制器；9—方形管路接口；10—环境温度测试仪；11—接收器接收面；12—K 型热电偶

由分段式 CPC 复合抛物面聚光集热器与传统 CPC 复合抛物面聚光集热器光热特性对比测试系统可以看出，整个对比测试系统由分段式 CPC 集热器与传统 CPC 集热器独立组成。两集热器的共性是同规格的排风机和风速控制器以及相同规格的接收器，集热器的差异为聚光器的不同。室外空气经过两排风机输送到空气集热装置的入口，经过相同的换热通道进行传热过程，然后排出大气外。在这个过程中，接收面上的选择吸收涂层吸收太阳辐射，通过热传导和对流换热的方式将热传递给空气。系统规格尺寸如表 4－3 所示。

表 4-3　系统规格尺寸

系统规格	尺寸/mm
进风口内管直径	32
进风口内管长度	1 000
出风口内管直径	32
出风口内管长度	500
换热通道长度	1 200
换热通道高度	35
接收器接口外管径	32

(2)不同进口温度下集热效率对比测试系统。在上述对比系统的基础上,搭建不同进口温度分段式 CPC 与传统 CPC 对比测试系统,如图 4-27 所示。测试装置主体为传统 CPC 聚光集热器与分段式 CPC 聚光集热器,相互独立运行,此外系统还包括气象数据检测与记录仪器、温度数据测试采集仪器、空气流速控制与校核仪器等。测试过程中,通过可调热风枪驱动系统动力运行并加热空气改变传统 CPC 与分段式 CPC 的进口温度。两台聚光器装置左右平行放置于太阳能追踪架上。此外,为了便于描述,分段式 CPC 左侧放置,标号为"1 号装置";传统 CPC 右侧放置,标号为"2 号装置"。

根据不同进口温度下分段式 CPC 与传统 CPC 对比测试系统可以看出,整个系统由传统 CPC 聚光集热器与分段式 CPC 聚光集热器独立组成,可调热风枪通过将环境中的空气加热到恒定温度,送入传统 CPC 与分段式 CPC 中。系统具体尺寸与对比测试系统尺寸一致,不再赘述。

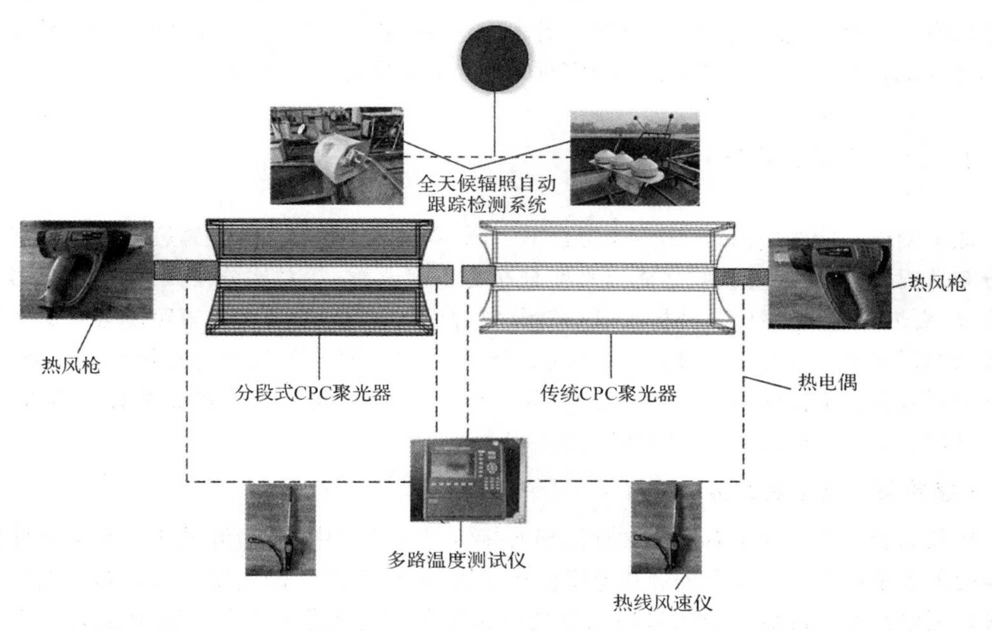

图 4-27　不同进口温度下分段式 CPC 与传统 CPC 对比测试系统

3.测试仪器

实验测试过程中,待测参数有环境风速、环境温度、空气流速、太阳辐照度、接收器的进出口空气温度、接收器接收面温度等。其中,选用全天候辐照自动跟踪检测系统监测实验测试期间的太阳辐照度与环境风速,选用 K 型热电偶监测实验过程中的进出口空气温度、环境温度和接收器接收面温度,并由 TP700 多路温度监测仪实时采集数据。接收器进出口空气温度由布置在进出口的 K 型热电偶测得,其中在接收器进出口布置 2 个测点,同时测试各测点温度,最终取平均值作为进出口空气温度。环境温度由布置在系统两侧的四根 K 型热电偶共同测得,取其平均值作为环境温度。此外,选用排风机驱动环境空气进入接收器内部,通过风速控制仪器控制其风速,并由高精度热敏式热线风速仪(testo 405i)对恒定风速进行实时校准。同理也在接收器进出口布置多个风速测点,同时测取空气流速,最后取其平均值作为空气流速。本次用到的实验仪器及参数如下:

(1)多路温度监测仪。本实验所采用的多路温度监测仪型号为 TP700,温度测试范围为 −60~1 372 ℃,精度为 ±0.5 ℃。

(2)K 型热电偶。K 型热电偶可直接测量 0~1 300 ℃范围的液体蒸汽和气体介质以及固体的表面温度。

(3)高精度热敏式热线风速仪。本实验采用型号为 testo 405i 的热线风速仪,流速测量范围为 0~30 m/s,精度为 ±(0.1 m/s+5%测量值)(0~2 m/s),±(0.3 m/s+5 %测量值)(2~15 m/s)。

(4)排风机。本实验采用排风机的功率为 30 W,可排风速为 5~16 m/s。

(5)热风枪。本实验采用热风枪的输出功率为 2 500 W,可调温度为 50~600 ℃。

(6)全天候辐照自动跟踪检测系统。本实验采用型号为 BSRN3000 的辐照监测系统,此系统由总辐射表、散射辐射表、直接辐射表、长波辐射表及数据采集器组成,跟踪精度小于 0.1°,工作温度为 −40~50 ℃,辐射响应时间为 5 s,精确度为 5 W/m^2。

4.4.3 实验流程

此次测试实验的目的是:①对比分段式 CPC 集热器与传统 CPC 集热器接收面能流密度分布情况,验证分段对接收面能流密度分布有一定改善;②对比分段式 CPC 集热器与传统 CPC 集热器的集热效果,分析入口空气参数(流速、温度)以及太阳辐照度等对集热器集热效果的影响规律;③测试不同进口温度下分段式 CPC 聚光集热器的光热特性。因此,实验分为瞬时状态下接收面温度场对比的测试和一定时间内集热器集热效率对比实验,以及不同进口温度下分段式 CPC 的瞬时集热效率。

1.接收面温度场测试实验流程

接收面能流密度测试有直接测量法和间接测量法。其中,直接测量法是在集热器的接收面处的有限离散点位置上安装热流密度传感器,对接收到的能流密度通过热一电转换方式进行测量并直接读数。而间接法测量能流密度分布是在集热器接收面处放置一个朗伯靶,利用高速相机或数字成像辐射仪对其拍摄,然后建立图像与能流的函数关系,通过反演得到能流密度场。

直接测量方法测试简单，具有操作方便、可以直接读取能流密度数值等优点，但该方法所采用的热流密度传感器采光窗口直径较大，而分段式 CPC 集热器和传统 CPC 集热器焦面在底部且焦面面积较小，因此传感器布置数量受限，采集精度低，造成后续数据处理分辨率差。同时，热流密度传感器价格昂贵，测试过程中容易损坏。

间接测量法具有分辨率高、测量时间短、响应速度快等优点，但该方法需要用高速相机对放置在接收面处的朗伯靶进行拍摄，分段式集热器与传统 CPC 集热器接收面在底部，拍摄时会遮挡太阳光入射。因此，间接测量法无法得到真实的能流密度值大小，相机的引入和聚光反射特性会增大测量误差。

综上表明，直接法、间接法都不适用于本实验测试，因此提出一种测试 CPC 接收面能流密度分布情况的方法。在理想状态下，当位于接收面上一点的热电偶接收到一定能流密度光线照射时，一部分光线被反射到环境中，一部分能流被热电偶吸收，接收面这一测点存在一定的温度提升，表明入射能流密度和接收面的输出温度存在一定的热力学函数关系，因此可以通过对比接收面测点的温度均匀性映射能流密度的分布情况。但是在实际情况下，接收面是一个整体面，存在一定的热传导，热传导会使得接收面温度高的地方传向温度低的地方，最后趋向于温度场稳定，因此会造成测量接收面温度场分布的不准确性。

因此，为了消除上面影响，本次实验选取小板放置在聚光器中充当接收面，并在小板上面均匀打孔，K 型热电偶穿过小孔布置在接收面上方并与接收面实际接触，并且用黑色胶带加固热电偶，利用 K 型热电偶接收一定光线照射，热电偶会输出温度值。虽然此时温度会小于接收面实际温度，但温度场趋势一致，从而测试出温度场的分布情况，再利用温度场的分布情况映射能流密度的分布情况。温度场测试示意图及接收面测点布置图如图 4－28、图 4－29 所示。

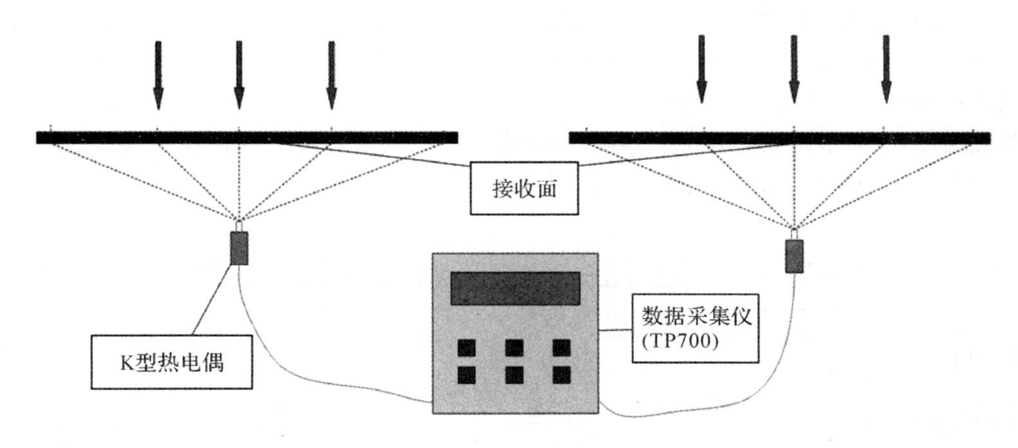

图 4－28　接收面温度场测试图

图 4－29 所示为接收面温度场测点具体布置：温度场测试由两块规模一样的长 80 mm、宽 30 mm 的不锈钢小板充当接收面，为了准确测量接收面温度场的分布情况，在每块小板上钻 20 个 2 mm 小孔，每相邻小孔间隔 2 mm。每隔一个小孔布置一根热电偶，并从

左到右依次标号，每块小板有 10 个温度测点，总体温度测点共计 20 个。两测试小板测点排列方式一致，且测点依次均匀排布在小板上。

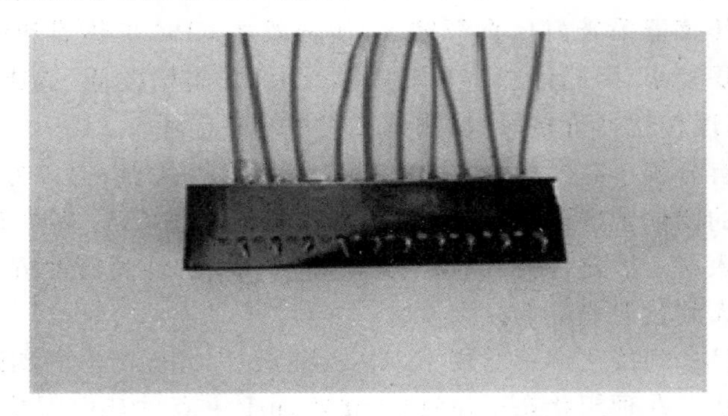

图 4－29　接收面测点布置图

2.不同空气流速下集热效率对比测试流程

本实验目的是研究分段 CPC 与传统 CPC 之间光热特性差异，利用控制变量法研究空气流速对装置光热特性的影响规律。

在实验测试过程中，分段 CPC 和传统 CPC 各自独立连接，将不同流速下的空气经排风机送入到独立的集热器中；然后通过风速控制器调节分段式 CPC 与传统 CPC 空气流速；在装置运行工况一致情况下，比较分段式 CPC 与传统 CPC 集热效率的差异。实验每 1 min 记录一次温度数据，实验时间从 10：00—14：00。由于本次实验是在室外进行的，为了尽可能减小由测试天数的辐射变化量引起的对于其他变量参数研究的干扰，实验测试从 3 月 1 日—3 月 15 日，从中选择最具代表性的实验数据进行集热性能分析。

（1）实验具体测点布置如图 4－30 所示。集热效率对比测试共有 6 个探测点，每个探测点处布置两个温度探头，对两温度探头测试值取平均值作为该探测点的温度数据。首先，集热器进口和出口各布置 2 个热电偶，位于管风口横截面中线均匀分布，用于记录集热过程的集热温度，从而求得集热效率。其次，在两集热器两侧的环境中各布置 2 根热电偶，用于记录集热过程的环境温度，减小排风机长期运行所造成的的进口空气温度误差。

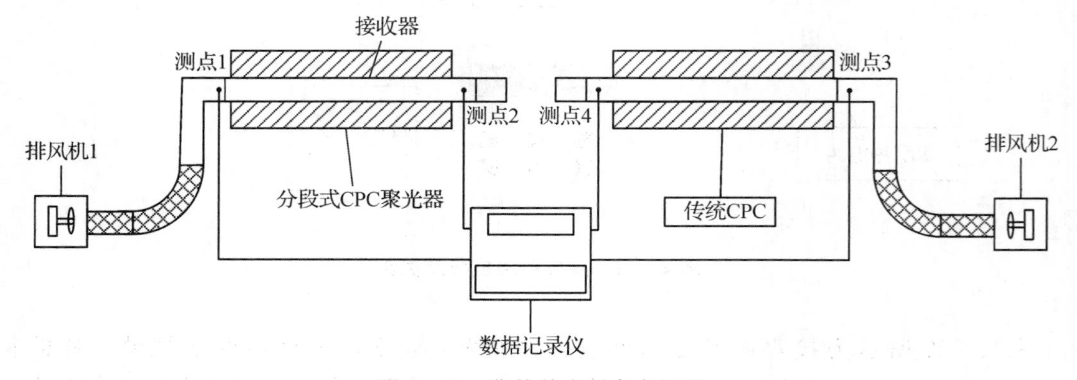

图 4－30　集热效率测点布置图

(2)实验具体流程如下所示：

1)准备工作：检查实验设备是否正常，准备好所需的材料和工具。

2)连接设备：将分段式CPC和传统CPC各自独立连接，保证其独立运行。

3)调节流速：设置不同的空气流速，保证其单一变量下进行实验，记录每个流速下的数据。

4)记录数据：实验每1 min记录一次温度数据，实验时间从10:00—14:00，记录数据并保存。

5)数据处理：将实验记录的数据进行处理和分析，比较分段式CPC与传统CPC集热效率。

6)结果分析：应用控制变量法研究不同因素对装置光热特性的影响规律，得出实验结果并进行分析。

7)总结实验：总结实验结果，得出结论并提出建议。

3.不同进口温度下分段式效率对比测试流程

此次测试目的是研究分段CPC和传统CPC之间的光热特性差异，通过控制变量法研究空气温度对装置光热特性的影响规律。

此次实验待测试数据包括太阳辐照度、系统循环空气流速、环境风速、环境温度、各装置进出口温度等。其中，用于驱动系统运行的动力装置为可调温热风机；循环空气流速由热线风速仪(testo 405i)测量；太阳辐照度由全天候辐照自动跟踪检测系统进行实时监测与记录，各测点处的温度由K型热电偶测量，并由多路温度检测仪器(TP700)实时采集测试数据。

不同进口温度下分段式CPC与传统CPC集热效率对比测点布置共有6个测点，主要在分段式CPC聚光集热器与传统CPC聚光集热器进出口布置，进出口测点处布置2个热电偶，位于管风口横截面中线分布，用于记录集热过程中空气的温度，从而求得集热效率。在两集热器两侧的环境中各布置2根热电偶，用于记录集热过程的环境温度。

4.4.5 结果分析

1.接收面温度场分布

测试过程中将聚光器放置于跟踪装置，使太阳光线均垂直入射到两台聚光器的入射面。为了增强实验的准确性，减小小板热传导导致的误差，在实验未开始前，对两台聚光器进行遮挡，再将测试小板连接上标号的K型热电偶(分段式CPC1-10号、传统CPC 11-20号)放置于聚光器的聚光位置处，调节跟踪装置使光线垂直聚光器入射面入射，去除遮挡物，开始记录数据。测试日11:30—12:30的太阳辐照度与分段式CPC与传统CPC的测点温度变化如图4-31、图4-32所示。

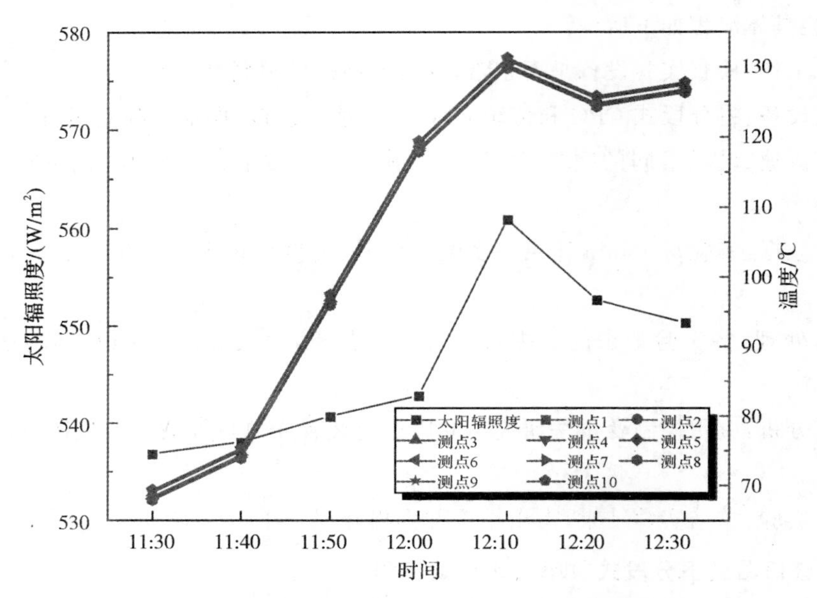

图 4－31　测试日分段式 CPC 各测点温度变化图

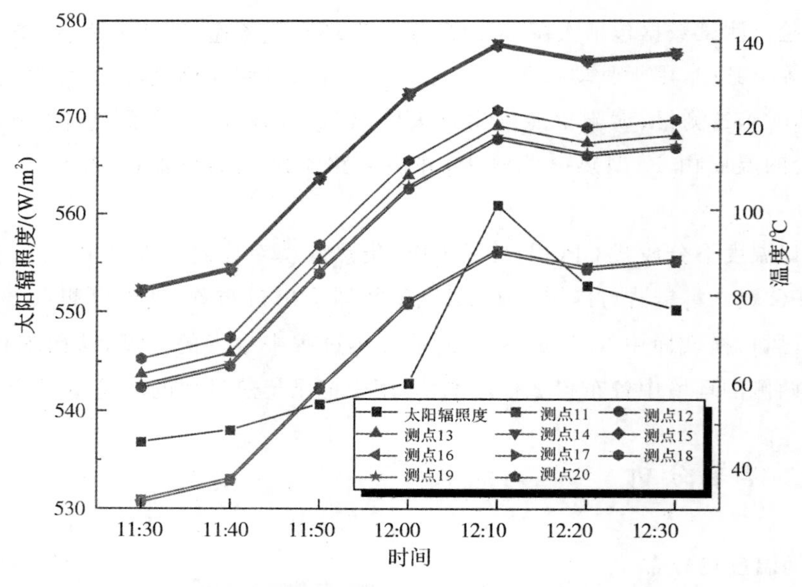

图 4－32　测试日传统 CPC 各测点温度变化图

如图 4－31 所示：在 11：30—12：30 时间段内，太阳辐照度呈现先增大后减小的变化趋势，12：10 时达到最大值。由图 4－31 可知：1～10 测试点温度变化趋势与太阳辐照度一致，且 1～10 测点温度相差较小，温度变化曲线吻合度高。由图 4－32 所示，11～20 测点温度变化与太阳辐照度变化趋势一致，11～20 测点温度有一定的差值，温度变化曲线分散。综上表明，分段式 CPC 测点间的温度差较小，温度分布呈现均匀状态；而传统 CPC 测点间温度差较大,温度分布呈现不均匀状态。

为进一步准确评估分段式 CPC 与传统 CPC 接收面温度分布,选同一时间点下测点温度,绘制以位置为变量的温度分布曲线,如图 4-33、图 4-34 所示。

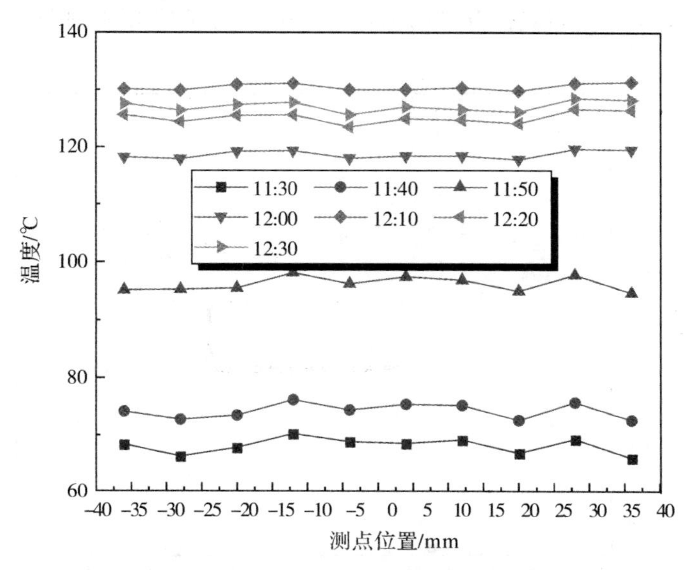

图 4-33 不同时间点下分段式 CPC 测点温度分布图

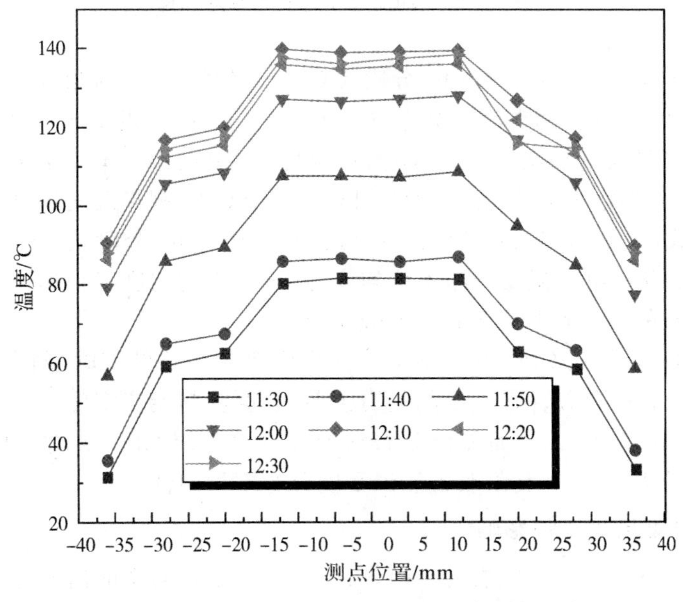

图 4-34 不同时间点下传统 CPC 测点温度分布图

由图 4-33 看出,分段式 CPC 聚光后测点温度分布趋势近似一致,都呈现一条波动近似平行的曲线,测点温度分布的不均匀度均值为 0.06。由图 4-34 所示,传统 CPC 聚光后的测点温度分布趋势一致，都呈现增—平—减的梯形分布趋势，测点温度分布的不均匀度均值为 1.67。上述结果表明，分段式 CPC 测点温度分布不均匀度均值相较于传统 CPC 测点温度分布不均匀度均值小，均匀程度要高。为更突出对比情况，选取 12:10 太阳辐照度高的情况下，绘制分段式 CPC 与传统 CPC 的测点温度分布相互对比图，如图 4-35 所示。

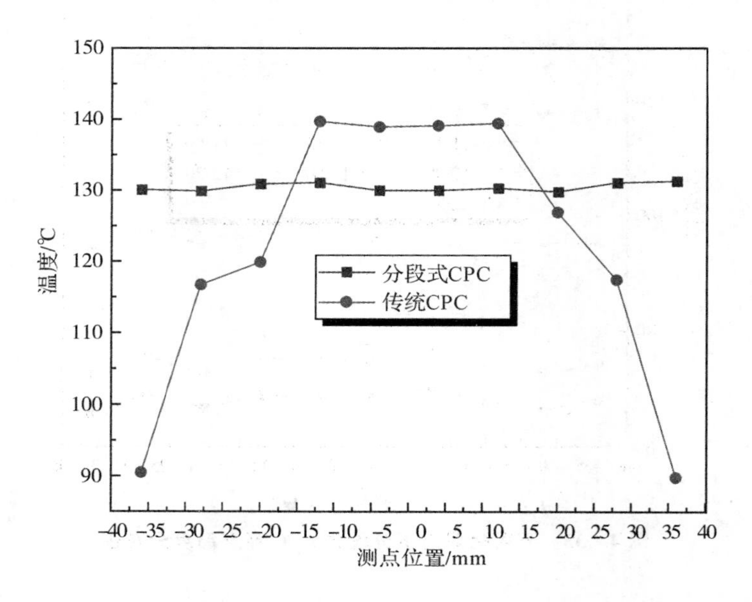

图 4-35　测点温度分布相互对比图

如图 4-35 所示，在 12:10 时刻下，分段式 CPC 与传统 CPC 的测点的温度分布情况；在 12:10 时刻下，分段式 CPC 测点温度分布在 130 ℃上下波动，近似于一条平滑直线。传统 CPC 测点温度分布呈现梯形状分布，中间测点温度高，接近 140 ℃，两边测点温度低，约为 90 ℃。从曲线分布程度来看，分段式 CPC 相对于传统 CPC 测点温度场分布较为平缓，分布均匀程度高。经式(4.12)求 12:10 的测点温度分布不均匀度，分段式 CPC 测点温度不均匀度为 0.06，而传统 CPC 测点温度分布不均匀度为 1.63，不均匀度越小均匀性越高，故分段式 CPC 测点温度分布的均匀性程度要高于传统 CPC。

结合上述结果，分段式 CPC 温度场均匀性程度要高于传统 CPC 测点温度均匀性。能流密度分布与测点温度分布存在一定的热力关系，温度值与能流密度数值一一对应，存在映射关系。因此分段式 CPC 接收面能流分布均匀程度较传统 CPC 要高，测试结果与仿真模拟分析一致，表明分段设计有利于改善能流密度分布不均匀性。

2.空气流速对集热效率的影响

空气流速的大小取决于排风机的输出，决定着装置运行的供能消耗，同时也影响着空气与接收器的换热性能。因此，对比分段式 CPC 与传统 CPC 的集热效率，需要考虑空气流速对其的影响规律。鉴于此，开展空气流速对分段 CPC 和传统 CPC 光热特性影响的实验研究，日测试时间段为 10:00—14:00，空气流速为 5.5 m/s，6 m/s，6.5 m/s。为了尽可能减小辐射变化量所造成的干扰，选择最具代表性测试日数据进行集热装置的集热性能分析。测试不同空气流速下太阳能辐照度与聚光集热器出口温度，如图 4 - 36、图 4 - 37、图 4 - 38 所示。

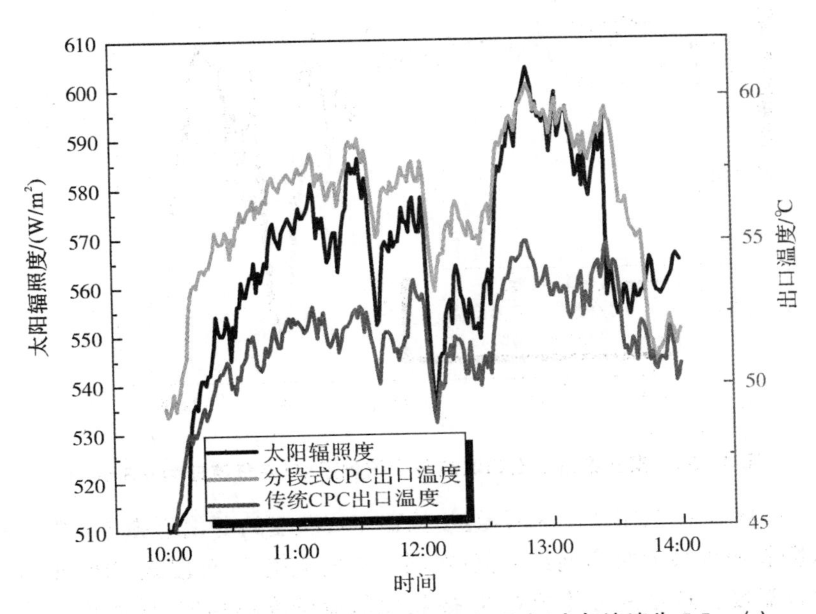

图 4 - 36　聚光集热器出口温度与太阳辐照度(空气流速为 5.5 m/s)

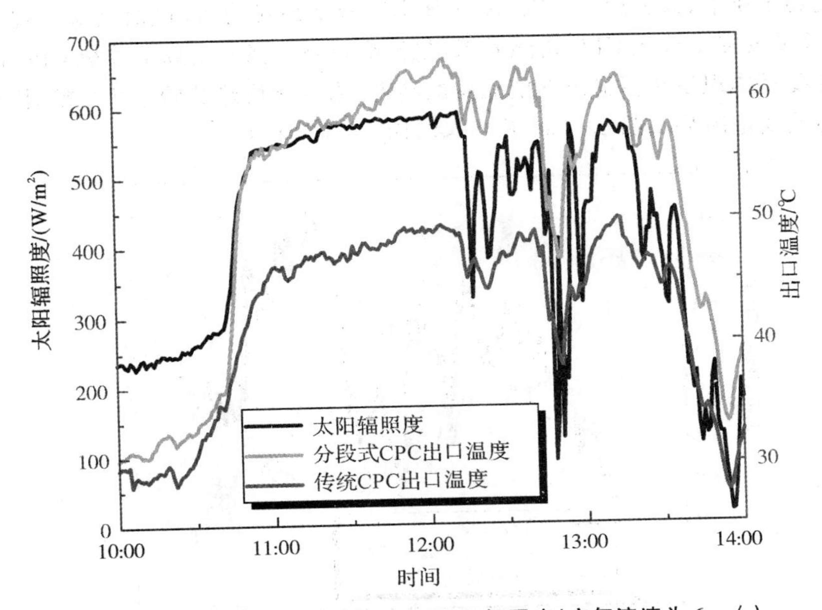

图 4 - 37　聚光集热器出口温度与太阳辐照度(空气流速为 6 m/s)

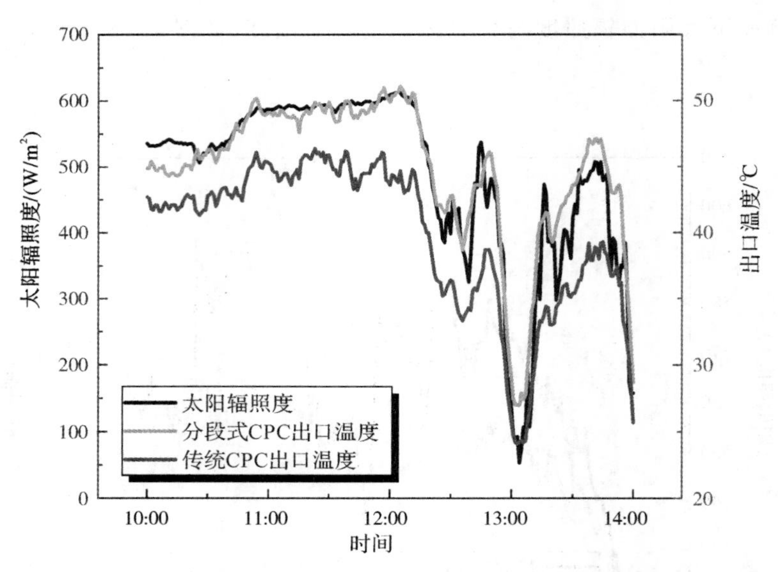

图 4-38　聚光集热器出口温度与太阳辐照度(空气流速为 6.5 m/s)

如图 4-36、图 4-37、图 4-38 所示:集热器出口温度的变化趋势与太阳辐照度变化趋势一致,在太阳辐照度最大时达到最大值;在同一空气流速下,分段式 CPC 出口温度均高于传统 CPC 出口温度。这是因为传统 CPC 接收面能流密度不均匀,导致接收截面温度场分布呈不均匀状态,接收截面温度高的地方先向温度低的地方传递,当截面传递稳定时热能才会向下传递到工质上;而分段式 CPC 接收面能流密度相对均匀,截面高温传递到低温影响较小,传热效果要强于传统 CPC 传热效果,故其出口空气温度均高于传统 CPC 出口温度。

出口温度只体现集热器输出热能品位的高低,未量化集热器的集热性能,因此进一步分析进出口温差变化趋势如图 4-39、图 4-40、图 4-41 所示。

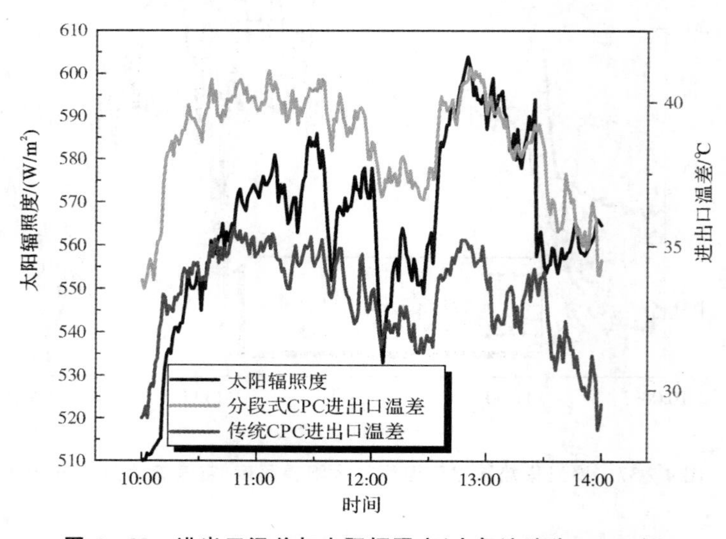

图 4-39　进出口温差与太阳辐照度(空气流速为 5.5 m/s)

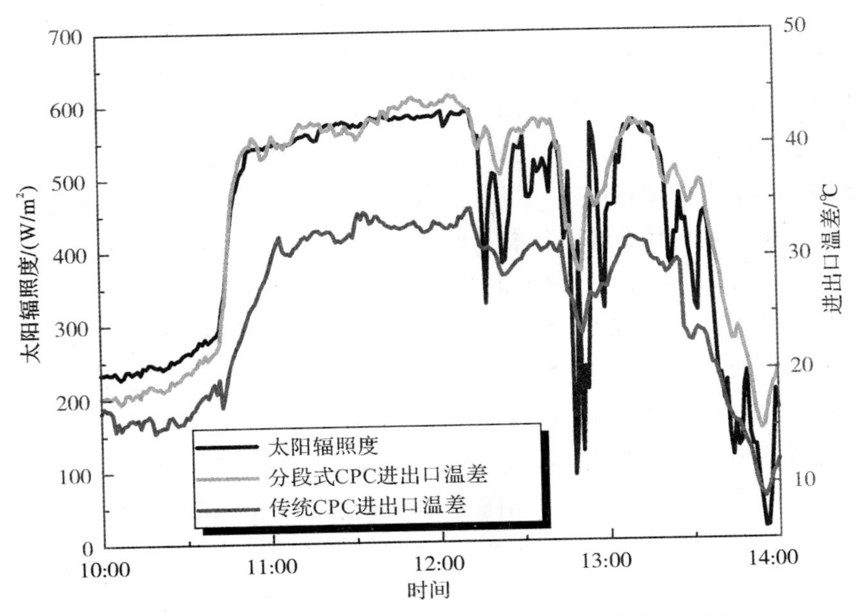

图 4－40　进出口温差与太阳辐照度(空气流速为 6 m/s)

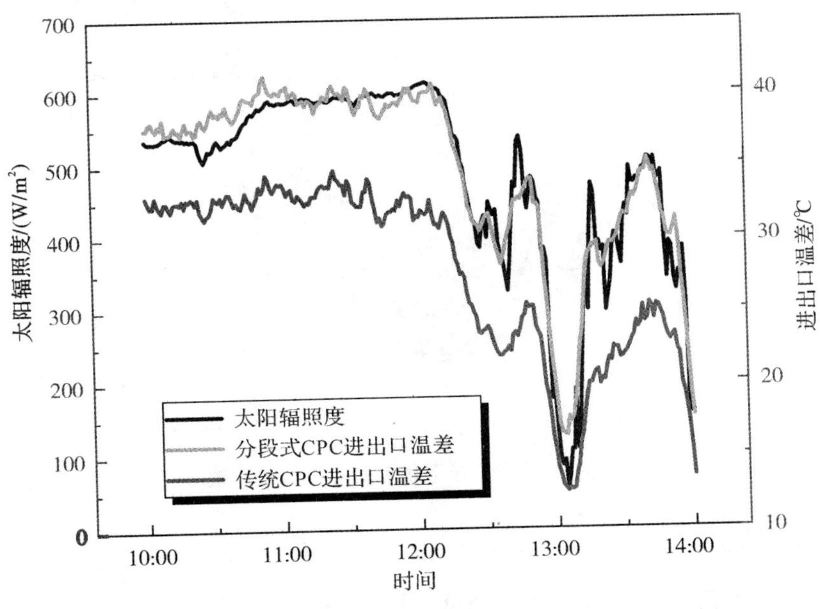

图 4－41　进出口温差与太阳辐照度(空气流速为 6.5 m/s)

由图 4－39、图 4－40、图 4－41 可知,在同一空气流速下,分段式 CPC 与传统 CPC 进出口温差的变化趋势一致。这主要是集热器进出口温差取决于集热器的出口温度与进口温度,而进口温度主要受排风机和环境温度影响,但实验中风机采用相同功率风机,并且两集热器处于同一环境条件下测试,故两者间进口温度相差不大而温差趋势一致。

在同一空气流速下，分段式 CPC 进出口温差总是高于传统 CPC 进出口温差。在太阳辐照度较高的情况下，分段式 CPC 的进出口温差与传统 CPC 进出口温差的差值相距较大；在太阳辐照度较小情况下，两者进出口温差的差值相距较小。这主要是因为分段式 CPC 较传统 CPC 接收面能流分布的差异所造成的。在强太阳辐照度下，传统 CPC 在接收面能流密度高的地方获得更高的能量流，接收面能流密度较小的地方受到的影响较小，传统 CPC 自身的接收面能流不均匀性会随着高能流的增强而增强。分段式 CPC 接收面能流密度此时依旧呈现均匀性分布，从而传热效果更加高效。在低太阳辐照度下，传统 CPC 在接收面能流密度高的地方得到的能流降低，接收面能流密度较小的地方受到的影响较小，传统 CPC 自身的接收面能流不均匀性会随着高能流的降低而降低，其传热效果得到一定的提高，从而导致其进出口温差与分段式 CPC 进出口温差相差不大。

为了更直观体现空气流速对分段式 CPC 与传统 CPC 光热特性的影响，并减小太阳辐照度对其影响，选取 11:00—12:00 时间段实验数据对其进行计算和分析，11:00—12:00 时间段分段式 CPC 和传统的 CPC 在集热效率上的表现如图 4-42 所示。

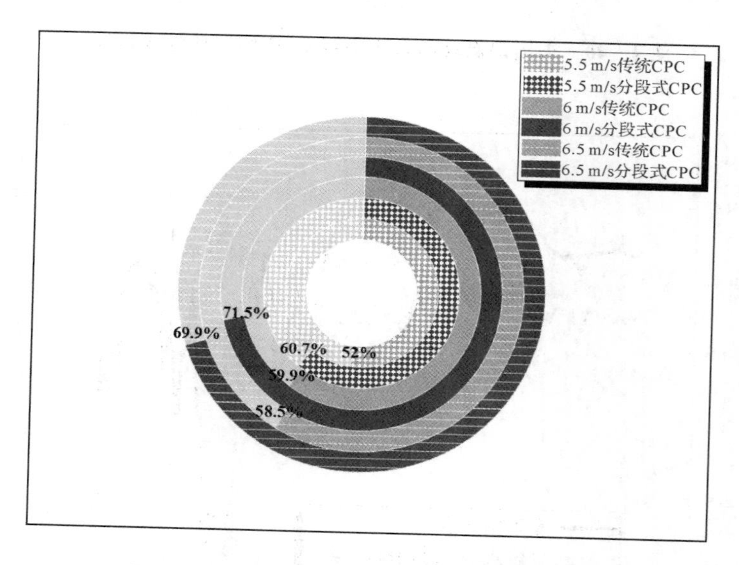

图 4-42　不同流速下集热器的平均集热效率

由图 4-42 可知，测试 11:00—12:00 时间段内，分段式 CPC 和传统的 CPC 的平均集热效率，其中红色圆环为分段式 CPC 在不同空气速下的平均集热效率，蓝色圆环为传统 CPC 在不同空气流速下的平均集热效率。由图 4-42 可知，分段式 CPC 在不同空气流速下的集热效率永远大于传统 CPC 的集热效率，其主要原因与分段式 CPC 进出口温差永远大于传统 CPC 进出口温差有关。分段式 CPC 与传统 CPC 的平均集热效率并未随空气流速的增大而增大，并且相同空气流速增幅下集热效率增幅随空气流速的增大而减小。空气流速为 6.5 m/s 时，平均集热效率达到最大，分别为 71.5%和 59.9%，相比于空气流速 5.5 m/s 和

6 m/s增加了 10.8%、1.6%(分段式 CPC)和 7.9%、3.4%(传统 CPC)。0.5 m/s 的空气流速增幅下,空气流速 6.5 m/s 的效率增幅为 1.6%、1.4%,相较于空气流速 6 m/s 的效率增幅减小了 7.6%、6.1%。主要原因是当空气流速增大时,流经太阳能聚光集热器的工质质量增加,进而造成集热效率的增加;空气流速增大,空气流经太阳能聚光集热器中的热量散失加剧,从而降低了集热效率增幅。相反地,当空气流速较小时,空气与接收体之间的换热充分,使得空气的输出温度较高,得热量也相应增多,集热效率增幅较大。但是,如果高温空气长时间停留在接收体中,将会导致接收体内空气的温度升高和散热温差增加,进而增加装置的散热损失。

综上理论分析和计算结果得出:①分段式 CPC 在不同空气流速下集热性能优于传统 CPC,接收面能流密度均匀性的提高对集热器的传热效果可以起到增强作用。②在测试期间的工况下,分段式 CPC 与传统 CPC 在空气流速为 6.5 m/s 时的集热效果最优。

3.入口温度对集热效率的影响

为了进一步探究分段式 CPC 和传统 CPC 之间的光热特性差异,开展入口空气温度对分段式 CPC 和传统 CPC 光热特性影响的实验研究。实验过程中将采用热风枪对环境空气加热到达实验所需温度,为了保证实验过程中热风枪正常运行,将实验时间缩短为 30 min,选取的实验日测试时间段为 10:25—10:55、11:05—11:35、11:45—12:15、12:25—12:55,并选用入口空气温度为 60 ℃、70 ℃、80 ℃作为实验变量。为了尽可能减小辐射变化量所造成的干扰,选取最具代表性测试时间段数据进行集热装置的集热性能分析。测试不同入口空气温度下太阳辐照度与聚光集热器出口温度,如图 4-43、图 4-44、图 4-45 所示。

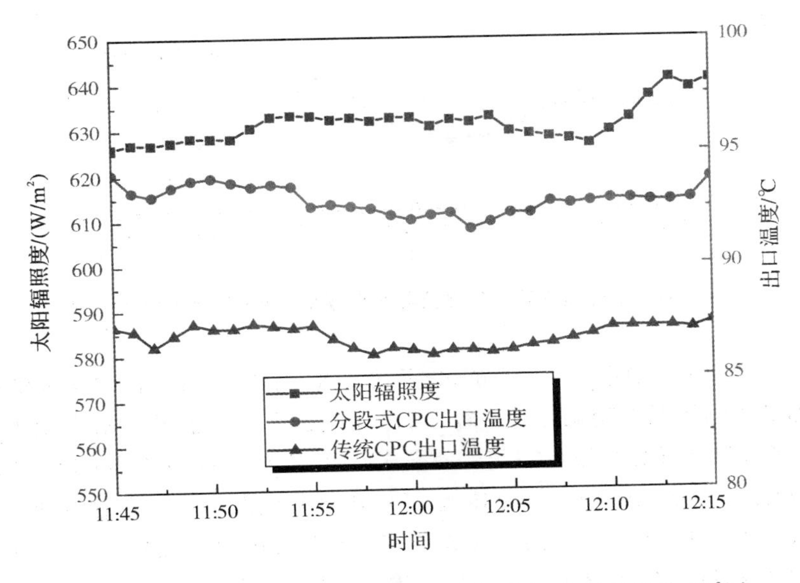

图 4-43　聚光集热器出口温度与太阳辐照度(入口温度为 60 ℃)

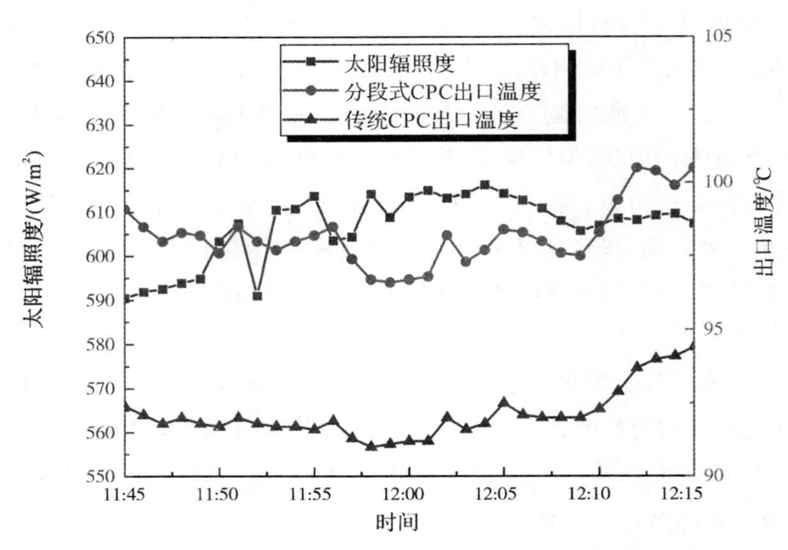

图 4-44 聚光集热器出口温度与太阳辐照度(入口温度为 70 ℃)

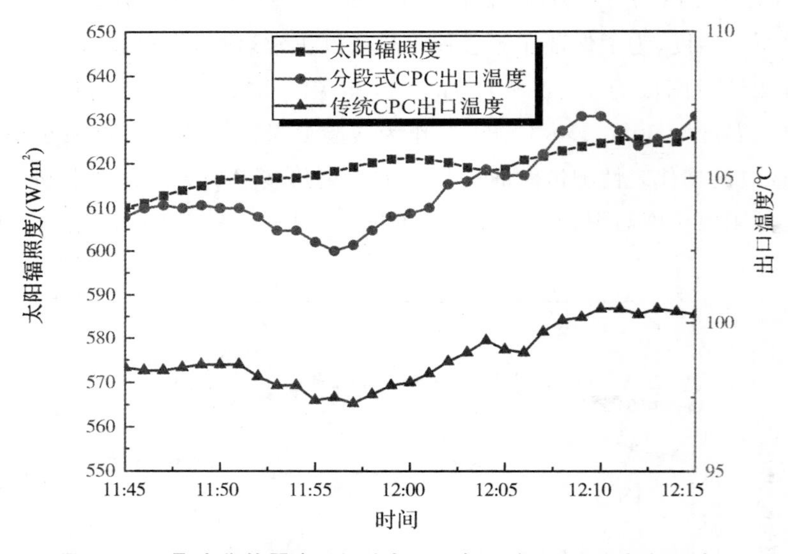

图 4-45 聚光集热器出口温度与太阳辐照度(入口温度为 80 ℃)

由图 4-43、图 4-44、图 4-45 可知,分段式 CPC 与传统 CPC 出口温度随测试时间变化趋势与日测试太阳辐照度变化趋势一致,均匀呈现稳点增长态势。对比图 4-43、图 4-44、图 4-45,当入口空气温度为 60 ℃时,分段式 CPC 出口温度与传统 CPC 出口温度均低于 100 ℃;入口空气温度为 70 ℃时,分段式 CPC 出口温度在 100 ℃左右波动,传统 CPC 出口温度此时低于 100 ℃;入口空气温度为 80 ℃时,传统 CPC 出口温度于 100 ℃左右波动,分段式 CPC 出口温度均高于 100 ℃。综合上述:分段式 CPC 出口温度均高于传统 CPC 出口温度,并且分段式 CPC 出口温度达到中温利用所需初始温度要低于传统 CPC 达到中温利用所需初始温度。其主要原因是分段式 CPC 接收面能流密度较传统 CPC 接收面能流密度分布均匀,导致其传热效果要强于传统 CPC 的传热效果。因此,分段式 CPC 出口空气温度要高于传统 CPC 出口空气温度,并且其达到中温利用初始温度要低。

出口温度只能体现集热器输出热能的品质,没有对集热器的集热性能进行量化,因此进一步分析分段式 CPC 与传统 CPC 进出口温差在不同入口空气温度下随时间变化趋势,如图 4-46、图 4-47、图 4-48 所示。

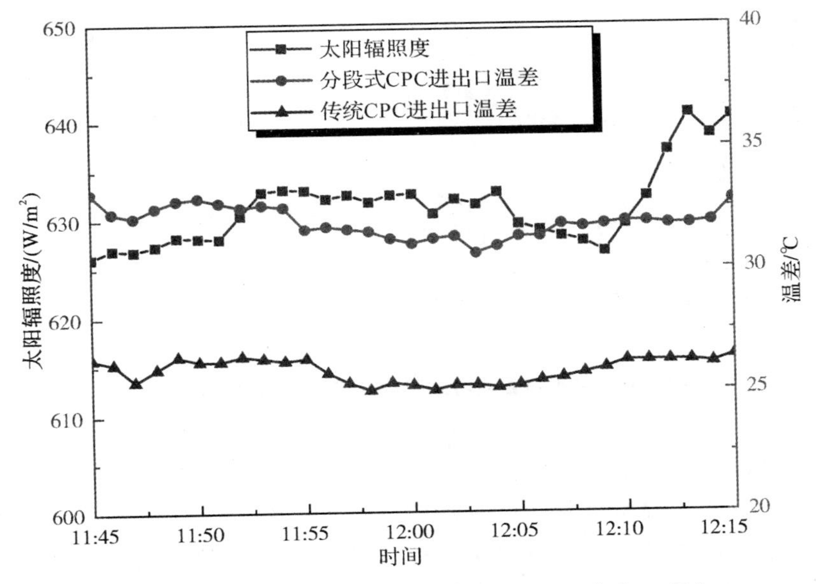

图 4-46　进出口温差与太阳辐照度(入口温度为 60 ℃)

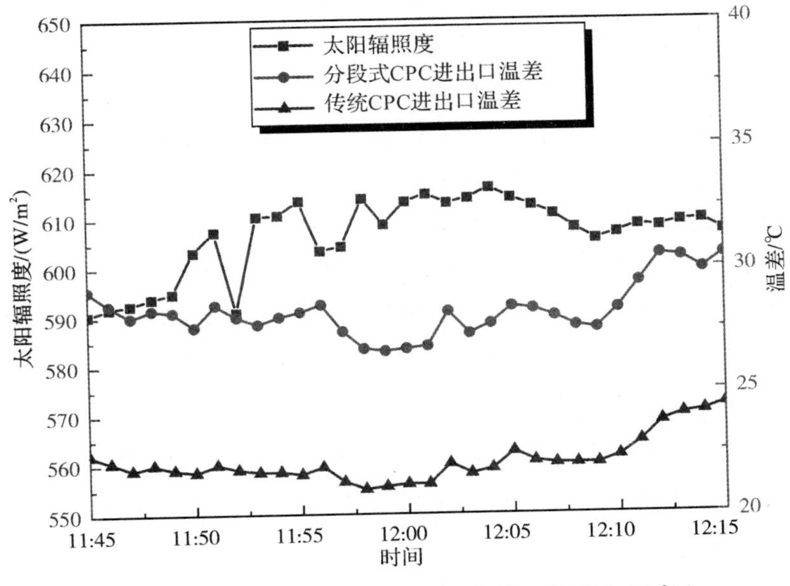

图 4-47　进出口温差与太阳辐照度(入口温度为 70 ℃)

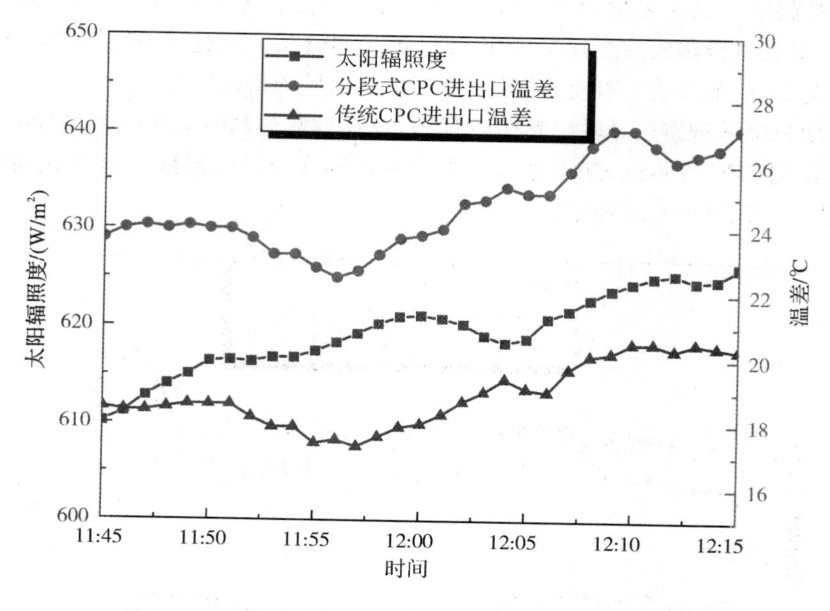

图 4-48　进出口温差与太阳辐照度(入口温度为 80 ℃)

图 4-46、图 4-47、图 4-48 所示为入口空气温度为 60 ℃、70 ℃、80 ℃情况下，分段式 CPC 与传统 CPC 进出口温差与太阳辐照度随时间变化曲线图。由图 4-46、图 4-47、图 4-48 可知：在同一入口空气温度下，分段式 CPC 进出口温差均高于传统 CPC 进出口温差，且两者之间的变化趋势一致。这主要是集热器进出口温差取决于集热器的出口温度与进口温度，其中集热器进口温度保持恒定，并且两台集热器处于同一环境条件下测试，所以两者间出口温度趋势一致，故两者之间温差变化趋势一致。

对比图 4-46、图 4-47、图 4-48 可知，随着集热器入口空气温度的增大，集热器进出口温差均呈现出逐渐减小趋势。在入口空气温度 60 ℃条件下，分段式 CPC 进出口的平均温差为 31.8 ℃，传统 CPC 进出口的平均温差为 25.7 ℃；在入口温度 70 ℃条件下，分段式 CPC 进出口的平均温差为 28.2 ℃，分段式 CPC 进出口的平均温差为 22.1 ℃；在入口温度 80 ℃条件下，分段式 CPC 进出口的平均温差为 24.2 ℃，传统 CPC 进出口的平均温差为 18.2 ℃。其主要原因是，集热器入口空气温度增大后，空气与接收器换热温差降低，并且接收器与环境换热损失增大，从而导致空气的吸热量减小，同时使得空气向环境损失的热量增多，进而使得进出口温差降低。

为了减小不同测试时间段太阳辐照度对测试结果产生的影响，同时验证上述结论，计算入口空气温度对分段式 CPC 与传统 CPC 集热效率的影响，图 4-49 所示为所计算的不同温度下集热器平均集热效率。

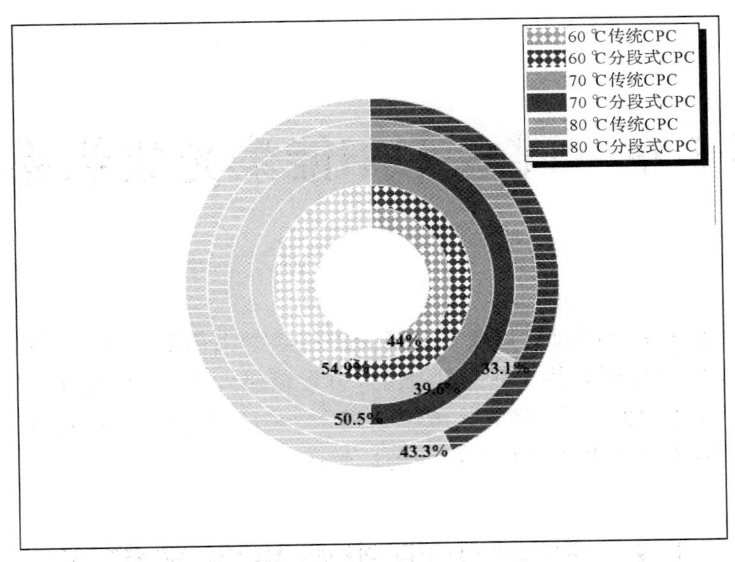

图 4-49 不同温度下集热器平均集热效率

图 4-49 所示为测试 11:45—12:15 时间段内，分段式 CPC 和传统的 CPC 不同入口温度下的平均集热效率，其中红色圆环为分段式 CPC 在不同入口空气温度下的平均集热效率，蓝色圆环为传统 CPC 在不同空气温度下的平均集热效率。由图 4-49 可知，在不同入口空气温度下，分段式 CPC 在不同空气流速下的集热效率大于传统 CPC 的集热效率，其主要原因与分段式 CPC 进出口温差均大于传统 CPC 进出口温差有关。分段式 CPC 与传统 CPC 集热效率随入口空气温度的增加而降低，在入口温度 80 ℃下，分段式 CPC 与传统 CPC 集热效率为 43.3%、33.1%，较入口空气温度 60 ℃与 70 ℃降低了 11.6%、7.2%(分段式 CPC)，10.9%、6.5%(传统 CPC)。造成其中主要原因是，入口空气温度增加，降低空气与接收器表面的换热温差，造成空气获得热能的驱动力减小，空气吸热量降低，从而降低了集热器集热效率；入口空气温度增加，增强空气与环境的温差，造成空气与环境换热损失增加，空气热损量增加，从而降低了集热器的集热效率。

综上理论分析和计算结果得出：①分段式 CPC 在不同入口空气温度下集热性能优于传统 CPC，表明接收面能流密度均匀性的提高对集热器的传热效果可以起到增强作用。②在测试期间的工况下，分段式 CPC 出口温度均高于传统 CPC 出口温度，且分段式 CPC 出口温度达到中温利用所需初始温度要低于传统 CPC 达到中温利用所需初始温度。③分段式 CPC 与传统 CPC 集热效率随入口空气温度的增加而降低。

第 5 章　碟式太阳能聚光集热系统

碟式太阳能聚光系统利用抛物形碟式镜面将接收的太阳能集中在其焦点的接收器上，接收器吸收这部分辐射能并将其转换为热能，为后续热发电或中高温能量利用提供基础。碟式聚光器采用双轴跟踪技术，聚光比可以达到 4 000，运行温度可以达到 900～1 200 ℃，在 3 种太阳能反射式聚光系统中具有最高的热效率。

5.1　碟式太阳能聚光集热概述

碟式太阳能聚光集热是用旋转抛物形碟式反射镜将接收的太阳能汇聚至其焦点的接收器上，接收器吸收这部分辐射能并将其转换为热能用以发电或进行其他应用。其示意图如图 5－1 所示。碟式太阳能聚光集热系统由聚光器、跟踪控制装置、接收器、蓄热系统或发电系统组成。通过聚光器将接收的太阳辐射能聚集到焦点上，在焦点位置放置接收器，接收器的内部有流动的工质来吸收聚集的辐射能，再通过发电系统或蓄热系统对吸收的热量加以利用。碟式聚光技术具有光热转化效率高、可独立运行的优点。碟式聚光技术的实验光热转化效率最高已达 30%，高于其他形式的集热技术，因此具有较高的研究价值。

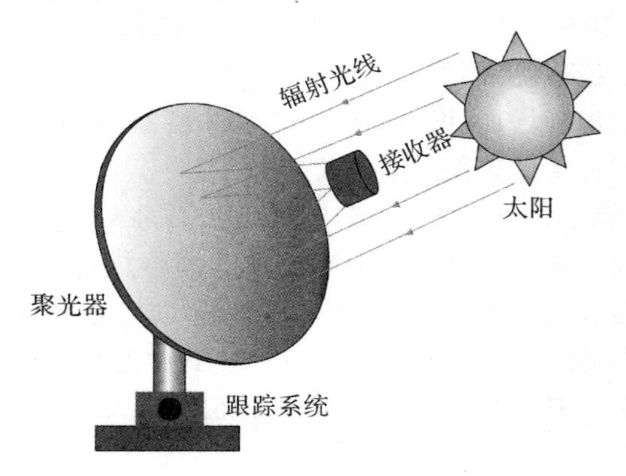

图 5－1　碟式聚光系统示意图

5.1.1　碟式太阳能聚光器

目前研究和应用较多的碟式聚光器主要有玻璃小镜面式、多镜面张膜式、单镜面张膜式等几种形式。玻璃小镜面式聚光器将大量的小型曲面镜逐一拼接起来，固定于旋转抛物面结构的支架上，组成一个大型的旋转抛物面反光镜。美国麦道公司(Mcdon - nell Douglas)开发的碟式聚光器即采用这种结构。该聚光器总面积为 87.7 m^2，由 82 块小的曲面反射镜拼合而成，输出功率为 90 kW，几何聚光比为 2 793，聚光效率可达 88%左右。多镜面张膜式聚光器的聚光单元为圆形张膜旋转抛物面反射镜，将这些圆形反射镜以阵列的形式布置在支架上，并且使其焦点皆落于一点，从而实现高倍聚光。单镜面张膜式聚光器只有一个聚光面，通过液压气动载荷将不锈钢(或铝材)压制成抛物面状(也可用一块一块的扇形抛物面拼接)，然后在镜面上表面黏贴反光能力强的薄膜而制成。

湖南科技大学颜健研究了一种采用相同尺寸正方形的平面镜、抛物镜或球面镜单元分别旋转阵列而成的新型碟式聚光器，如图 5 - 2 所示。将几何参数完全相同的镜面单元绕一个点以相同的半径进行旋转阵列布置，相当于在一个球面基底上合理布置镜面单元，这是不同于以往采用相同镜面单元组成碟式聚光器的镜面布置方法。通过详细研究镜面单元几何参数、旋转阵列参数和聚光器口径等关键参数对其聚光性能的影响，充分展示了该新型聚光器在聚光光热(高聚光比需求)和聚光光伏领域(高能流均匀性需求)的应用价值。

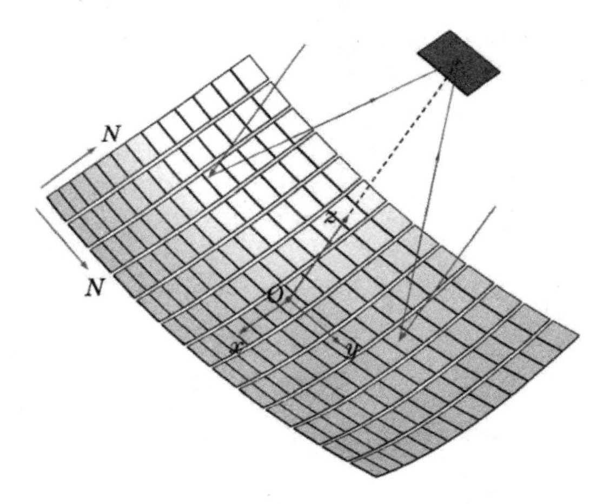

图 5 - 2　由相同镜面单元旋转阵列构成的新型碟式聚光器

5.1.2　碟式太阳能聚光系统接收器

碟式聚光系统接收器的功能是尽可能多地吸收由聚光器反射的太阳辐射能量，并将辐射能以热量的形式传递给工质。由于太阳光线之间并非完全平行，另外，现实中的聚光器也不是完全的理想状态，所以阳光不是汇聚在一点，而是分布在一个很小的区域内。在这个区域内的中心具有最高的能流密度，而从中心到边缘能流密度呈现指数型下降，因此应该对接收的结构和热传递进行优化，尽可能将更多的太阳辐射能转换为热能。碟式聚光集热(热发电)系统接收器按照其结构和工作原理可以分为直接照射式、热管式和容积式三种类型。

1.直接照射式接收器

直接照射式接收器又名腔式接收器或盘管接收器，一般由保温层、管束、吸热面、接收窗口等组成。聚焦后的太阳能能流通过接收窗口照射在吸热面上，吸热面内管束吸收能量后加热其内部传热工质，同时吸热面会反射一部分能流到腔内其他吸热面上。为了加大太阳能辐射吸收量，管束一般被弯曲成圆柱形、球形、半球形、喇叭形、立方体、长方体等。球形、半球形和改进半球形接收器如图 5－3 所示，其接收能流原理如图 5－4 所示。

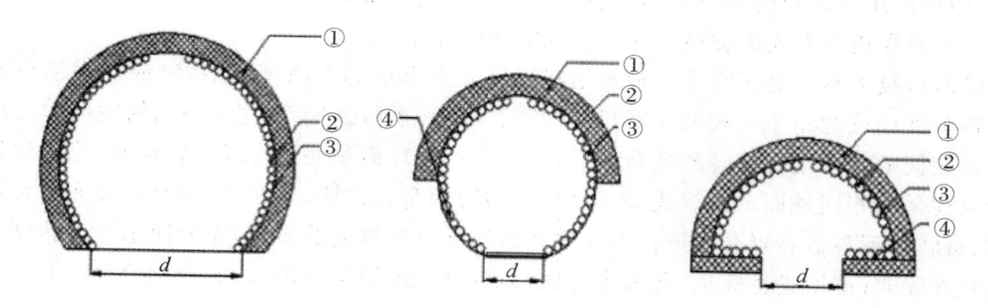

图 5－3　球形、半球形、改进半球形接收器

①—绝热层(Insulation)；②—管束(Tubes)；③④—吸热面(Heated surface)

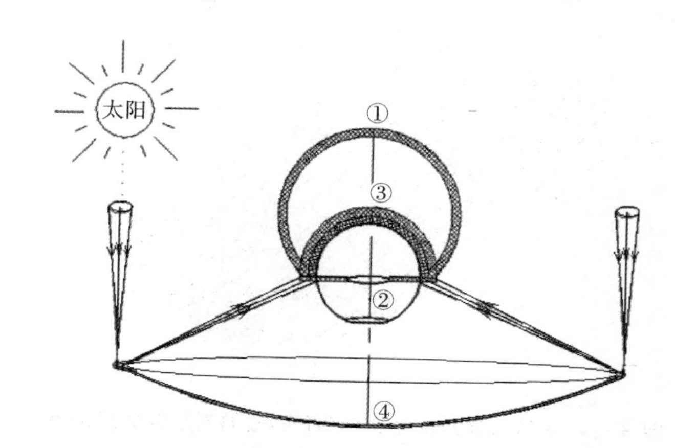

图 5－4　碟式聚光接收器能流接收原理图

①—球形接收器；②—半球形接收器；③—改进半球形接收器；④—碟式聚光器

弯成这些形状的主要目的是尽可能地将聚焦后的太阳能能流均匀分布于各个吸热面上，同时减少各项热损失，增大接收器的转换效率。直接照射传热方式思路明确，设计简单，技术成熟，采用这种传热方式的碟式太阳能热发电系统很多，如美国的 Vanguard& McDonnell Douglas 碟式斯特林系统，德国的 Saudi 热发电系统。

直接照射式接收器未经中间过程，只有一次换热，可以达到很高的接收能流密度。但是，也存在明显的缺点，太阳辐射的不稳定性、跟踪系统的不精确性、聚光器加工精度有偏差以及接收器表面的局部热点等问题都会导致各个吸热面上能流分布不均匀，管束内传热工质出现较大的温度梯度，热点温度可能超过材料的承受极限而引起破坏等。

2.热管式接收器

热管式接收器是一种间接受热式接收器,可以很大程度上减少直接照射式接收器的热点问题,它采用加热表面分布液态金属的热管为接收器,为了让液态金属均匀布置采用了毛细吸液芯结构。其接收面一般设计为拱顶形,不同结构(如不锈钢网状、金属毡等)的吸液芯布置在换热内表面上。分布于吸液芯内的液态金属吸收太阳能量之后产生蒸汽,蒸汽通过热机换热管将热量传递给管内的工作介质,蒸汽冷凝后的冷凝液在重力作用下回流至换热管表面。液态金属始终处于饱和态,使得接收器内的温度始终保持一致,从而使热应力达到最小。研究表明这种热管接收器相对于直接照射式接收器可以将碟式斯特林系统的效率提高约20%。理论而言,热管式吸热器的寿命可能比直接照射式吸热器更长。然而,超细的毛细芯结构在长时间的运行条件下往往容易变质和损坏,需要进一步的技术改进。

3.容积式接收器

容积式接收器一般利用透明石英玻璃封闭接收器的采光口,形成有压封闭空间。石英玻璃具有极低的热膨胀系数,高的耐热性,极好的化学稳定性,优良的紫外光、可见光和近红外光谱透过性能。经过聚光器汇聚后的太阳能能流透过石英玻璃照射到接收器腔内吸热材料上,吸热材料吸收大部分太阳能辐射后温度升高。同时密闭腔内的空气以强制对流方式同吸热材料换热,然后高温空气进入燃气轮机。如果有必要,高温空气进入燃气轮机前还可以在燃烧室和天然气混合,进一步提高温度和压力。因此,容积式接收器通常应用于太阳能-天然气混合发电系统。德国宇航中心机构对容积式接收器开展了研究工作,在与燃气轮机运行条件相似的工况下,对几个容积式接收器进行了示范运行实验。由于石英玻璃将接收器的空腔和外界自然条件进行了隔离,有效地阻止有风或无风条件下腔内空气对外界的对流换热,所以容积式接收器的热损失大大降低。石英玻璃给容积式接收器减少热损失的同时,也阻止了约10%左右的太阳能辐射进入接收器,这是它的最大缺点。

直接照射式接收器结构简单,加工容易,具有良好的热性能和光学特性,受到了广大研究者的关注。本书主要针对直接照射式接收器的传热性能进行评述和研究。

5.1.3 碟式太阳能聚光系统能量传递与转换

碟式聚光器将入射的太阳能直接辐射汇集起来,反射在垂直于主轴线的法平面上,形成光斑,大大增强了太阳能的能流密度。汇聚后的太阳能能流穿过接收器的开口入射到接收器内壁上,并进行能量转换,达到高效利用太阳能的目的。分析能量传递过程,掌握各个环节的转换效率,进而减少能量损失,提高能量利用效果,研究者对聚焦平面的能流密度测量和接收器的各项热损失进行了深入研究。

1.聚焦平面能流密度测量技术

作为接收器的入射能量,聚光器聚焦光斑的能流密度分布情况对接收器的结构、安装位置和转换效率等起到了关键作用,也是整个系统效率分析的重要环节,因此许多研究者对聚焦平面上的能流密度测量开展了研究。

目前，测量方法主要有直接测量和间接测量两种。直接测量方法一般采用能流计或辐射计对聚焦光斑进行离散点测量，其测试结构简单，可直接得到能流数据。白凤武、王志峰等发明了碟式聚光器聚光焦平面上光学聚光比（乘以太阳能直接辐射值就转变为能流密度）分布的测量装置，利用有限的能流传感器，分时段测量有限点处能流密度和当地太阳直射辐照度，获得测量点的光学聚光比，调整能流传感器的位置，得到聚焦平面上多个点的光学聚光比，结合数学插值算法，绘制出聚焦平面上聚光比的分布情况。测量装置以水冷式能流传感器为测试元件，耐火材料板为能流传感器的安装基板，其测量装置和测量系统工作原理如图 5-5 所示。装置采用的能流传感器为水冷方式，水冷套套在热电堆（热阻式能流传感器）的外围，其采集窗口直径（加上水冷套）一般大于 30 mm，因此传感器布置数量受限，采集精度低，造成后续数据处理分辨率差。

Jesus Balestrini 等设计了一套直接测量系统，在焦平面上安装一个移动条，将几个微传感器固定在移动条上，通过移动条的水平运动，完成能流密度分布的测量，在西班牙环境与能源研究中心的太阳能聚光塔上进行了测试分析。使用这种能流计直接测量能流分布，传感器布置数目有限，测量结果分辨率低，并且在高温时会引起传感器的寿命快速衰减，甚至损坏，测量 5～8 次以后要更换传感器。Jesus Ballestrín 对这种 Vatell 公司制造的传感器进行了校准测试，研究表明表面涂层为 Zynolyte 的传感器测量结果要高 3.6%，需要在制造商的标定常数上乘以 0.965 的无量纲因子；表面涂层为石墨的传感器测量结果要高 27.6%，需要在制造商的标定常数上乘以 0.782 的无量纲因子。

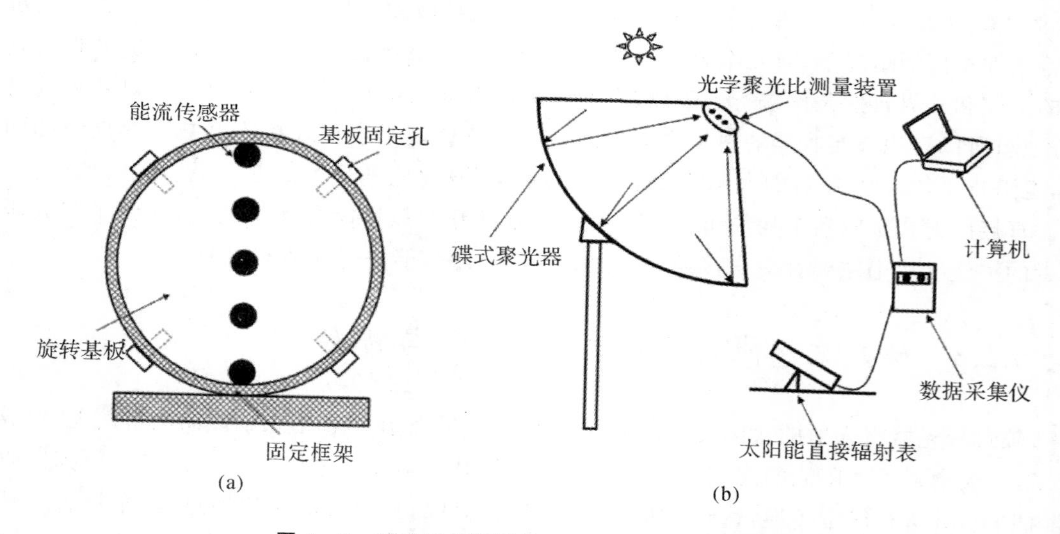

图 5-5 碟式聚光器聚焦平面光学聚光比测量系统

(a)光学聚光比测量装置；(b)聚焦平面光学聚光比测量示意图

间接测量系统由高速相机对放置在聚焦平面上的朗伯靶表面进行拍摄，建立图像灰度值和能流强度之间的对应关系，利用参数反演得到焦平面的能流密度分布，间接测量系统示意图如图 5-6 所示。

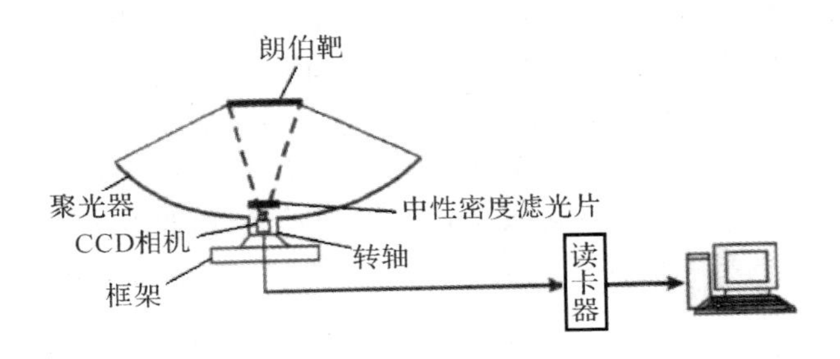

图 5-6　能流密度间接测量系统

Ulmer Steffen 等采用间接测量水冷朗伯靶对 DISTAL Ⅱ系统进行了间接测量，朗伯靶放置在光束路径上，并可以沿聚光器光轴移动，系统最大测量能流密度可达 1 000 kW/m²。后续研究中又利用两个不同类型(有石英玻璃窗口和无石英玻璃窗口)的能流计对测量系统进行了校准和系统误差的排除，研究表明太阳光光谱的不断变化对测量结果造成了 10%左右的影响，加装校正过的高速相机滤光装置后可以将这种影响降低到 2.5%。

德国宇航中心机构采用间接法对其研究的太阳炉焦面能流分布进行了测量，在表面涂有 Al_2O_3 的朗伯靶前放置带透镜和中性密度滤光片的照相机，靶在很短的时间内通过光束，照相机同时拍摄，靶面无需水冷。Jesus Ballestrín 也开展了能流密度分布的间接测量工作，除了上述提到的直接测量系统外，在西班牙环境与能源研究中心太阳能聚光塔上还设计了一套高速相机的间接测量系统，系统以一个水冷式能流传感器的测试值为参考标定了照片灰度值和能流密度之间的关系。间接测量和直接测量同时开展，便于测量结果的对比分析。

在国内，哈尔滨工业大学的刘颖、戴景民等利用 Monte Carlo 和有限元方法对抛物面聚光器的聚焦光斑能流密度进行了数值模拟分析，利用粘贴小平面镜的方法制作了一个口径为 1.2 m、焦距为 0.462 m 的聚光器，基于高速相机和朗伯靶(圆形，直径 0.2 m)的方法对其聚焦光斑能流密度分布进行了测量，研究了测点坐标的标定方法，并对高速相机的非线性和非均匀性进行了校正。测量结果表明，实际焦点位置(光斑直径最小的平面)上的最大能流密度为 270.35 kW/m²，平均值为 22.90 kW/m²。此外，中科院也开展了相关研究工作，并且设计了一个计算机控制的移动朗伯靶，缩短了测试时间，提高了测试精度。

直接测量方法对传感器的精度和耐热性等要求很高；间接测量方法需要朗伯靶、高速相机等，其设备投资较大，同时后期的数据处理难度也大。参考以上研究，结合实验室现有设备，本书创新性地开展了铠装热电偶聚光焦平面能流密度测量的工作，建立了热电偶的传热模型，得到能流与测温头温度之间的数学函数关系，通过此关系反演可得到焦面处能流密度分布情况，并对此开展了实验研究。

2.接收器热损失研究

碟式太阳能接收器有两个主要功能：一是尽可能多地收集并吸收聚光器反射的太阳能流；二是将这部分收集并吸收的太阳能流以高效的转换方式传递给循环工质，以便后续利用。因此，对接收器的热性能进行分析，减少换热过程的热损失，设计最佳的接收器结构就成为研究的重点。

1983年美国科罗拉多州立大学的Harris、Lenz等人对圆柱形、球形、椭圆形、平顶锥形及复合平顶锥形腔体式太阳能接收器的热损失进行了理论分析。其中考虑了聚光系统的镜面反射损失、镜面误差损失、吸热器内部高温热辐射和反射损失、吸热器开口处的对流换热损失及吸热器壁面与保温层的导热损失等6种热损失。结果表明工作温度范围在500～900 ℃之间时，上述接收器的热效率可以达到60%～70%，引起损失最大的因素是聚光器的聚光性能，而设计完美的接收器最多损失12%入射能流，同时接收器的形状对系统总热效率的影响不大。

腔式接收器热损失主要包括腔体通过开口对环境的辐射热损失、反射热损失和对流热损失，以及内腔通过绝热材料（布置在螺旋吸热管路外围）对外界的导热热损失。辐射热损失、反射热损失与腔体内壁温、形状因子、内壁材料辐射/吸收系数等有关，导热热损失主要和内壁温、绝热材料的热性能参数等有关。辐射热损失、反射热损失和导热热损失与接收器腔体倾角无关。对流热损失与腔内空气温度、腔体倾角和外界风速、风向等有关。

立方形和矩形开口接收器的对流热损失从理论分析的角度已经被广泛研究，这些研究假定接收器所有内壁面被均匀加热或者一面被加热其余面热绝缘，这为以后的聚光系统接收器热性能研究打下了基础。除了理论分析或仿真模拟研究外，实验研究也得到了开展。接收器对流热损失的实验研究一般分有能流测试（on - flux）和无能流测试（off - flux）两种。有能流测试在现实环境中开展，接收器被放置在聚光器焦点处，聚光器置于自然条件下或太阳能模拟器下。无能流测试在实验室可控的条件下开展，通过调节接收器进出口水温来控制其腔内壁温度，从而开展相关实验研究，无能流测试系统示意图如图5 - 7所示。

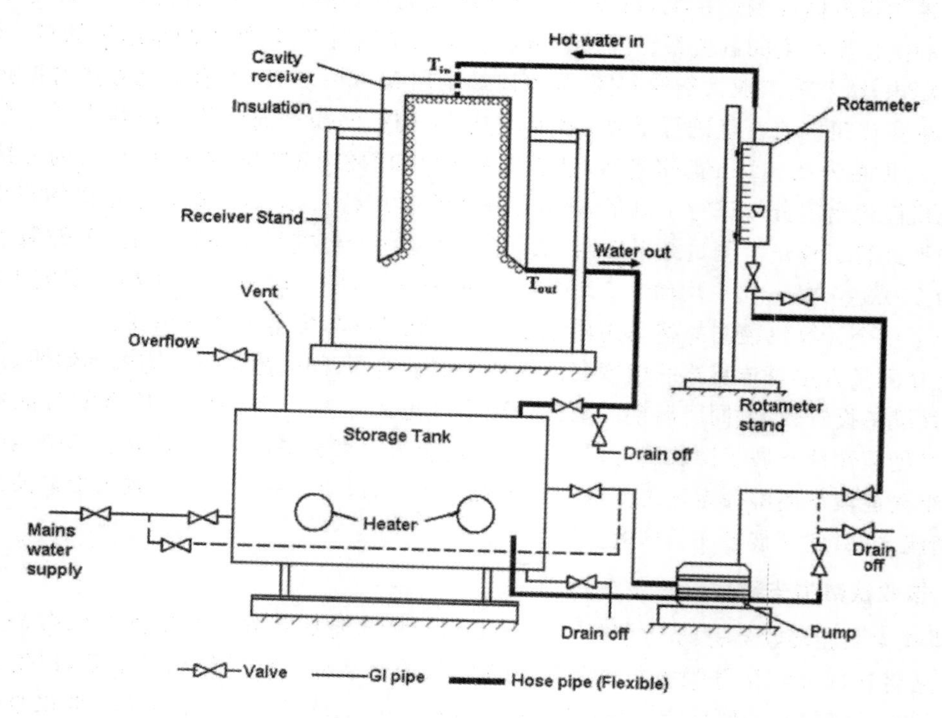

图5 - 7　无能流测试系统示意图

在无能流条件下，澳大利亚国立大学 Taumoefolau、Paitoonsurikarn 等的研究表明，在无风条件下接收器对流热损失随着腔体倾角的增大而减小。印度理工大学 Prakash 等利用水作为工质，研究了进口温度 50～70 ℃（每隔 10 ℃为一个阶段），倾角在 0°、30°、45°、60°和 90°间的对流热损失，并对 Fulent 软件设计的数值模型进行了验证，进而利用软件模型分析了进口温度 50～300 ℃，倾角在 0°、45°和 90°间的对流热损失情况。研究结果表明，腔内空气温度有一个临界值，温度小于临界值的区域为停滞区，反之则为对流区，此临界温度的数值与接收器参数和入口水温有关，不同的接收器在不同的工况下，临界温度值会有所不同。随着倾角的增大，停滞区在加大，而停滞区内空气不参与对流换热过程，同样验证了接收器对流热损失随着腔体倾角的增大而减小。

中国科学院工程热物理研究所的张春平、刘志刚等利用实验和理论分析相结合的方法，对平顶锥形腔式吸热器的反射、辐射、对流以及导热热损失进行了研究。研究表明，随着内壁面温度的增加，腔式吸热器的辐射热损失、对流热损失及导热热损失均增大，从而导致吸热器的热效率不断下降；反射热损失只与内腔表面的吸收率有关，与壁面温度无关。西北工业大学的成珂等对盘式聚光系统上的平顶锥形吸热器进行了热性能实验研究。以水作为工质，根据当地天气情况，按照定流量、变流量等工况测试了接收器进出口水温的变化，计算得到了其吸热功率和热效率。实验数据显示，随着直射辐照度的增加，定流量或变流量状态下接收器的吸热功率均相应增加；而热效率的变化趋势则不同，定流量情况降低，变流量情况则升高。

兰州理工大学的李珍设计并制作了热管型改良腔式接收器，通过建立碟式太阳能聚光集热利用系统，在有能流条件下对其开展了实验研究。分析表明，光热转换效率的最大值通常出现在吸热功率最大值的附近，接收器热效率可达 80.6%，表明此腔式吸热器具有良好的吸热性能，并且太阳直接辐射度是影响碟式太阳能集热吸热系统中吸热器的吸热功率和热效率的重要因素。重庆大学的肖兰、吴双应等用三维数值模拟的方法研究了在有风条件下接收器混合对流损失特性，研究表明，在有风条件下，太阳能接收器混合热损失受风和倾角共同影响，规律复杂。当风向背对采光口时，对流损失受风向变化影响较小；当风向正对采光口时，影响剧烈。

接收器作为碟式聚光系统能量转换和利用的核心装置，对其能量利用过程的研究尤为重要。对接收器的热损失已经开展了大量研究工作，这些研究工作在理论分析时都进行了一定的简化，尤其是接收器的温度场（确切说是入射能流密度分布场），一般认为其均匀分布或高斯分布，这和实际情况有所区别。在实验研究时，研究者均将接收器放置在聚光器实际焦点位置处，期望得到最大的热效益，但实际情况是焦点处的能流分布最集中，是最强能流密度出现的位置，但不见得就是能流强度最大的位置。同时，在此位置接收器内壁会出现较强的局部热点，在引起设备损害的同时，也会造成热力失调，反而影响到换热效果。本书拟在聚焦平面能流密度测量的基础上，开展接收器能量转换利用的数值模拟和实验研究，以实际测量数据为输入，真实反映接收器的工作情况。

5.2 铠装热电偶能流密度测量模型

太阳能碟式聚光器聚焦焦面的能流密度测量方法一般分为直接测量法和间接测量法两种。直接测量法是在聚光系统焦面处的有限离散点位置上安装热流密度传感器，间接热流密度场测量法是采用CCD相机光学成像法对热流密度场进行拍摄测量。

提出基于铠装热电偶热电效应的间接测量法来测量能流密度。当铠装热电偶在聚光器焦面上接收一定能流密度的光线照射时，铠装热电偶会输出相应温度值，入射能流密度和铠装热电偶输出温度间存在着热力学函数关系。建立其传热过程，得到此函数关系，就可以利用铠装热电偶开展焦面能流密度测量。单点测量单点布置，多点测量多点布置，单点测量是多点测量的基础。本节从理论分析、数值模拟和对比实验三个角度对单支铠装热电偶传热模型展开研究。

5.2.1 测量原理

综合考虑热电偶的精确度、灵敏度，以及耐高温、耐氧化等性能，本书选用 WRNK－191 型铠装热电偶。其实物和结构如图 5－8 所示。

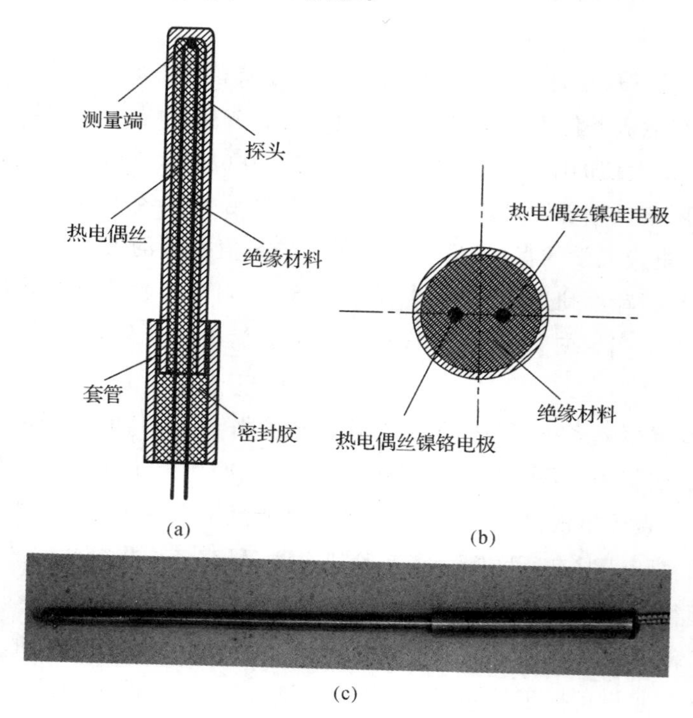

图 5－8 铠装热电偶实物及其结构

(a)结构示意图；(b)探头剖面放大图；(c)实物图

电偶由探头、保护套管、电偶丝、MgO 绝缘材料和密封胶五部分组成。图 5 - 8(a)为铠装热电偶结构示意图，图 5 - 8(b)为探头剖面放大图，图 5 - 8(c)为铠装热电偶实物图。其中，探头材料为 GH3039 耐高温合金钢，电偶丝为镍铬、镍硅材料，保护套管为 304 不锈钢。MgO 粉末保证电偶丝与探头之间绝缘，套管内密封胶为灌封黑胶。测量端是指热电偶丝的热端(镍铬电极与镍硅电极的接点处)，该点温度是铠装热电偶的输出温度。探头处 GH3039 耐高温合金材料具有较强的抗氧化性和耐高温能力，长时间测量可以测到 1 100 ℃，短时间测量可以测到 1 300 ℃。铠装热电偶探头端面直径为 4 mm，采光窗口小，在焦面上可多点布置提高测试分辨率。

单支测量原理如图 5 - 9 所示。热电偶垂直于聚光焦面放置，聚光能流照射在探头端面上，一部分能流被反射到环境中，剩余部分能流被热电偶吸收，传导到其内部和后部。传热的同时，探头和套管表面温度不断升高，会对环境进行对流和辐射散热。吸热和散热达到平衡后，铠装热电偶处于稳态传热过程，测量端输出温度值不再变化，此温度值对应着固定的入射能流密度值。

传热达到稳态时，热电偶能流图如图 5 - 10 所示。建立传热模型，找到温度与入射能流密度间的热力学函数关系，测量中可以用输出温度反演得到热电偶探头端面处的能流密度值。该方法通过测量与能流密度有关系的参数来反演得到能流密度值，也是一种间接测量方法。技术关键在于准确构建铠装热电偶的传热模型，通过计算得到输出温度与入射能流密度间的函数关系。

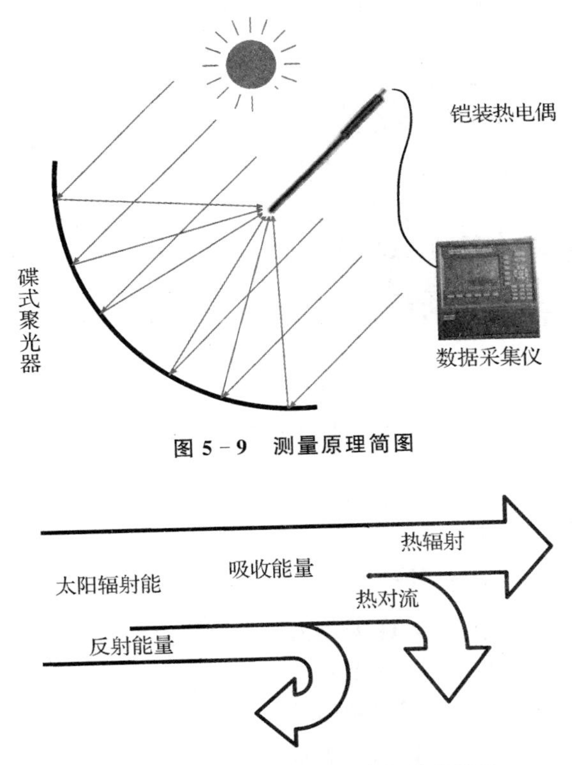

图 5 - 9　测量原理简图

图 5 - 10　稳态时铠装热电偶的能流图

5.2.2 传热模型

从吸收聚光能流到输出温度稳定下来，铠装热电偶传热过程十分复杂。为便于分析，作如下假设：

(1)铠装热电偶垂直于聚光焦面安装。由于聚光器对太阳的实时跟踪，热电偶位置实时变化，这使传热计算变得异常复杂，所以为了方便传热分析计算，假定铠装热电偶时刻处于竖直状态。

(2)各种材料间接触良好，且每种材料各向同性。

(3)各接触热阻影响较小，可以忽略不计，认为接触良好。

照射到铠装热电偶端面处的太阳辐射能 E 为

$$E = IA = \frac{I\pi D^2}{4} \tag{5.1}$$

式中：I 为入射太阳光的能流密度；A 为接收太阳光的铠装热电偶端面面积；D 为铠装热电偶探头的直径。

太阳辐射能一部分被铠装热电偶的表面反射，反射的太阳辐射能 q_{ref} 为

$$q_{\text{ref}} = \beta E \tag{5.2}$$

式中：β 为铠装热电偶表面的反射率。

另一部分被铠装热电偶表面吸收，吸收的太阳辐射能 q_{abs} 为

$$q_{\text{abs}} = \alpha E \tag{5.3}$$

式中：α 为铠装热电偶表面的吸收率。

吸收的太阳辐射能 q_{abs} 作为载荷施加在铠装热电偶的端面上进行热传递，达到传热平衡后，流入铠装热电偶的能量等于流出铠装热电偶的能量(即图 5-10 中的辐射换热和对流换热)。而 q_{abs} 即是该传热问题的一个第二类边界条件。下面对该导热问题进行分析。

该传热问题可以由稳态导热的控制微分方程及附加的边界条件表述，即

$$\frac{\partial}{\partial_x}\left\{\lambda(T,x)\frac{\partial_{T(x)}}{\partial_x}\right\} + \frac{\partial}{\partial_y}\left\{\lambda(T,x)\frac{\partial_{T(x)}}{\partial_y}\right\} + \frac{\partial}{\partial_z}\left\{\lambda(T,x)\frac{\partial_{T(x)}}{\partial_z}\right\} + q_{\text{v}}(x) = 0,\ x \in \partial\Omega \tag{5.4}$$

$$\frac{\partial_{T(x)}}{\partial_n} = q(x),\ x \in \partial\Omega_1 \tag{5.5}$$

$$\frac{\partial_{T(x)}}{\partial_n} = h(x)\ [T(x) - T_{\text{b}}(x)],\ x \in \partial\Omega_2 \tag{5.6}$$

$$\frac{\partial_{T(x)}}{\partial_n} = \varepsilon\sigma A\ [T^4(x) - T_{\text{b}}^4(x)],\ x \in \partial\Omega_2 \tag{5.7}$$

式中：x 为所在区域边界上的点；$\partial\Omega$、$\partial\Omega_1$、$\partial\Omega_2$ 分别指铠装热电偶本体、热电偶施加载荷面、热电偶的外表面；T 为温度场分布函数；λ 为导热系数；q_{v} 为内热源强度；q 为边界 $\partial\Omega_1$ 上给定的热流密度，即铠装热电偶端面上施加的载荷；h 为边界(铠装热电偶的外表面)上的对流换热系数；T_{b} 为边界(铠装热电偶的外表面)上的环境温度；σ 为斯蒂忒藩-玻耳兹曼常量(约为 $5.67\times10^{-8}\,\text{W}/(\text{m}^2\cdot\text{K}^4)$)；$\varepsilon$ 为边界的辐射率；A 为辐射面积。

实际问题中材料热性能、边界条件随温度变化，并且存在辐射传热，可见，该稳态传热为非线性传热。因此，定解方程式(5.4)～式(5.7)采用数值方法(如有限元方法)进行离散求解时，可以转化为求解热平衡矩阵方程：

$$\boldsymbol{K}(\boldsymbol{T})\boldsymbol{T}=\boldsymbol{Q}(\boldsymbol{T}) \tag{5.8}$$

式中：$\boldsymbol{K}$ 为传导矩阵，包括导热系数、对流换热系数和辐射率；$\boldsymbol{T}$ 为节点温度向量；$\boldsymbol{Q}$ 为节点热流密度向量，包括热生成。

5.2.3　参数的确定

1.导热系数的确定

根据所选择铠装热电偶实物特性以及它测量能流密度的原理构建铠装热电偶的传热模型。因电偶丝较细对热量的影响不大，故其传热忽略不计，仅考虑其他材料的导热。MgO 粉末导热系数随粉末的压实程度增大而增大，在此取 17.3 W/(m·℃)。密封胶为灌封导热黑胶，固化后导热系数为 0.6 W/(m·℃)。探头和保护套管材料的导热系数随温度变化较大，其值如表 5－1 所示。

表 5－1　两种材料的导热系数

温度/℃		20	100	200	300	400	500	600	700	800	900
导热系数/W(m·℃)$^{-1}$	GH3039 高温合金	12.9	13.8	15.5	17.2	18.8	20.5	21.8	23.4	25.1	26.8
	304 不锈钢	11.7	12.6	13.6	14.5	15.5	16.5	17.6	18.9	20.4	21.1

2.对流换热系数的确定

不同壁温、环境温度和空气流速条件下的对流换热系数由下式确定：

$$h=\frac{\mathrm{Nu}\lambda}{l} \tag{5.9}$$

式中：h 为对流换热系数；λ 为已知条件下流体(空气)的导热系数；Nu 为努塞尔数；l 为特征长度，这里指铠装热电偶的直径 D。

实际中对流换热的影响往往较为复杂，现将单支铠装热电偶的传热分析中对流换热情况分为以下几种：

当 $Gr/Re^2\leqslant 0.01$ 时，自然对流的影响相对于强制对流可以忽略不计。此时，铠装热电偶竖壁面实验关联式的形式为

$$\mathrm{Nu}=C_1\,Re^l\,Pr^{1/3} \tag{5.10}$$

实验关联式的形式为

$$\mathrm{Nu}=0.664\,Re^{1/2}\,Pr^{1/3} \tag{5.11}$$

当 $Gr/Re^2\geqslant 10$ 时，强制对流的影响相对于自然对流可以忽略不计。铠装热电偶竖壁面实验关联式的形式为

$$\mathrm{Nu} = C_2 (Gr^* Pr)^m \tag{5.12}$$

实验关联式的形式为

$$\mathrm{Nu} = C_3 (Gr^* Pr)^n \tag{5.13}$$

当 $0.01 \leqslant Gr/Re^2 \leqslant 10$ 时为混合对流，采用下式进行估算：

$$\mathrm{Nu}_M^o = \mathrm{Nu}_F^o \pm \mathrm{Nu}_N^o \tag{5.14}$$

式(5.10)～式(5.14)中：Gr^* 为格拉晓夫数与努塞尔数之积；Nu_M为混合对流关联式计算的努塞尔数；Nu_F为强制对流关联式计算的努塞尔数；Nu_N为自然对流关联式计算的努塞尔数；C_1、C_2、C_3、l、m、n、o 分别为实验确定的常数。

各关联式的定性温度为 $t_m = (t_w + t_\infty)/2$，其中 t_w为壁温，t_∞为环境温度。特征长度为铠装热电偶外径 D。

空气的各项参数取标准大气压下干空气的参数值，空气流速取 2.6 m/s，按上述方式计算铠装热电偶各部分的对流换热系数，计算结果如表 5－2 所示。由表 5－2 中数据可以看出：在研究范围内定性温度对对流换热系数的影响较小，为便于计算仿真中可以取其均值。

表 5－2　铠装热电偶各部分的对流换热系数计算结果

铠装热电偶各部分	不同温度下的对流换热系数/W·(m²·℃)⁻¹											
	20 ℃	50 ℃	70 ℃	100 ℃	200 ℃	300 ℃	400 ℃	500 ℃	600 ℃	700 ℃	800 ℃	900 ℃
探头水平面	50.23	50.15	49.58	49.87	49.55	49.11	48.77	48.12	47.47	47.08	46.76	46.41
探头竖直面	82.74	83.12	82.46	83.36	83.98	84.16	84.35	83.87	83.30	83.11	83.00	82.76
套管水平面	41.01	40.95	40.48	40.72	40.46	40.09	39.82	39.29	38.76	38.44	38.18	37.90
套管竖直面	66.63	66.93	66.40	67.13	67.63	67.77	67.93	67.54	67.08	66.93	66.84	66.65

3.发射率的确定

由基尔霍夫定律可知，物体的吸收率 α 与发射率 ε 相等。因铠装热电偶表面的材料透过率为 0，故其反射率 $\beta = 1 - \alpha = 1 - \varepsilon$ 。

铠装热电偶表面的材料分为两部分，探头表面的材料为 GH3039 高温合金，套管表面材料为 304 不锈钢。物体表面的发射率取决于物质种类、表面温度和表面情况。铠装热电偶的表面统一经过抛光处理，其探头和套管表面的反射率随温度的变化如表 5－3 所示。

构建完铠装热电偶的传热模型以后，用 ANSYS 软件对其进行分析。将以上所确定的参数导入其中，施加载荷，进行铠装热电偶的传热分析。

表 5－3　铠装热电偶表面的发射率

温度/℃		100	200	300	400	500	600	700	800	900
发射率	探头表面	0.17	0.17	0.18	0.18	0.19	0.27	0.51	0.52	0.53
	套管表面	0.16	0.16	0.18	0.26	0.45	0.66	0.72	0.75	0.76

5.2.4　仿真分析

统计得到当地年平均风速为 2.6 m/s，平均气温为 22 ℃。以此为环境参数来确定铠装热电偶各个部位的对流换热系数，通过计算分析可知，对流换热系数随定性温度的影响并不大。因此，取探头顶部的对流换热系数为 48.85 W/(m^2 · ℃)，探头竖直面的对流换热系数为 83.41 W/(m^2 · ℃)，套管竖直面的对流换热系数为 67.17 W/(m^2 · ℃)，套管上下表面的对流换热系数为 39.88 W/(m^2 · ℃)。

取入射能流密度的范围从 0 到 800 kW/m^2，将导热系数、对流换热系数和发射率等参数作为边界条件导入到软件中，计算铠装热电偶测温点的温度。得到铠装热电偶输出温度与入射能流密度间的函数关系如图 5 - 11 所示。

图 5 - 11 中的入射能流密度与铠装热电偶测温之间的函数关系是一条递增的曲线。当入射能流密度为 0 时，铠装热电偶的输出温度为环境温度 22 ℃。随着能流密度增大，铠装热电偶输出温度随之增大，当能流密度达到 800 kW/m^2时，输出温度达到 683.76 ℃。观察图中曲线还可以发现，曲线斜率随能流密度的增大而减小。这是由于对流散热与温度呈正比，辐射散热与温度的四次方呈正比，随入射能流密度的增大，热电偶温度升高，辐射散热较对流散热增加更明显，热电偶温升趋缓。

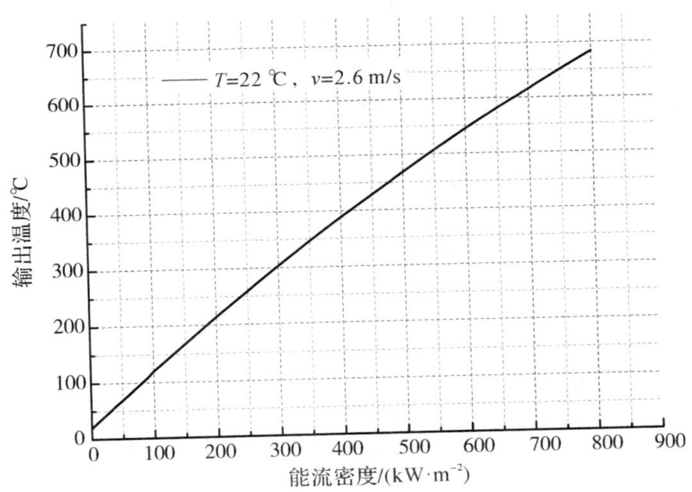

图 5 - 11　铠装热电偶输出温度与入射能流密度间的热力学关系

通过回归分析可以得到，环境风速为 2.6 m/s、环境温度为 22 ℃时铠装热电偶入射能流和输出温度间的函数关系方程式为

$$E = 4.53 \times 10^{-10} T^4 + 1.07T - 24.71 \quad (R^2 = 0.999\ 88) \tag{5.15}$$

式中：E 为入射能流密度；T 为铠装热电偶输出温度；R 为相关系数。

铠装热电偶受聚光的太阳能流照射会迅速升至几百摄氏度高温，外部环境参数的变化会对结果带来一定的影响。其中，环境风速和环境温度是影响函数关系式的主要因素。

环境风速主要影响铠装热电偶的对流换热量。在环境温度 $T=20$ ℃的条件下，设定风速分别为 1.4 m/s、2.0 m/s、2.6 m/s、3.2 m/s、3.8 m/s、4.4 m/s，计算铠装热电偶各个部位的对流换热系数，并导入软件进行传热计算，得到不同风速所对应的热电偶输出温度与入射能流密度间的函数关系，如图 5－12 所示。

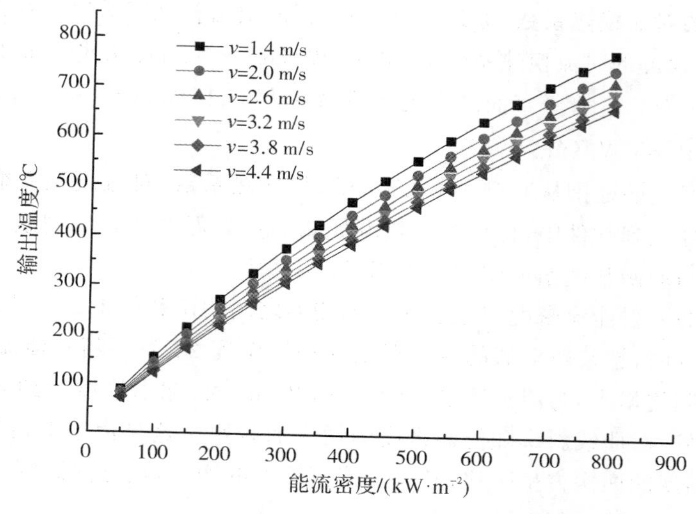

图 5－12　环境风速对函数关系曲线的影响

从图 5－12 可以看出，环境风速对铠装热电偶传热模型有一定的影响，随着风速的增加，铠装热电偶各部位对流换热系数不断增加。在相同的外表面温度下，其散热量是增加的，进而造成热电偶输出温度随入射能流密度的加大增加变缓。相同能流密度不同风速下铠装热电偶的输出温度存在差异，随着能流密度的增加差距愈发明显，当入射能流密度为 800 kW/m^{2}时，在 1.4 m/s 风速和 4.4 m/s 风速下对应的铠装热电偶输出温度分别为 775.66 ℃和 664.53 ℃，两者相差高达 111.13 ℃。一般聚光后的能流密度较大，风速对其影响较大，因此实验测量时应避免风速变化过大。

由各传热方程可知，环境温度对导热、对流和辐射都有影响。在环境风速 $v=2.6$ m/s 的条件下，分别取传热过程的环境温度为－20 ℃、－10 ℃、0 ℃、10 ℃、20 ℃、30 ℃进行传热分析。通过计算可以得到不同环境温度所对应的铠装热电偶输出温度与入射能流间的函数关系如图 5－13 所示。

观察图 5－13 中曲线可以看出，环境温度越高，铠装热电偶输出温度与入射能流间的函数关系曲线越平缓。随着能流密度的增大曲线逐渐靠拢，环境温度对关系式的影响逐渐减小。当入射能流密度为 800 kW/m^2、环境温度为－20 ℃和 30 ℃时，铠装热电偶输出温度分别为 656.32 ℃和 688.9 ℃，两者相差为 32.58 ℃。而一般测量过程中环境温度的变化不大，届时铠装热电偶的输出温度差更小。

通过仿真不同参数下铠装热电偶入射能流与输出温度间的函数关系式，可以看出环境风速和环境温度对其有一定影响。在实际测量应用中，环境温度一般变化不大，对关系式影响较小。而环境风速则有较大的不稳定性，尤其对于一些多风地区，环境风速变化过大会给

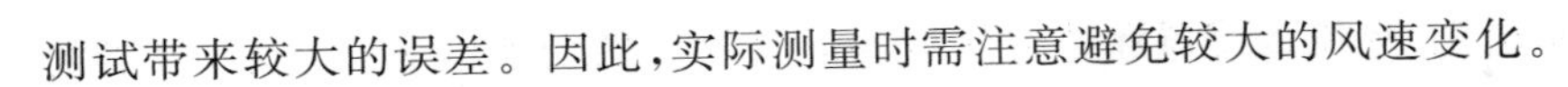

测试带来较大的误差。因此，实际测量时需注意避免较大的风速变化。

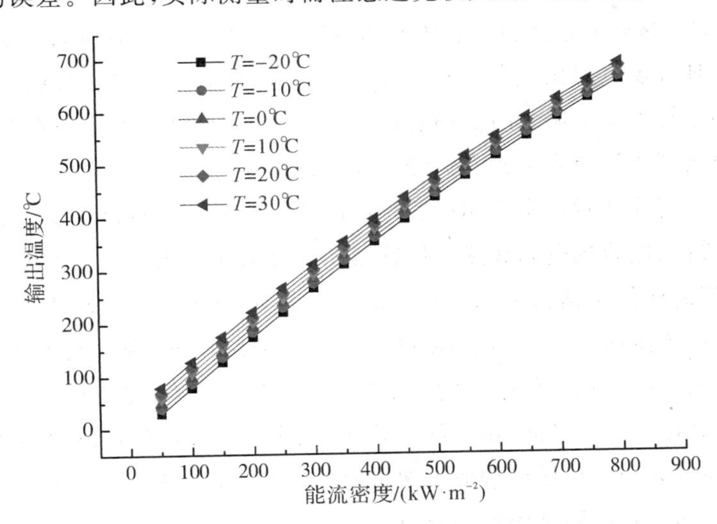

图 5-13　环境温度对函数关系曲线的影响

5.2.5　验证实验

验证实验思路为：将两块同样规格的菲涅尔透镜固定于实验台架同一平面上，分别将热流传感器和铠装热电偶固定在两块菲涅尔透镜的焦点处，这时热流传感器和铠装热电偶测量面上接收同样能流密度的太阳辐射，热流传感器和铠装热电偶的输出与数据记录仪相连以记录实验结果，据此可以得到铠装热电偶入射能流与输出温度间的函数关系。验证实验的系统的示意图如图 5-14 所示。

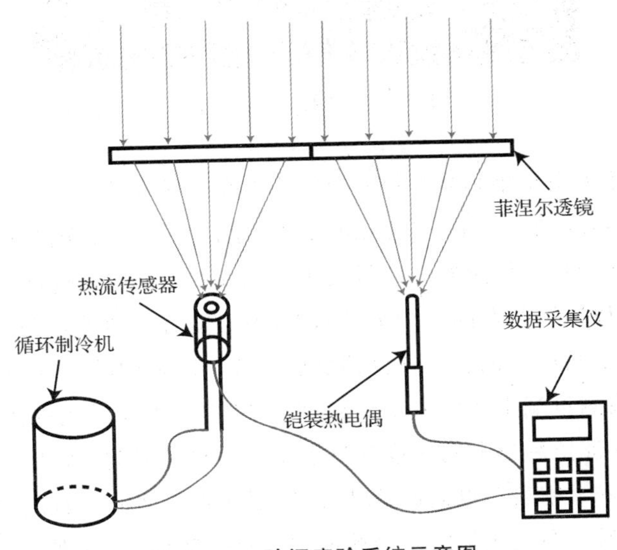

图 5-14　验证实验系统示意图

实验时，将菲涅尔透镜、热流传感器和铠装热电偶通过加工的台架组装在一起，台架置于自动跟踪平台上，热流传感器和铠装热电偶可以在台架上三维移动以便调节位置。实验中的环境风速和环境温度等由气象数据采集系统实时监测。菲涅尔透镜 900 倍的聚光倍数确保了测量范围足够大的上限，在保证热流传感器和铠装热电偶连接杆水平的条件下，可以通过上下微调连接杆来调节入射到它们测量面上的能流。

加工制作了一套验证对比实验测试装置如图 5－15 所示。对比实验测试装置由固定支架、菲涅尔聚光透镜、铠装热电偶和热流传感器四部分组成。固定支架由普通型万能角钢组合而成，整个支架的构件包括：4 根长 300 mm 立柱、4 根长 205 mm 短梁、6 根长 355 mm 横梁以及 1 根热流传感器固定梁。其中，横梁中有一根为调节梁，安装在支架的底部，用于固定和调节铠装热电偶以及热流传感器的固定梁；一根为对比梁，安装在支架的背面，与菲涅尔聚光透镜的焦面在一个水平面，用于固定系统，也作为调节铠装热电偶和热流传感器的标尺；4 根立柱、4 根短梁和 4 根横梁构成支架系统的外框架，外框架的上部主要作用是固定菲涅尔聚光透镜，底部主要作用是固定和调节。

图 5－15　测量装置实物图

菲涅尔聚光透镜为山东宇影光学仪器公司生产的太阳能菲涅尔透镜，透镜为亚克力材质，大小为边长 150 mm 的正方形，厚 2 mm，焦距为 182 mm，聚光倍率为 900 左右，形成的焦斑满足铠装热电偶和热流传感器的测量要求。系统中，将两块相同的透镜安装并固定在支架的顶部，此时两块透镜处在同一个水平面上，不会随着支架的移动或其他环境因素的影响而改变位置，保证了两块透镜能在各自的焦点位置形成相同的焦斑。

铠装热电偶探头测量端半径仅为 2 mm，菲涅尔聚光透镜形成的焦斑与之相对面积也很小。实验时若要保证铠装热电偶测量端与透镜焦斑对应良好，就需要将铠装热电偶进行微调。因此，制作了一个铠装热电偶调节装置，在尼龙板径面的左右侧分别开槽打孔，其中，槽开到 1/2 处，孔打通。在尼龙板的两个侧面用攻丝打螺纹孔，分别与径面上开的槽和孔贯通。将槽和调节梁用螺丝连接并顶紧固定，用同样的方法固定孔和铠装热电偶。尼龙板可以沿着槽左右移动，铠装热电偶可以沿着孔上下移动，而调节梁可以前后调节，这样保证了铠装热电偶空间任意位置的移动，确保其测量端与菲涅尔聚光透镜焦斑相对应。

图5-16(a)为热流传感器及其冷却设备。热流传感器为美国MEDTHERM(迈牧)公司生产的Gardon 64系列圆箔式热流传感器。传感器采用焊接接头、铜丝编织屏蔽绞线、Teflon绝缘材料以及应力释放，确保信号完整。传感器的输出为线性输出，可以测量总热流和辐射热流。冷却设备为北京同洲维普科技公司生产的AK16型号冷却液循环机(制冷机)。恒温冷却液循环机以水为传热介质将待冷却设备产生的热量传递出来，通过制冷系统将热量散发到外界，以保证设备在正常的温度范围内工作。图5-16(b)为热流传感器的结构测量原理，热辐射投射到康铜箔使其温度升高，热量沿康铜箔径向传播至铜热沉体，再传递到外界环境中。传热平衡后，康铜箔中心温度 T_o 将会高于边界温度 T_s，此温差转换为电压信号。建立电压信号与康铜箔表面接收到辐射通量的函数关系且进行标定，即可进行热流测量。

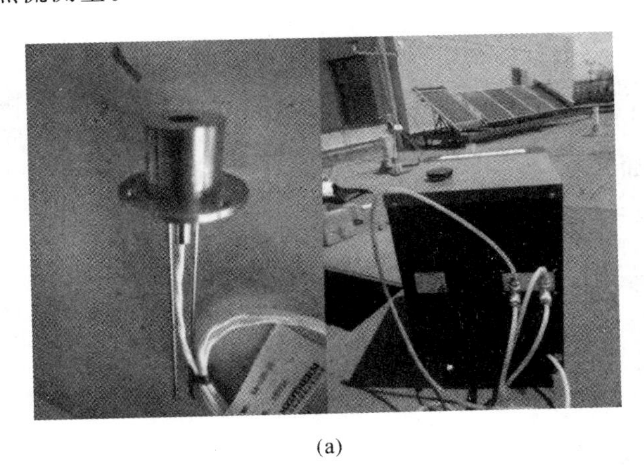

(a)

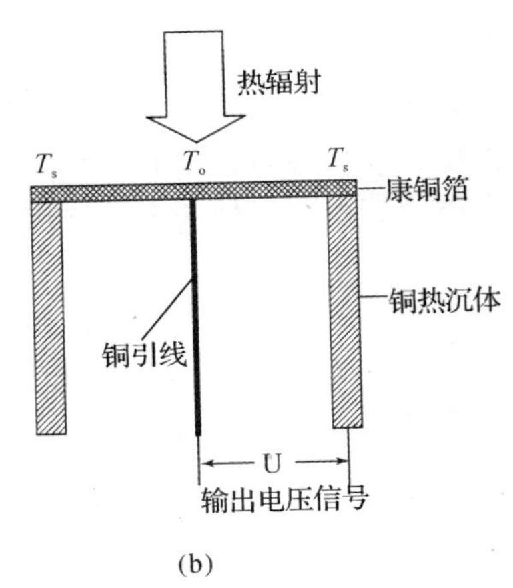

(b)

图5-16　圆箔式热流传感器

(a)热流传感器及冷却设备；(b)热流传感器测量原理

实验系统如图5-17所示。将实验装置用卡套固定在全自动太阳能跟踪平台上，铠装热电偶和热流传感器的输出与数据记录仪的通道连接，铠装热电偶对应的通道类型设置成K型、单位为℃、量程为0～1 200 ℃，热流传感器对应的通道类型设置成T型、单位为mV、量程为0～20 mV。将制冷机与热流传感器连接好，并启动。掀开盖在菲涅尔聚光透镜上的遮挡即可展开测量，必要的时候可以对铠装热电偶和热流传感器进行调节。

选择晴朗天气，经前期调试后开展实验，测得实验条件下不同能流密度的太阳辐照所对应的铠装热电偶输出温度。从仿真结果中可知环境风速的变化对铠装热电偶输出温度和入射能流间的函数关系影响很大，因此筛选实验数据时应考虑环境风速的变化。选取环境风速2.8 m/s(浮动10%以内)的实验数据进行分析。

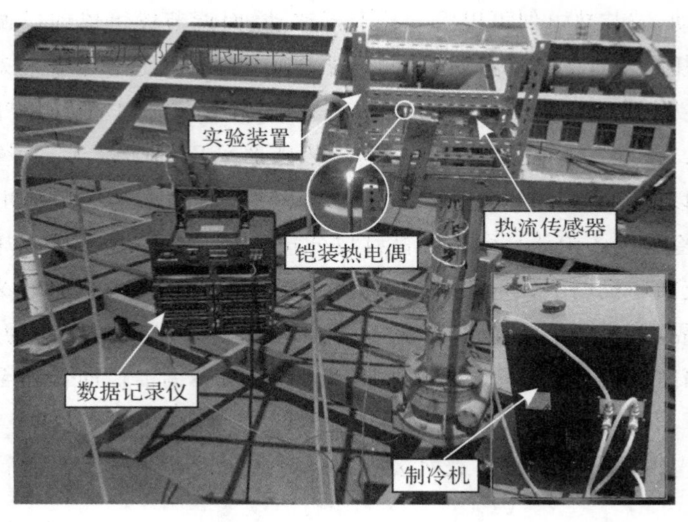

图 5-17　测试系统图

将热流传感器输出的电压值转换为能流密度，将其作为横坐标，同时刻铠装热电偶的输出温度为纵坐标，可得到铠装热电偶输出温度与入射能流间的关系曲线。将所得曲线与同参数下计算所得函数关系曲线作对比，如图 5-18 所示。

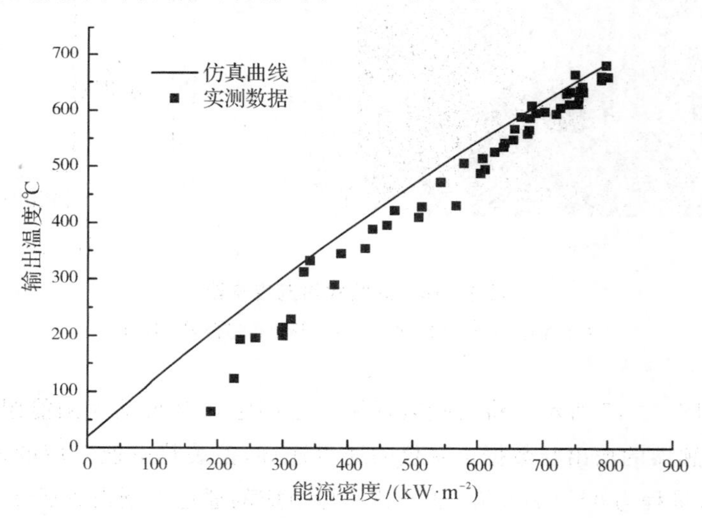

图 5-18　仿真曲线与实验数据对比

图 5-18 所示仿真曲线比较光滑，而实验中的数据有较大的跳跃性，这是由实验中环境因素不稳定造成的，主要是环境风速的些许变化带来的影响。由于菲镜聚光倍数较高，能流密度较小时系统的跟踪误差、实验设备自身的误差以及测量过程的误差相对较大，所以，实测数据与计算曲线偏差较明显。入射能流密度在 400 kW/m^2 至 750 kW/m^2 之间，实验相对误差在 10%以内。入射能流密度大于 750 kW/m^2 时，实验相对误差为 5%左右。

铠装热电偶的测量端受到菲涅尔聚光透镜的聚光照射后升温，一部分热量散失，一部分热量沿着铠装热电偶传递,因此会在铠装热电偶的表面产生温度梯度。实验时,每隔 30 min 用红外热像仪测量铠装热电偶的表面温度,在 SmartView 软件里分析测量所得的图像。利用 SmartView 软件通过标尺导出沿着铠装热电偶径向分布的温度数据,并与数值计算中相同入射能流密度下铠装热电偶的表面温度分布对比。分别对比能流密度为 800 kW/m²、600 kW/m²、400 kW/m²、200 kW/m² 时热像仪实测数据和数值计算数据,如图 5-19 所示。

从图 5-19 中可以看出,当入射能流密度为 800 kW/m²、600 kW/m²、400 kW/m² 和 200 kW/m² 时,仿真和实测的铠装热电偶径向温度分布有着相近的分布规律。在离测量端 0～0.01 m 的范围内,实测曲线的下降比计算曲线稍明显;在离测量面 0.01～0.05 m 的范围内,计算值比实测值下降得更快;在离测量端 0.05～0.12 m 的范围内,计算曲线和实测曲线都趋于平稳,温度变化很小。

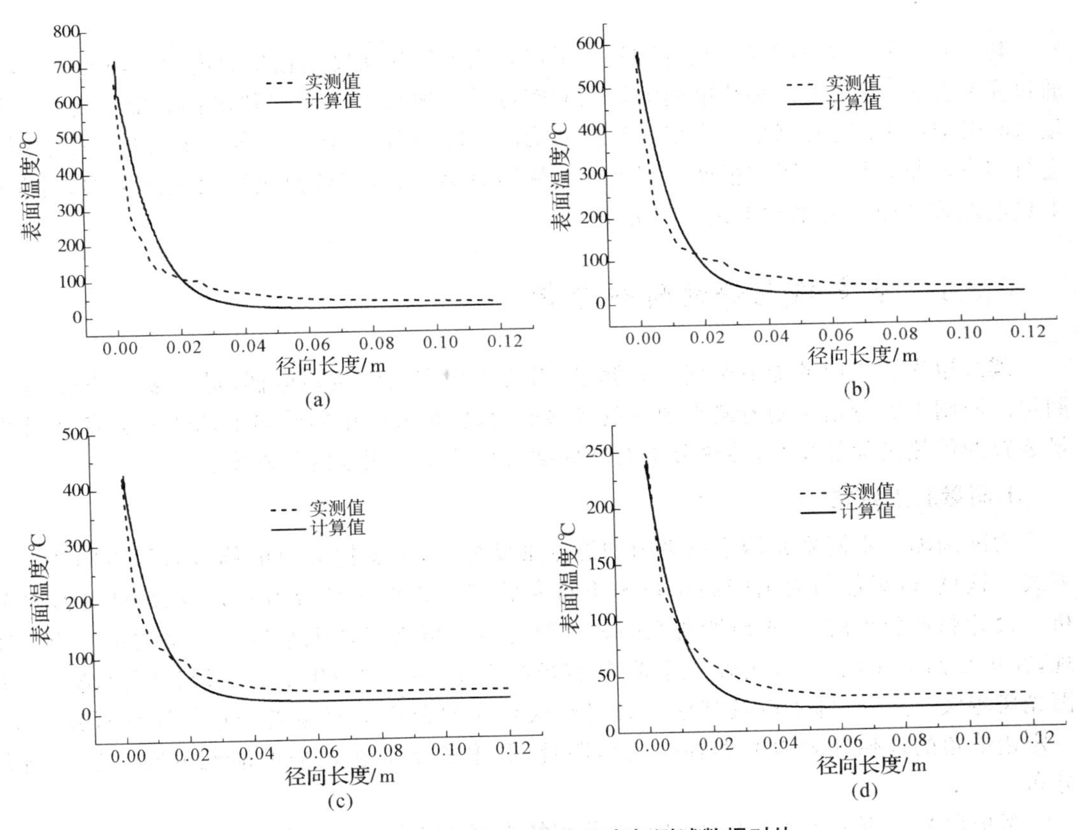

图 5-19 热电偶表面温度的仿真与测试数据对比

(a)E=800 kW/m²;(b)E=600 kW/m²;(c)E=400 kW/m²;(d)E=200 kW/m²

观察图 5-19 测量得到的热电偶表面温度分布曲线可以看出,在 0～0.02 m 的测试端范围内热电偶温度变化明显,温度梯度极大,测试端的温度梯度变化影响了热电偶的输出特性,对其输出温度起决定性作用。随着能流密度的增加温度梯度不断加大。能流密度为

200 kW/m^{2}时温度梯度为 9.4×10^3 K/m，400 kW/m^{2}时为 1.6×10^4 K/m，600 kW/m^{2}时为 2.2×10^4 K/m，800 kW/m^{2}时为 2.7×10^4 K/m。在 0.02～0.12 m 的套管范围内热电偶温度变化不大，温度梯度趋近于零，并且不随能流密度的变化而变化。因此，热电偶测试端套管对热电偶输出特性的影响很小。能流密度增加时，测试端温度梯度变大，而套管的温度梯度趋近于零，因此热电偶温度输出受外界的影响随着能流密度增加而逐渐削弱，这也验证了图 5-18 的结果。

基于热电效应测量能流密度的方法，成本较低、布置方式较灵活。但是，该测量方法受环境因素的变化影响较大，因此采用该方法测量时，尽量选取风速、温度等参数变化不大时的天气或环境。

5.3 碟式聚光器焦面能流密度分布的测量

建立单支铠装热电偶的传热模型，分析得到入射能流密度与输出温度间的函数关系，并通过实验验证，证明了铠装热电偶测量能流密度的方案可行。单支热电偶只能进行单点测量，而实际应用中需要测量某个聚焦焦面的能流密度分布，应该采用多支热电偶在焦平面上进行多点测量，以提高测试精度。多支热电偶同时测量时，其传热过程会相互影响，需在单支热电偶传热模型的基础上进一步分析。

5.3.1 多支热电偶的传热分析

碟式聚光器焦面的能流密度分布测量，需要采用多支铠装热电偶，进行多点分布，多点测量。原则上测量精度随着测点数量的增多而提高，但实际中铠装热电偶数量越多，整个测量装置的传热过程越复杂，传热分析的准确度直接关系着测量的精确度。

1.测量装置结构

为准确测量不同聚光器聚焦平面的能流密度分布，多支铠装热电偶应采用不同的布置方式。这里，以风能与太阳能利用技术重点实验室碟式聚光平台为研究对象，展开测量分析。设计测量装置前，首先对所研究的碟式聚光器的聚光光斑大小进行粗略测量。测量发现，在焦平面上光斑最小，光斑接近圆形，直径约为 90 mm。与焦平面平行且距离越远的平面光斑越大。Jeter、帅永以及其他学者对碟式聚光器聚焦平面能流分布的计算研究表明，一定边缘角的理想碟式聚光器在一定焦距处，其聚焦平面在轴向的能流分布呈近似高斯分布。

考虑聚光光斑大小和焦面轴向能流分布特点两方面因素，设计测量装置中多支铠装热电偶的分布。铠装热电偶布置如图 5-20 所示，21 支热电偶采用环形分布布置方法。其中，中心点为 1 号铠装热电偶，第 1 圈为 2～9 号，第 2 圈为 10～17 号，第 3 圈为 18～21 号。每圈间隔 15 mm，第 1、2 圈分别布置 8 支热电偶，每支热电偶的角度间隔为 45°，第 3 圈布置 4 支热电偶，每支热电偶的角度间隔为 90°。

测量装置如图 5-21 所示，前后两个铁质圆盘用以固定 21 支铠装热电偶。在前盘前部设计一层石棉板，铠装热电偶的测量面与石棉板的外表面齐平。石棉板可以有效地避免聚光光线照射到铁质前盘和铠装热电偶侧面，影响测量结果。

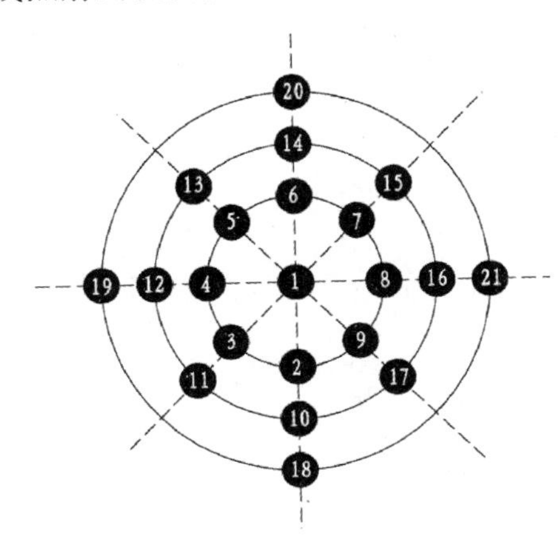

图 5-20　热电偶布点示意图

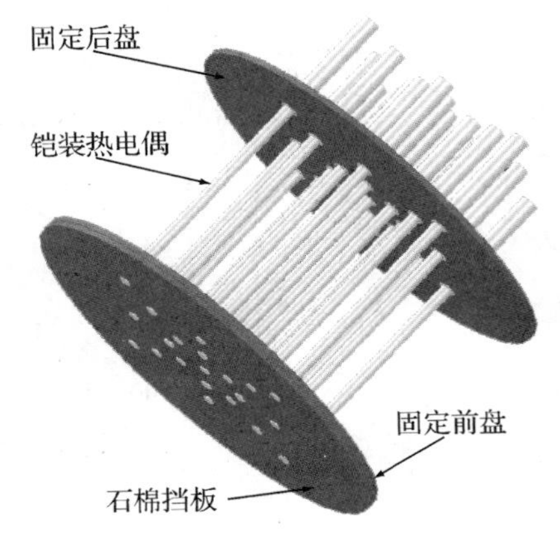

图 5-21　热电偶测量装置模型

2.仿真分析

分别对四种铠装热电偶进行仿真分析。第一步，在 ANSYS Workbench 中建立四个热分析文件，将 1 号、2 号、10 号、18 号铠装热电偶传热模型导入其中；第二步，定义材料属性，与单支铠装热电偶相同；第三步，定义边界条件；第四步，施加载荷，输出温度。

1 号、2 号、10 号、18 号铠装热电偶分别代表着测量装置多支热电偶中的中心位置、第 1 圈、第 2 圈和第 3 圈。多支热电偶中不同位置处铠装热电偶的输出温度与入射能流密度间的函数关系，如图 5-22 所示。

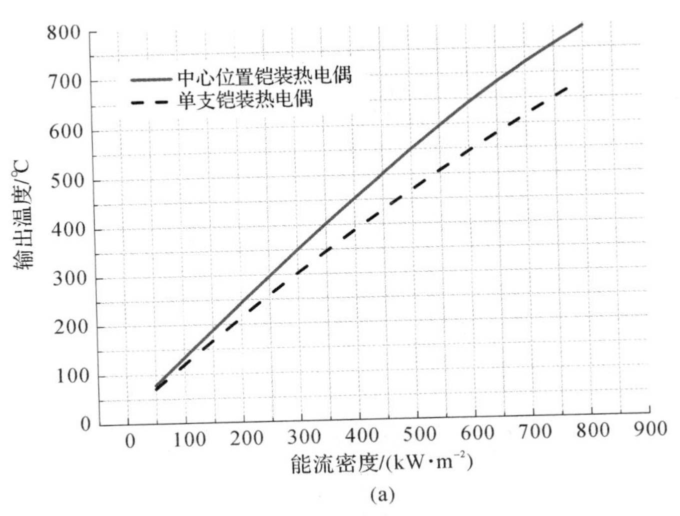

图 5-22　不同位置处热电偶输出温度与入射能流密度的函数关系

(a)中心位置与单支对比

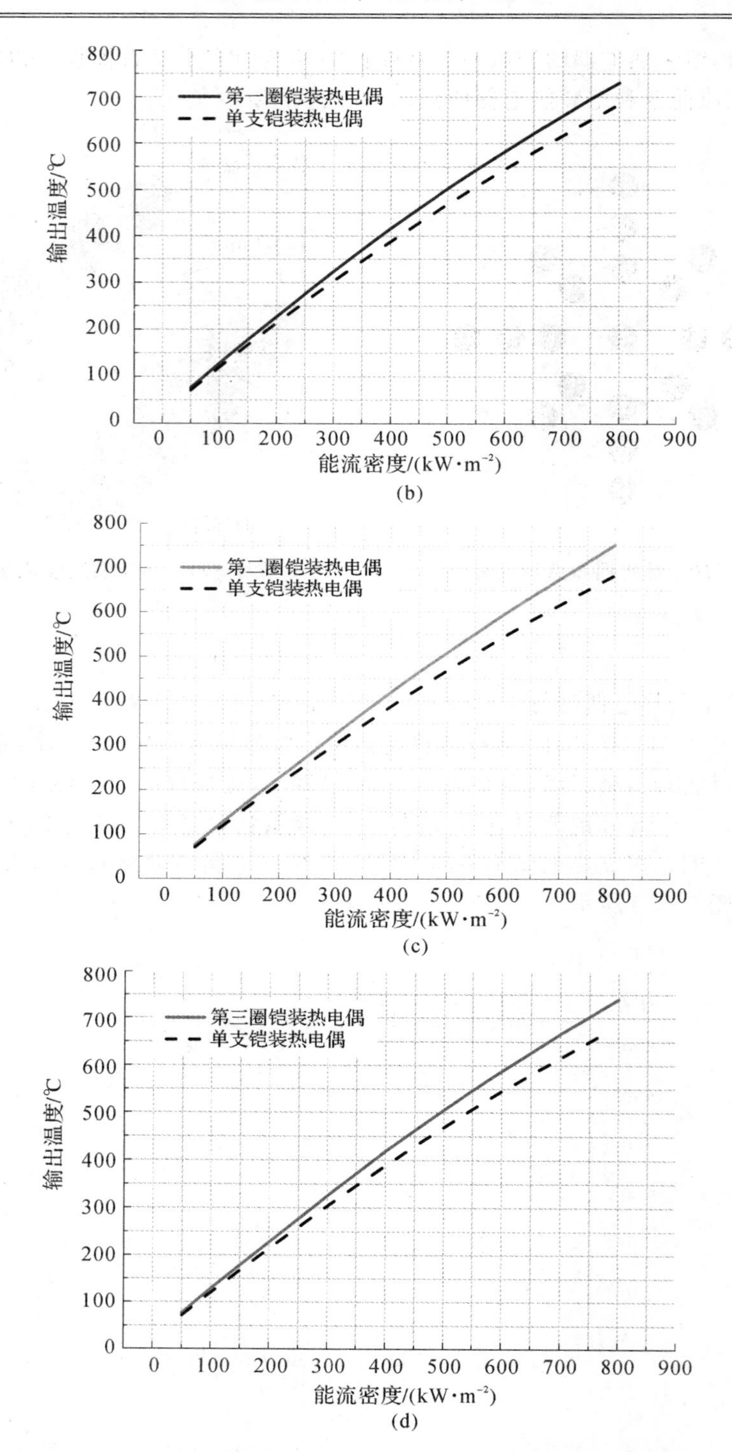

(b)

(c)

(d)

续图 5-22　不同位置处热电偶输出温度与入射能流密度的函数关系

(b)第 **1** 圈热电偶与单支对比;(c)第 **2** 圈热电偶与单支对比;(d)第 **3** 圈热电偶与单支对比

对仿真结果进行回归分析，得到各位置铠装热电偶输出温度与入射能流密度间的函数关系分别为：

中心点：　$E=-2.38\times10^{-10}T^4+1.08T+27.22$　($R^2=0.999\ 95$)　(5.16)

第 1 圈：　$E=-1.89\times10^{-10}T^4+0.96T+33.39$　($R^2=0.999\ 77$)　(5.17)

第 2 圈：　$E=-1.53\times10^{-10}T^4+0.97T+32.01$　($R^2=0.999\ 88$)　(5.18)

第 3 圈：　$E=-1.74\times10^{-10}T^4+0.97T+32.84$　($R^2=0.999\ 88$)　(5.19)

5.3.2　测量设备

基于铠装热电偶测量聚光器焦面能流密度是一种间接测量方法。首先测量聚光器聚焦平面上离散分布的温度点，然后通过数值分析计算所得的函数关系反演得到能流密度值。利用热流传感器同时开展对比实验测量。

1.实验平台

制作铠装热电偶测量能流密度的实验装置，装置示意图及实物图如图 5-23 所示。铠装热电偶测量装置由旋转平台、铁质固定圆盘、石棉挡板、铠装热电偶等组成。旋转平台可以用于测量更多点，适用于传感器较少的场合；前后固定圆盘用以固定铠装热电偶，使热电偶测量面平行于聚光器开口面；石棉挡板可以有效地遮挡多余光线，避免其照射在热电偶竖直面，引入更大的误差。测量时用支架将测量装置固定到聚光器聚焦平面处，保证测量面与聚光器开口面平行即可。铠装热电偶测量装置由 21 支铠装热电偶采用环形布置，布置方式如图 5-20 所示。

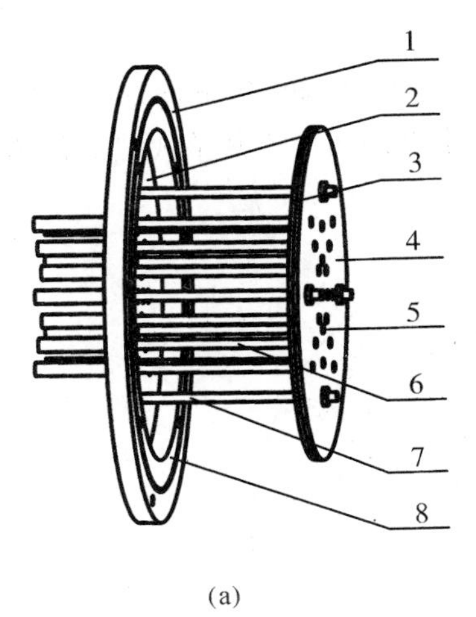

(a)

(b)

图 5-23　铠装热电偶测量装置图

(a)结构图；(b) 实物图

1—旋转平台外圈；2—铁质固定圆盘(后盘)；3—铁质固定圆盘(前盘)；4—石棉挡板；

5—热电偶测量端点；6—铠装热电偶；7—固定螺栓；8—旋转平台内圈

制作热流传感器测量能流密度分布的实验装置，装置示意图及实物图如图 5-24 所示。

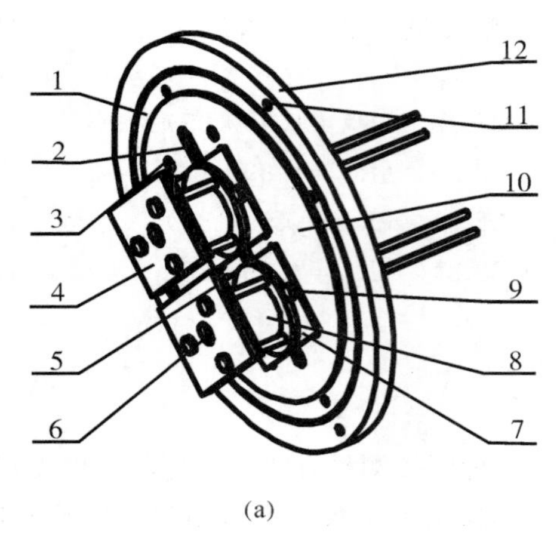

(a)

(b)

图 5-24 热流传感器测量装置图

(a)结构图;(b) 实物图

1—旋转平台内圈;2—矩形槽;3—调节孔;4—石棉挡板;5—铁质挡板;6—测量孔;

7—垫片;8—圆箔式热流传感器;9—紧固螺栓;10—调节圆盘;11—标志孔;12—旋转平台外圈

图 5-24(a)所示热流传感器测量能流密度装置主要由旋转平台、调节圆盘、圆箔式热流传感器、垫片、铁质挡板和石棉挡板等构成。如图所示,旋转平台内圈上安装调节圆盘,为保证顺利测量及调节,在调节圆盘中间开矩形槽,槽宽约为 12.8 mm,长约为 127 mm。槽两侧对称位置开调节孔,单排调节孔的数量为 11 个,调节孔距为 10 mm,将圆箔式热流传感器通过垫片安装在调节圆盘上,为防止强光直接照在传感器及调节圆盘上对其造成损害,在传感器上安装挡板,挡板内层为铁质,外层为石棉板。图 5-24(b)所示即为热流传感器测量能流密度分布测试装置的实物图。

圆箔式热流传感器价格昂贵,且自身占有一定体积。因此,传感器不宜布置过多,而传感器测点过少则会影响测量的准确度。综合考虑,本书采用两支圆箔式热流传感器,通过移动传感器来测量更多的点。测量过程示意图如图 5-25 所示。

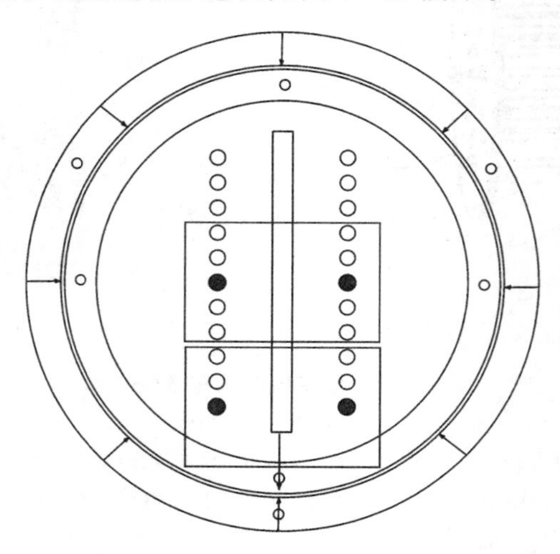

图 5-25 热流传感器测量过程示意图

测试步骤：

(1)将测量装置通过 3 根可调节距离的伸缩杆安装在碟式聚光器上，调节好焦距；

(2)将两支热流传感器编号后安装在调节孔上，如图 5－25 所示，1 号传感器安装在中间位置孔，2 号传感器安装在最外侧孔；

(3)在旋转平台外圈每隔 45°做一个标记，调节圆盘旋转一周可以得到 8 个位置点数据，将调节圆盘上的标记对准旋转平台外圈的一个标记后，手动调节聚光器至太阳直射位置，进行测量，测量时间 40 s；

(4)按照所做标记旋转调节圆盘，依次测量 8 个位置的数据；

(5)将两支热流传感器分别上移一个孔，重复(3)(4)步骤，进行测量；

(6)将两支热流传感器再上移一个孔，重复(3)(4)步骤，进行测量，再移动传感器已属重复测量，至此，焦面 41 个点的能流密度测量完毕。

以太阳能风能重点实验室碟式聚光器对比实验平台为基础，搭建对比实验平台，实验系统如图 5－26 所示。碟式聚光器对比平台为手动调节，两个碟式聚光器的尺寸、安装等都相同。碟式聚光器为抛物线形，由 6 块反光板拼接而成。聚光器开口直径为 1 460 mm，焦距为 555 mm，边缘角为 66.3°。聚光器的弧顶中间开有直径为 100 mm 的孔，其有效采光面积为 1 665 000 mm^2。

用伸缩杆将热流传感器测量装置和热电偶测量装置分别安装在两个聚光器上，并调节伸缩杆长度，使两个测量装置的测量面都位于焦平面上。实验时，启动循环制冷机，防止热流传感器烧坏，将铠装热电偶和热流传感器的输出信号接到温度记录仪，以记录实验数据。

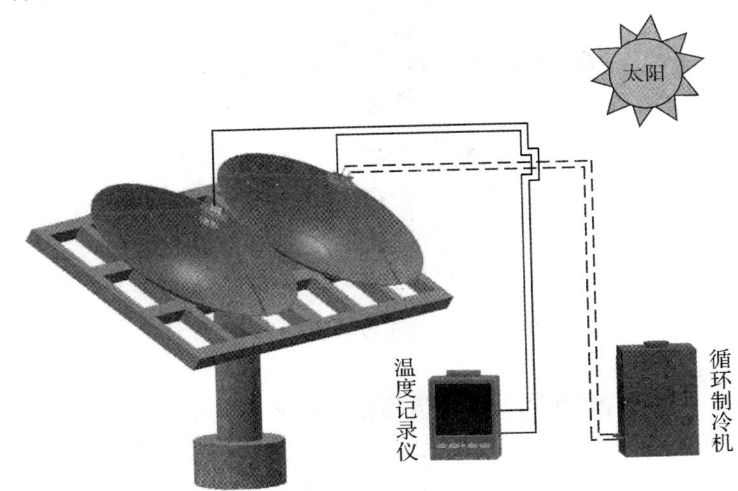

图 5－26　对比实验测试系统

5.3.3　测量结果分析

铠装热电偶测量方法和热流传感器测量方法测得的都是一些离散的数据点，铠装热电偶输出的为温度数据，热流传感器输出的为电压值。要想得到碟式聚光器聚焦平面的能流密度分布，需要利用插值法对实验数据进行处理。两种测量方法的数据处理步骤类似，首先，将测量数据转换为能流密度；其次，建立各测量点的布点坐标，并将其导入 Origin 工作簿；然后，利用样条法对数据进行插值，将工作簿转换为 50×50 的矩阵，X、Y 的变化范围均为[－50～50]；最后根据矩阵绘制聚焦平面的能流密度分布云图。

铠装热电偶测量装置测量 21 个点，以环形布置的中心点(即 1 号铠装热电偶)为原点，8 号铠装热电偶方向为 X 轴正向，6 号铠装热电偶方向为 Y 轴正向，确定各铠装热电偶坐标点，则 1～21 号铠装热电偶的坐标依次为

$(0,0)$、$(0,-15)$、$\left(-15\frac{\sqrt{2}}{2},-15\frac{\sqrt{2}}{2}\right)$、$(-15,0)$、$\left(-15\frac{\sqrt{2}}{2},15\frac{\sqrt{2}}{2}\right)$、$(0,15)$、$\left(15\frac{\sqrt{2}}{2},15\frac{\sqrt{2}}{2}\right)$、$(15,0)$、$\left(15\frac{\sqrt{2}}{2},-15\frac{\sqrt{2}}{2}\right)$、$(0,-30)$、$(-15\sqrt{2},-15\sqrt{2})$、$(-30,0)$、$(-15\sqrt{2},15\sqrt{2})$、$(0,30)$、$(15\sqrt{2},15\sqrt{2})$、$(30,0)$、$(15\sqrt{2},-15\sqrt{2})$、$(0,-45)$、$(-45,0)$、$(0,45)$、$(45,0)$

热流传感器测量装置共测量 41 个数据点，测点分布如图 5－27 所示。

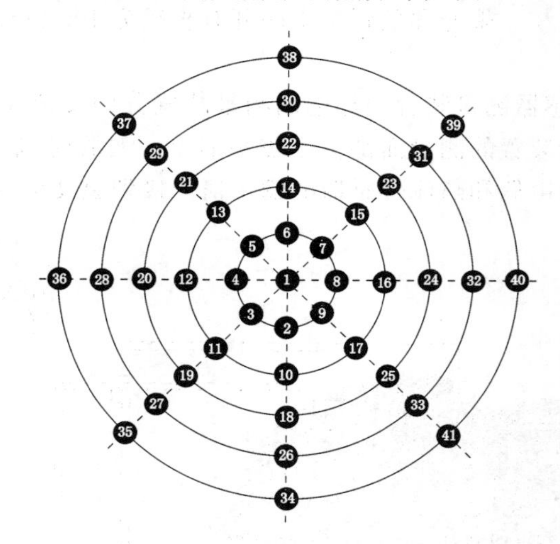

图 5－27　热流传感器测点分布

与铠装热电偶测量装置相呼应，热流传感器测量装置的测量点也为环形分布。中心点为 1 号测点，第 1 圈为 2～9 号测点，第 2 圈为 10～17 号测点，第 3 圈为 18～25 号测点，第 4 圈为 26～33 号测点，第 5 圈为 34～41 号测点。各测点坐标点的确定与铠装热电偶测量方法一致，以 8 号测点方向为 X 轴正向，6 号测点方向为 Y 轴正向，每圈间距为 10 mm。因此，1～41 号测点的坐标依次为

$(0,0)$、$(0,-10)$、$(-5\sqrt{2},-5\sqrt{2})$、$(-10,0)$、$(-5\sqrt{2},5\sqrt{2})$、$(0,10)$、$(5\sqrt{2},5\sqrt{2})$、$(10,0)$、$(5\sqrt{2},-5\sqrt{2})$

$(0,-20)$、$(-10\sqrt{2},-10\sqrt{2})$、$(-20,0)$、$(-10\sqrt{2},10\sqrt{2})$、$(0,20)$、$(10\sqrt{2},10\sqrt{2})$、$(20,0)$、$(10\sqrt{2},-10\sqrt{2})$ 、$(0,-30)$、$(-20\sqrt{2},-20\sqrt{2})$、$(-30,0)$、$(-20\sqrt{2},$

$20\sqrt{2}$)、(0,30)、($20\sqrt{2}$,$20\sqrt{2}$)、(30,0)、($20\sqrt{2}$,$-20\sqrt{2}$)、(0,-40)、($-30\sqrt{2}$,$-30\sqrt{2}$)、(-40,0)、($-30\sqrt{2}$,$30\sqrt{2}$)、(0,40)、($30\sqrt{2}$,$30\sqrt{2}$)、(40,0)、($30\sqrt{2}$,$-30\sqrt{2}$)、(0,-50)、($-40\sqrt{2}$,$-40\sqrt{2}$)、(-50,0)、($-40\sqrt{2}$,$40\sqrt{2}$)、(0,50)、($40\sqrt{2}$,40)、(50,0)、($40\sqrt{2}$,$-40\sqrt{2}$)

利用 Origin 软件分别绘制两种测量方法得到的碟式聚光器焦平面的能流密度分布云图如图 5-28 所示。

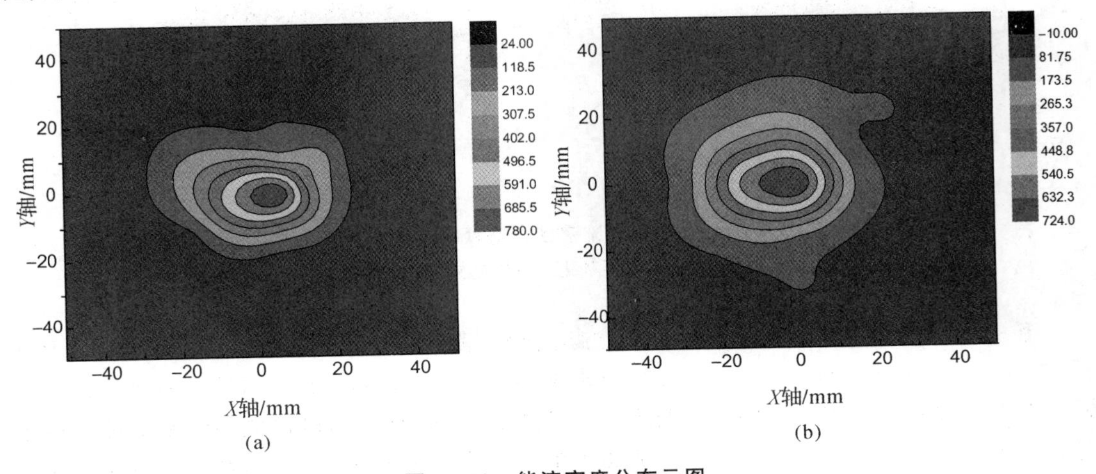

图 5-28　能流密度分布云图

(a)热流传感器测量;(b)铠装热电偶测量

图 5-28(a)为热流传感器测量方法得到的焦平面能流密度分布云图,图 5-28(b)为铠装热电偶测量方法得到的焦平面能流密度分布云图。两种测量方法得到的结果存在一定的共性,但同时也存在一些差异。两者的共同点在于,图 5-28(a)和图 5-28(b)的能流密度最高点均在图中心(0,0)坐标附近,且在该处均形成一个椭圆形状的高能流密度区域;图 5-28(a)和图 5-28(b)的能流密度分布相似,从中心椭圆向外均呈梯度递减趋势,形成一个个的椭圆环,且越靠外的的椭圆环越不规则。

两种测量结果的不同之处在于中心处椭圆区域的大小和各椭圆环的形状分布。总体来看,图 5-28(b)的中心椭圆区域和各椭圆环要比图 5-28(a)大一些;两图的各椭圆环形状也存在差异,尤其是外部能流密度较低区域的椭圆环形状相差很大。

为了更直观地展现能流密度分布情况,特绘制了 3D 颜色映射表面图如图 5-29 所示。

图 5-29(a)为热流传感器测量方法得到的焦平面能流密度分布颜色映射图,图 5-29(b)为铠装热电偶测量方法得到的焦平面能流密度分布颜色映射图。图中 X 轴和 Y 轴即为焦平面的 X 方向和 Y 方向,Z 轴为焦平面上坐标点对应的能流密度值。对比图(a)(b)可以发现,两图所示的能流密度分布均为塔状分布,塔顶均在焦平面的中心区域。但是,图(a)所示的能流密度塔状分布相较于图(b)显得更加纤细,图(a)的能流密度分布梯度更大。在塔顶部位,图(a)和图(b)的分布比较接近,两者有着一定的一致性。从塔顶到塔基,图(b)的塔身宽度渐渐与图(a)拉开差距。到塔基部分,图(b)明显比图(a)宽了好多,此时两者的差

异较大。

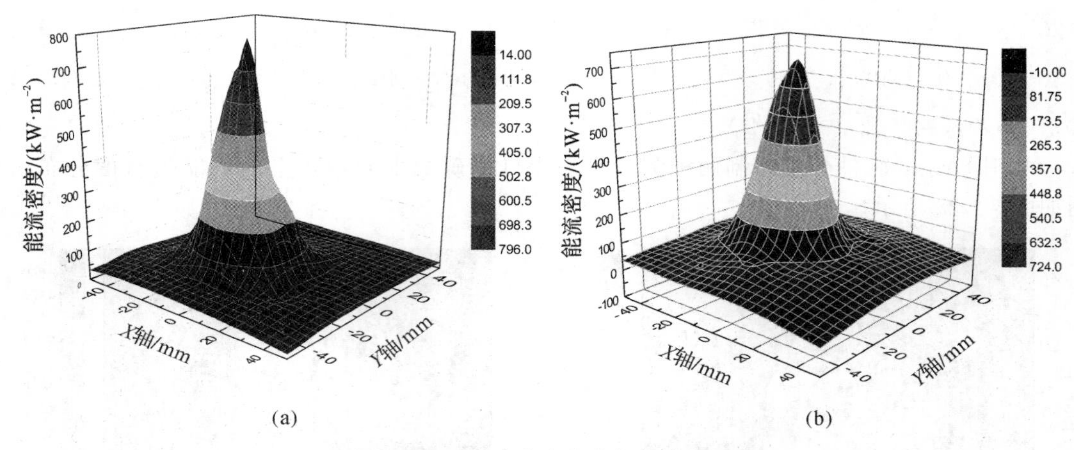

图 5-29 能流密度分布颜色映射图

(a)热流传感器测量;(b)铠装热电偶测量

图 5-28 所示的能流密度分布云图就碟式聚光器焦平面的焦斑形状大小展开对比分析,图 5-29 所示的能流密度分布 3D 颜色映射图主要针对能流密度的梯度分布展开对比分析。在关于碟式聚光器焦面的能流密度分布的研究中,研究者们对焦斑轴线上的能流密度分布做了大量工作,故本研究也从 X、Y 轴上的能流密度分布情况,对两种测量方法作了对比分析,结果如图 5-30 所示。

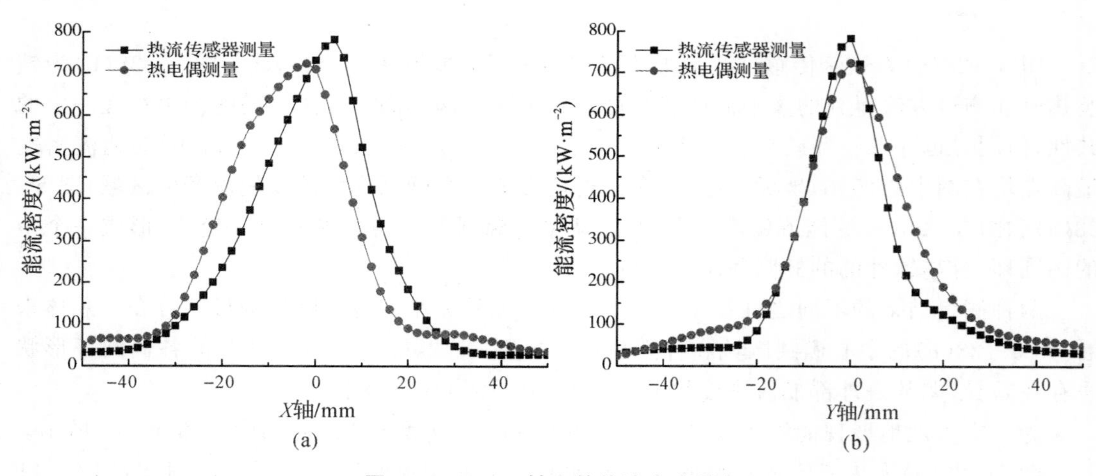

图 5-30 X、Y 轴上的能流密度分布

(a) X 轴能流密度分布;(b)Y 轴能流密度分布

图 5-30(a)所示的为热流传感器测量方法和热电偶测量方法在 X 轴方向上测得的能流密度分布图,图 5-30(b)为热流传感器测量方法和热电偶测量方法在 Y 轴方向上测得的能流密度分布图。如图所示,两种方法测量结果在 X 轴和 Y 轴上均呈高斯分布。观察图(a)和图(b)中热流传感器的测量结果发现,热流传感器测量在 X 轴上的能流密度分布比较

平缓，在 Y 轴上的分布比较陡峭。通过对比可以看出，热电偶的测量方法和热流传感器的测量方法的测量结果有着相同的分布特性。无论是 X 轴还是 Y 轴，热流传感器测量的能流密度分布总比热电偶测量的结果要陡峭一些，并且热流传感器测量的能流密度峰值要比热电偶的测量结果稍高。

综合对比两种测量结果发现，两种方法测量的能流密度分布在规律上存在一定的一致性，但在具体的能流密度值上有一些差异。下面就造成这些差异的原因进行分析。

第一，两种测量方法存在差异。基于铠装热电偶热电效应的间接测量方法的测量原理是根据热电偶的传热过程导出入射能流密度和输出温度之间的函数关系，再通过测得的温度数据反演得到能流密度值。这其中涉及了复杂的传热过程，且传热的环境也存在变化，因此，基于铠装热电偶热电效应的间接测量方法的测量准确度仍需进一步探索。

第二，两种测量方法的布点不一致。虽然两种测量方法布点方式均为辐向圆环形布置，但是，基于铠装热电偶测量方法的测量半径为 45 mm，环间距为 15 mm，基于热流传感器测量方法的测量半径为 50 mm，环间距为 10 mm。铠装热电偶测量法的测量分辨率要弱于热流传感器测量法，从而造成结果差异。

第三，测量过程的环境参数有变化。热流传感器测量法的测量周期较长，且需要多次测量，而测量过程中太阳辐照度、环境风速、环境温度及其他环境因素会有些许变化。这些变化影响了聚光器的聚光效果以及热流传感器和热电偶的测量效果。因此，环境因素也是造成两种测量结果差异的一大原因。

分析两种测量方法的结果，可以发现，铠装热电偶间接测量法和热流传感器直接测量法测量所得与碟式聚光器焦面能流密度分布规律相近。虽然，具体分布存在差异，但可以采取优化措施以缩小两者差异。具体措施包括，优化热电偶入射能流密度和输出温度间的函数关系，提高测量准确度；增加热电偶的布点，提高测量分辨率；改进测量装置，优化测量过程，减小环境因素带来的测量误差。

对比分析可以得出，基于铠装热电偶的间接测量方法可以测得碟式聚光器焦面能流密度分布，并与热流传感器直接测量法有着相似分布规律的测量结果，但测量能流密度值的准确度还有待商榷。相较于热流传感器直接测量法，热电偶间接测量法虽然测量并非十分精准，但是，该方法可以实时测量多点，测量周期短于前者，并且铠装热电偶测量装置的造价低。

5.4　接收器性能分析和结构设计

太阳光经过聚光器反射汇聚后，聚焦平面上的能流密度非常高，为后续太阳能高温热利用提供了条件。完成这一工作的部件为接收器，它接收汇聚后的能流，将太阳能转换为热能。根据聚光器参数和后续利用方式，不同的工作条件下要采用不同结构的接收器。同时，为了提高转换效率，要对接收器的结构参数进行设计。

本研究侧重于高温热利用，实验用聚光器的采光面积较小，接收器选用制作加工较为容易、结构相对简单的直接照射式接收器。参考聚光器的性能参数，以几何聚光比最大为原则，对接收器的形状和结构进行了整体设计。利用数值模拟方法，对接收器的传热过程进行了仿真分析，研究了接收器采光口大小对其热效率的影响，确定了接收器采光口直径，进而确定了内腔高度、内腔直径、反射圆锥高度等参数，加工制作了接收器。

5.4.1 接收器形状选择和整体设计

碟式聚光集热系统的接收器有直接照射式接收器、热管式接收器和容积式接收器三种类型。直接照射式接收器又名腔式接收器或盘管接收器，只有一次换热，可以达到很高的接收能流密度，技术成熟，便于加工，因此本研究采用了直接照射式接收器。

直接照射式接收器的形状很多，按其吸热管束形状可分为圆柱形、球形、半球形、喇叭形、立方体、长方体等。圆柱形和球形接收器技术成熟，制作加工方便，本书针对这两种接收器开展对比分析。为了达到最佳的传热效果，以几何聚光比最大为原则，对圆柱形、球形接收器进行了分析。

为了简化研究过程，进行了一些假设：

(1)聚光器反射面为理想镜面，无散射、吸收等能量损失，反射率为100%；

(2)接收器开口面积远小于聚光器开口采光面积，因此接收器在聚光器的投影面积忽略不计；

(3)聚光器跟踪系统延误忽略不计，认为直接辐射的太阳光线时时垂直于聚光器开口采光面入射；

(4)无论圆柱形或是球形接收器，只接收聚光器理论上汇聚焦斑能量，也就是说采光口直径为入射光锥在聚光器法平面上的投影。

1.不同形状接收器几何聚光比分析

聚光器对太阳光的汇聚效果，一般由几何聚光比和能量聚光比来衡量。几何聚光比代表聚光器几何尺寸上的概念，并不能用于接收器的传热过程计算，但聚光集热系统的几何聚光比越高，系统能达到的理论聚光效果就越好，得到的传热工质温度也越高。因此，在对接收器整体设计之初，以追求最大几何聚光比为目的。现对圆柱形接收器和球形接收器的几何聚光比进行探讨。

对于圆柱形接收器，外形为圆柱形，采光面向下放置，汇聚后的太阳光能流通过采光口进入，其采光口形状为圆形。通常情况下，圆柱形接收器的采光面和聚光器的焦点聚焦平面重合放置，采光口的圆心布置在聚光器的焦点位置。画示意图时省略接收器其他部分，只画出采光口，如图5-31所示。

几何聚光比 C 等于聚光器开口采光面积 A_a 与接收器采光口面积 A_r 之比，对于圆柱形聚光器而言：

$$C=\frac{A_a}{A_r}=\frac{\frac{\pi}{4}D_a^2}{\frac{\pi}{4}D_r^2}=\frac{D_a^2}{D_r^2} \tag{5.20}$$

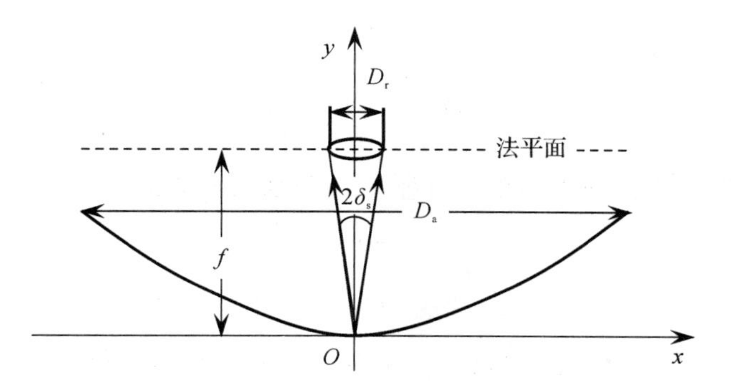

图 5-31 圆柱形接收器几何聚光比计算示意图

按照几何关系和聚光器相对口径 n 的定义可知

$$\left.\begin{aligned} \tan(\delta_s) = \frac{D_r}{2f} \Rightarrow D_r = 2f\tan(\delta_s) \\ n = D_a/f \Rightarrow D_a = nf \end{aligned}\right\} \tag{5.21}$$

将式(5.21)代入式(5.20)中可得

$$C = \frac{D_a^2}{D_r^2} = \frac{(nf)^2}{[2f\tan(\delta_s)]^2} = \frac{n^2}{4\tan^2(\delta_s)} \tag{5.22}$$

太阳半张角 $\delta_s = 16'$,因此对于圆柱形聚光器:

$$C = \frac{n^2}{4\tan^2(\delta_s)} = 11\ 540\ n^2 \tag{5.23}$$

对于球形接收器,接收面为球形,采光面向下放置。球形接收器几何聚光比计算示意如图 5-32 所示,球形接收器布置在焦点位置,汇聚后的太阳能能流照射在球形采光面上。球形接收器中改进半球形接收器的接收面最小,约为球表面积的一半(即 $\pi D_r^2/2$),对于球形接收器几何聚光比计算,就以改进半球形接收器为例进行计算。

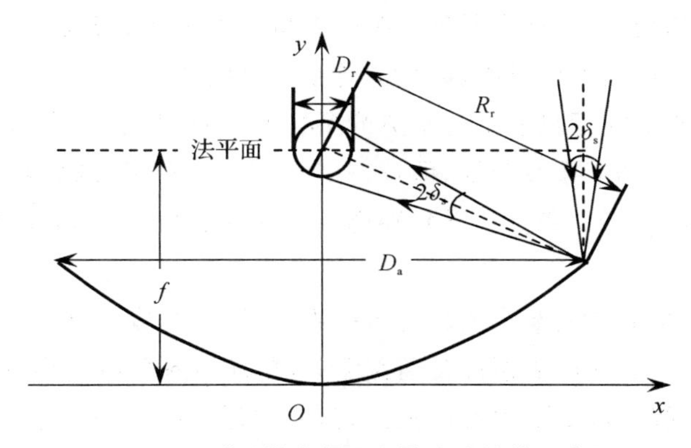

图 5-32 球形接收器几何聚光比计算示意图

几何聚光比 C 对于改进半球形接收器而言:

$$C=\frac{A_a}{A_r}=\frac{\frac{\pi}{4}D_a^2}{\frac{\pi D_r^2}{2}}=\frac{D_a^2}{2D_r^2} \tag{5.24}$$

按照几何关系，并引入聚光器相对口径 n，可得到以下关系：

$$\begin{cases} D_r=2R_r\sin\delta_s \\ R_r=f(1+\frac{n^2}{16}) \end{cases} \tag{5.25}$$

将式(5.25)代入式(5.24)中，并代入太阳半张角 $\delta_s=16'$，可得

$$C=\frac{D_a^2}{2D_r^2}=\frac{(nf)^2}{2\left[f(1+\frac{n^2}{16})2\sin\delta_s\right]^2}=\frac{11\ 540\ n^2}{2(1+\frac{n^2}{16})^2} \tag{5.26}$$

2.接收器整体设计

按照本研究采用的聚光器尺寸参数，相对口径 $n=1\ 460/555=2.63$。因此，由式(5.23)和式(5.26)可以得到针对本研究采用的碟式聚光器，理想的圆柱形接收器几何聚光比可以达到79 821，理想的球形接收器几何聚光比可以达到19 469。从数值上圆柱形接收器的几何聚光比约为球形接收器的4.1倍，因此针对本研究所用的碟式聚光器，采用圆柱形接收器较为合适。要强调的是，几何聚光比只是代表聚光器和接收器几何尺寸上的概念，可以作为接收器整体设计的参考指标，但并不能用于接收器的传热过程计算。以上理论推导过程所得几何聚光比，其采光口是以聚光器聚焦焦斑大小为基础，而实际装置的采光口要比其大的多，故实际系统的几何聚光比要小很多。

传统的圆柱形接收器由保温层、管束、吸热面、采光口等组成，聚焦后的太阳能能流通过采光窗口照射在吸热面上，吸热面内管束吸收能量后加热其内部传热工质，只有一次换热，没有中间其他换热过程，可以高效利用太阳能聚光能流。但是，由于聚光能流分布严重不均，或者跟踪系统的不精确性、聚光器加工精度有偏差等原因，极易造成各个吸热面上能流分布偏差明显，管束内传热工质温度梯度大，传热效果减弱。

针对以上问题，本研究提出了一种新型的圆柱形接收器，其结构如图5-33所示，其中图(a)(b)是不同角度下的接收器全貌，图(c)(d)(e)(f)反映了接收器的各个组成部分。接收器由采光平面(包括采光口和保护罩)、外侧及底部保温层、吸热面铜螺旋管、底部反射圆锥等四部分组成。

聚光器汇聚的太阳能能流从采光口进入接收器，绝大部分入射到反射圆锥上，反射圆锥将入射的太阳光反射到吸热面的铜螺旋管路上，铜螺旋管吸热后将热量传递给传热工质，并由工质将热量带走。接收器底部用反射圆锥代替了吸热管路，减少了传统方式中吸热面热点，避免高温对接收器的破坏，提高接收器效率和安全性能。

在已有的研究基础上，对接收器整体结构进行了设计，但接收器采光口直径、内腔高度(即铜螺旋管高度)、内腔直径(即铜螺旋管内径)、底部反射圆锥高度等参数对接收器热性能影响非常大，需要进一步通过数值模拟方法分析确定。

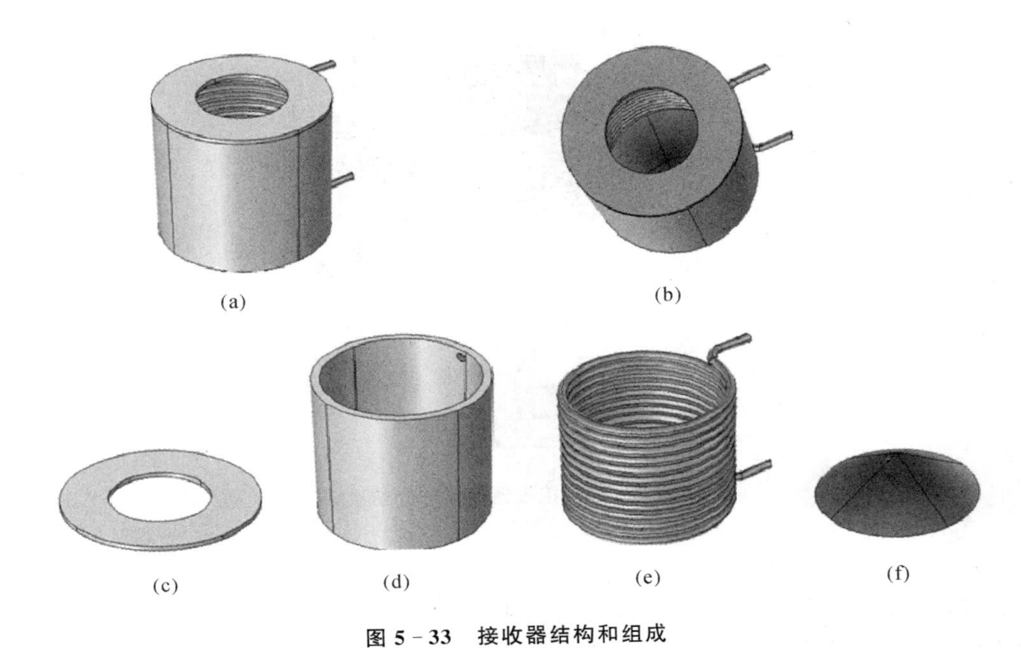

图 5－33 接收器结构和组成

(a)平视角度下接收器结构；(b)俯视角度下接收器结构；(c)采光口及保护罩；
(d)接收器外侧及底部保温层；(e)铜螺旋管；(f)底部反射圆锥

3.接收器性能分析

利用有限元分析软件对上述设计的接收器进行传热性能仿真。首先要建立接收器的几何模型。构建几何模型时，设置采光口直径为全局参数，保护罩宽度、接收器内腔高度和直径等均与采光口直径成一定比例关系，便于后续几何参数的调整。诸多研究表明，内腔表面积与采光口面积比例为 8 时接收器自然对流热损失最小，故比例关系设置时遵循了这一原则。反射圆锥底面直径即为内腔直径，其高度同样设置为全局参数，便于后续调整。对于本接收器来讲，体积相对较小，外侧及底部保温层厚度设置为 15 mm。

几何模型建立后，对接收器传热过程进行了定义。按照传热过程的先后顺序，将传热过程分为表面对表面辐射换热、固体传热和流体流动换热三部分。汇聚后的太阳能能流通过采光口入射到反射圆锥上，经反射后照射到铜螺旋管内表面，反射圆锥、铜螺旋管腔内侧、保护罩内侧定义为表面对表面辐射。铜螺旋管道、保护罩等定义为固体传热，铜螺旋管内部传热工质(水)定义为非等温流动传热。对相关工质的热物理性质进行了定义，主要是导热系数、密度、比热容、反射率、吸收率、发射率等。接收器几何网格划分结果如图 5－34 所示，对反射圆锥、铜螺旋管腔内侧、保护罩内侧等边界进行了网格细化(三角形网格)，其余部分均采用四面体网格。

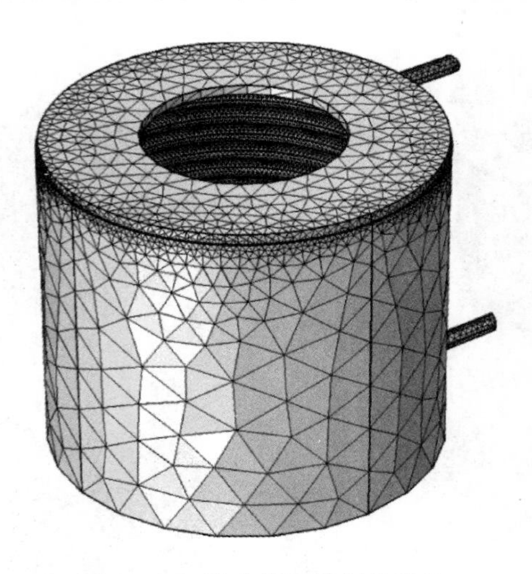

图 5-34　接收器网格划分结果

最后,要对接收器的热源进行设定。接收器的热源即为碟式聚光器反射的太阳能聚焦能流,进入采光口的能流并不均匀,而是呈现钟塔状,中心区域能流密度非常集中,且数值很大,边缘区域能流密度急剧下降,数值要小得多,这给仿真设置带来了困难。考虑到聚焦能流通过采光口后直接照射到反射圆锥上,反射圆锥自身吸热量很少,绝大部分能流被反射出去,且假定入射能流为平行入射,故将热源的作用域定义在反射圆锥上,将反射圆锥分成 9 层,从高到低能流密度依次降低。

完成上述过程后,对接收器传热模型进行仿真分析,目的是分析几何参数变化对接收器和系统热效率的影响,以便找到最佳的接收器结构尺寸。

腔体内表面反射热损失、自然对流热损失和辐射热损失等均与接收器采光口面积有关,采光口面积越大,这些热损失就越大。采光口面积加大,进入接收器的总能流就会增加,接收器的输出就会加大,因此采光口的面积也不能过小。接收器内腔直径即为采光面直径减去外侧保温层和铜螺旋管厚度,又根据 $A_w/A_r=8$ 为最佳的原则,接收器内腔高度就容易确定了,故确定最佳的采光口直径是关键。

图 5-35 显示了接收器几何、能量聚光比随采光口直径的变化情况。从图中可以看出,随着采光口直径的增大,采光口面积不断增大,其几何聚光比不断下降;同时,采光口面积的增大,采光口接收到聚光能流的平均能流密度不断下降,其能量聚光比也不断下降。因此,要想得到较高的集热温度,增大采光口直径是不利的。

减小采光口面积,可以增大平均能流密度和能量聚光比,进而提高集热温度,但采光面积缩小,接收器截获的总能流便会减小,系统的有效能量输出 P_u 就会降低。因此,为了有效地利用聚焦后的太阳能能流,既要保证较大的平均能流密度,同时又要尽量减少聚光能流损失,增加接收器的入射总能流量。图 5-36 显示了入射到采光口的总能流和平均能流密度随采光口直径的变化,图中两条曲线的交点处采光口直径为 100 mm,此处既可以使接收器截获较多的能流,又可以获得相对较高的平均能流密度。

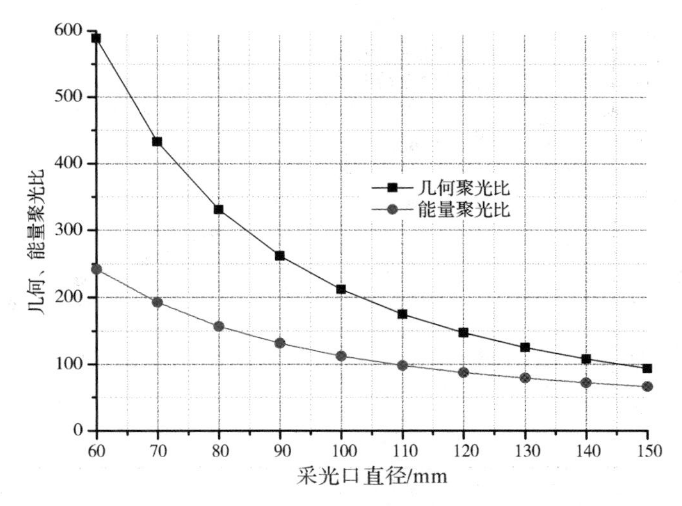

图 5-35　几何、能量聚光比与采光口直径间关系

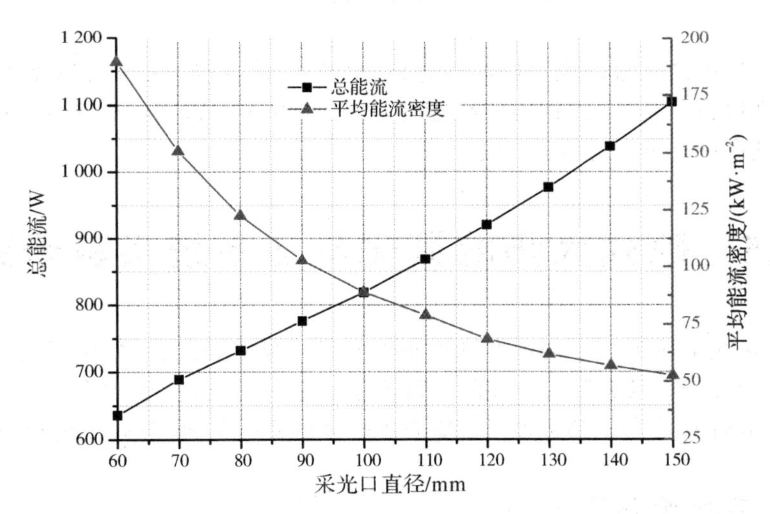

图 5-36　总能流、平均能流密度与采光口直径间关系

采光口面积越大，接收器热损失就越大，因此随着采光口直径的增加，接收器热效率 η_r 是不断下降的，图 5-37 的仿真结果也表明了这一点，但系统的总热效率 η_{total} 却不是这种情况。由图 5-37 可知，随着采光口直径的增大，η_{total} 是先上升后下降。

$\eta_{total}=\eta_a\eta_r$，因此 η_{total} 是由两方面的因素所决定。采光口直径较小时，采光面积小，接收器入射功率 P_{a-r} 少，聚光器效率 η_a 受影响较大，其值左右了 η_{total} 的变化。随着采光口直径变大，P_{a-r} 在逐渐增加，η_a 与理论值越来越接近，其值上升幅度逐渐变小，这时 η_r 的作用显现出来，η_{total} 开始下降，η_r 值开始左右 η_{total} 的变化。对于碟式太阳能聚光集热系统来讲，系统总热效率最高是追求的目标，综合图 5-36 和图 5-37，理想的接收器采光口直径为 100 mm。

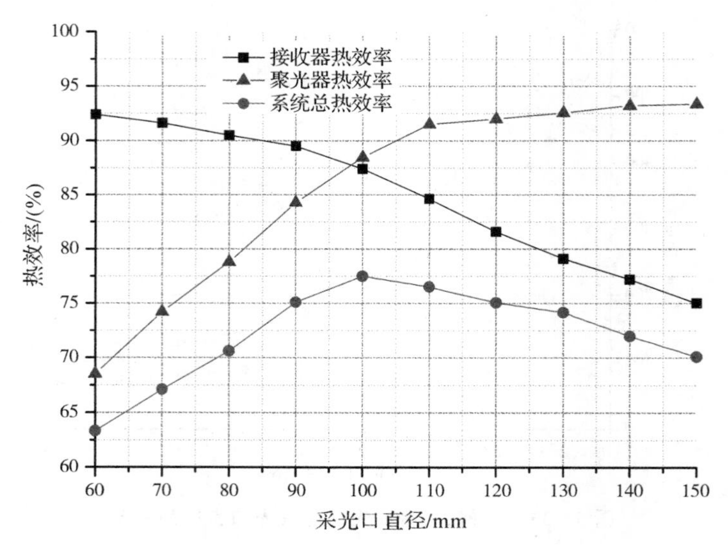

图 5－37　系统各项效率仿真结果

仿真发现，反射圆锥过高或过低都会造成接收器腔体内壁面温度分布不均，上下温度偏差明显，但其高度在 0.3 ～ 0.6 倍内腔高度时，对腔体内壁面温度影响基本相同。考虑到节省材料，选择其高度为 0.3 倍内腔高度。

5.5　碟式太阳能聚光集热系统实验研究

影响碟式聚光集热系统及接收器热性能的因素有很多，理论分析中对传热过程进行了假设，忽略了一些因素，没有反映出实际环境中系统运行的性能，因此有必要开展相关的实验研究工作。本研究搭建了碟式太阳能聚光集热系统实验平台，开展了实验研究工作。

5.5.1　实验设备及系统

碟式太阳能聚光集热实验系统由碟式聚光器、二维跟踪平台、接收器、恒温水箱、集热水箱、流量计、水泵、热电偶、数据记录仪、传热工质运行管路及太阳辐射监测系统等组成，传热工质为水。碟式聚光器由 6 块反光板拼接而成，表面为镀铝反光膜，接收器为圆柱形腔式接收器，其结构参数和实物如图 5－38 所示。

碟式聚光器、接收器及其支撑做为一个整体放置在跟踪平台上，时时跟踪太阳运动，图 5－38 为碟式聚光集热实验系统示意图。恒温水箱为圆柱体，外径为 900 mm，内径为 700 mm，高为 1 200 mm，外层有 100 mm 厚硅酸铝保温材料(包括盖子)，内置电热棒和循环水泵，可保证箱内水温的恒定。水泵将恒温水箱内的水加压后送入接收器，中间经过 1 个调节阀和 1 个流量计，通过调节阀门开度可以控制水流流量；传热工质进入接收器铜螺旋管中，同时经过聚光后的太阳能能流通过接收器采光口进入接收器，并经反射圆锥反射到铜螺旋管内壁面(也称腔体内壁面),太阳能转换为热能,通过传导和对流换热后热量传递给水,最终高温水经出口管路流入储热水箱。

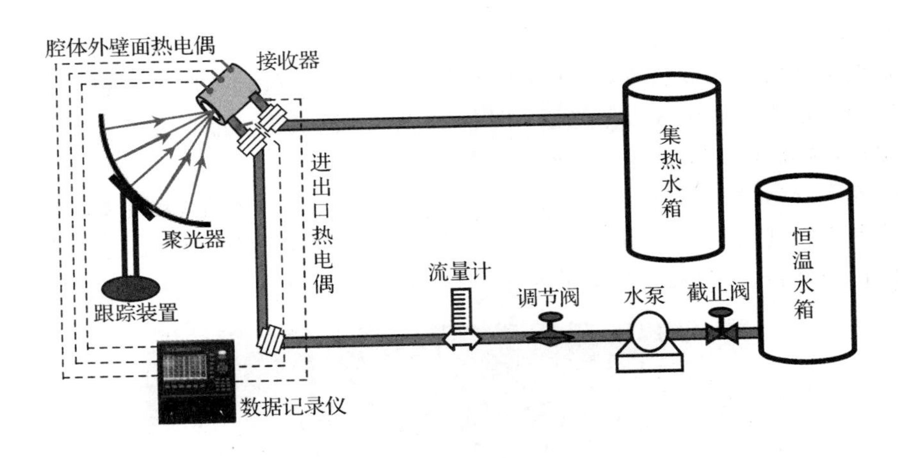

图5-38　碟式聚光集热实验系统示意图

为了得到系统热性能的相关参数,在接收器进、出口各布置了1根温度热电偶,用于测量进出口水温。同时,在接收器铜螺旋管外壁面布置了3组内腔热电偶,用于监测铜螺旋管外侧(贴着接收器保温层一侧,也称腔体外壁面)表面温度,其布置如图5-39所示。

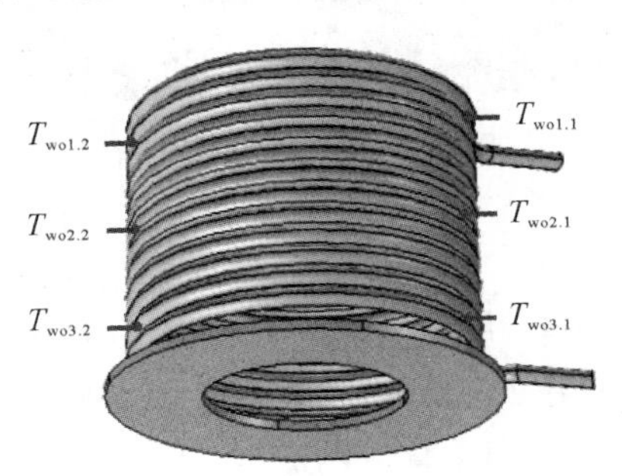

图5-39　腔体外壁面热电偶布置示意图

传感器按照接收器垂直方向均匀布置,每组传感器有2根,在布点位置所在平面按照180°对称设置,取其平均值作为布点平面上腔体外壁面温度。垂直角度上按照反射圆锥向采光面的方向,三个布点平面上(底部、中部、上部)的温度依次用T_{wo1}、T_{wo2}、T_{wo3}符号表示,同一平面上两个对称布点中右面布点标号为1,左面布点标号为2。传感器信号由数据记录仪采集,并存储。同时为了掌握接收器腔内和铜螺旋管内壁面温度的分布情况,实验过程中采用红外热像仪进行了红外图像采集。

参考国标GB/T4271—2007,在准稳态工况下开展测量。每个测量间隔内,太阳能直接辐射强度的波动范围不超过±50W/m^2,接收器传热工质的进口温度波动小于1K,流量变动不超过±1%。同时,测量过程中环境风速也很重要,在整个测试过程中,保证环境风速不超过 4 m/s。

1.实验设备

(1)跟踪平台。碟式太阳能聚光器必须实时跟踪太阳,如果跟踪系统不能准确跟踪,焦斑位置将偏离接收器安装装置,可能落在接收器的外壳上,烧坏接收器。跟踪系统的精确性和稳定性大大地影响着碟式太阳能系统性能的优劣。碟式太阳能聚光器所应用的跟踪方式为双轴跟踪,从高度角、方位角两方面二维跟踪太阳。

本研究中,碟式聚光集热系统安装于一个二维跟踪支撑平台上,实现实时定日跟踪。二维跟踪平台为钢制结构,可自由二维旋转:南北 0°～90°,东西 0°～360°。在主平面一侧安装有定日位置的日晷,平台最大承重量为 250 kg,平面尺寸为 3 m×2 m,如图 5-40 所示。

图 5-40　二维跟踪平台

(2)温度传感器和数据采集仪。传热工质温度测量用热电偶,采用镍铬-镍硅 K 型热电偶,热电偶的工作端套有自制支架,避免其接触到管内壁,影响测量结果。测量开始前,对热电偶进行标定。温度传感器使用 TP700 多路数据记录仪进行信号采集。TP700 多路数据记录仪配置丰富,可以接收多种类型的直流电流、电压和电阻信号,实现温度、压力、液面、流量等物理量的显示、记录、越限监控、报表生成、数据通信等功能。

(3)太阳辐射监测系统。太阳能辐射监测采用 BSRN3000 辐射监测系统,由全自动太阳跟踪器、总辐射表、直接辐射表、散射辐射表、长波辐射表及数据采集器组成,实现全自动辐射观测和数据记录。其主体由荷兰 KIPPZONEN 辐射监测设备和美国 CSI 数据采集器组成,符合国际 BSRN 基准辐射站观测标准;配备强制通风设备来减小辐射表测量误差,具备科研级精度和稳定性;内置 GPS,可输出内部电机定位信息,是国内太阳能研究利用的理想设备。

(4)红外热成像仪。实验过程中利用 Fluke Ti55FT 红外热成像仪采集接收器腔内整体温度分布情况。该仪器基于红外测温原理,通过镜头及探测器捕获物体发射出的红外线,并将捕获的红外线信号进行处理、转换及计算,最终用不同的颜色显示到仪器的显示屏上,从而方便直观地查看被测物体的温度分布情况。在测量过程中,可以实时查看屏幕上任意点的温度，区域平均温度，最大、最小温度值，并生成二维及三维图像。红外热成像仪实物图如图 5-41 所示。

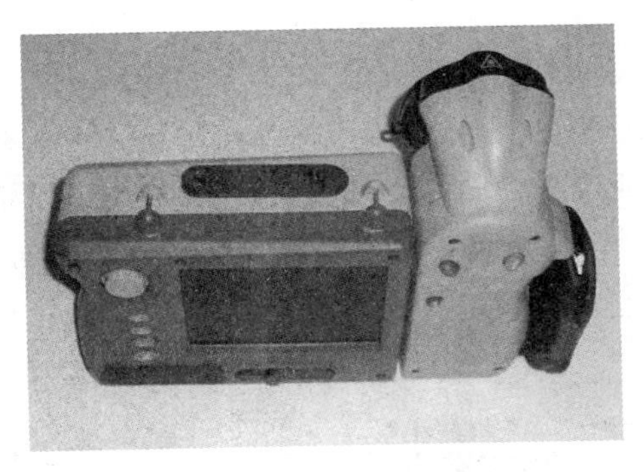

图 5-41　Fluke Ti55FT 红外热成像仪

5.5.2　修正实验

随着时间的推移，太阳高度角和方位角都在发生改变，太阳能直接辐照度是时时变化的，研究流量、安装位置等参数变化对系统热性能影响时就会遇到困难。比如，某个时刻流量一定的情况下，测量了系统的热性能，下一个时刻改变流量继续测量时，虽然得到了相关实验数据，但对比的基础——太阳能直接辐照度也随之变化了，这两组数据就失去了可比性。

为了克服上述困难，本研究搭建了两套一模一样的碟式太阳能集热系统，以 1 套为基准系统，另 1 套为对比系统，2 套系统同时运行，测量过程中外界条件一致。保持基准系统工况，改变对比系统工况，2 套系统的数据就具有可比性，从而解决太阳辐照及环境因素的变化对接收器热性能实验的影响。由于加工误差的原因，两个接收器不可能做到结构完全相同，首先应开展两套系统的修正实验，找到两套系统间的修正系数，为以后的实验数据分析打下基础。修正实验测量过程如图 5-42 所示。

图 5-42　修正实验测量图

定义修正系数为 i，基准系统为系统 1(角标带 1 的参数为基准系统参数)，对比系统为

系统 2(角标带 2 的参数为对比系统参数),i 等于系统 2 的有效输出功率和系统 1 的输出功率的比值,即

$$i=\frac{P_{u2}}{P_{u1}} \tag{5.27}$$

两接收器均安装在焦点平面上,工质流量均为 5.56 g/s 的情况下开展了修正实验,测定了两套系统的输出功率。基准系统和对比系统的输出功率随太阳能直接辐照度的变化如图 5-43 所示,i 的变化如图 5-44 所示。

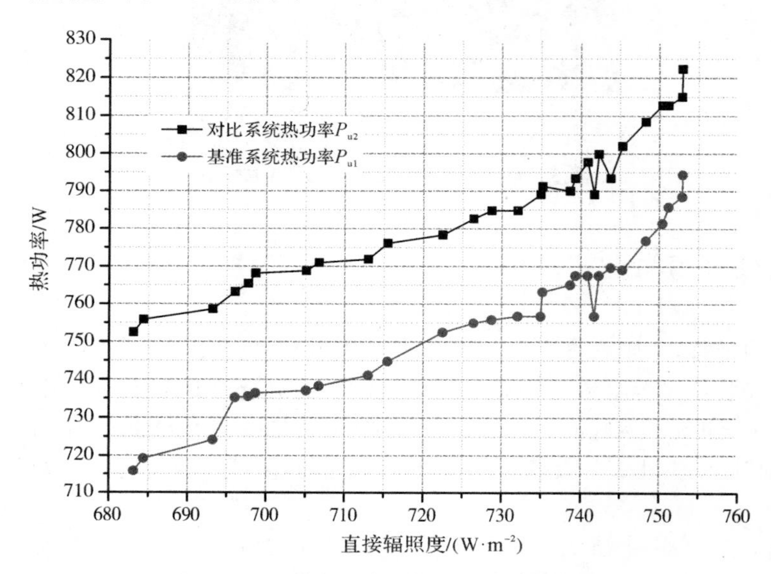

图 5-43　基准系统和对比系统输出功率

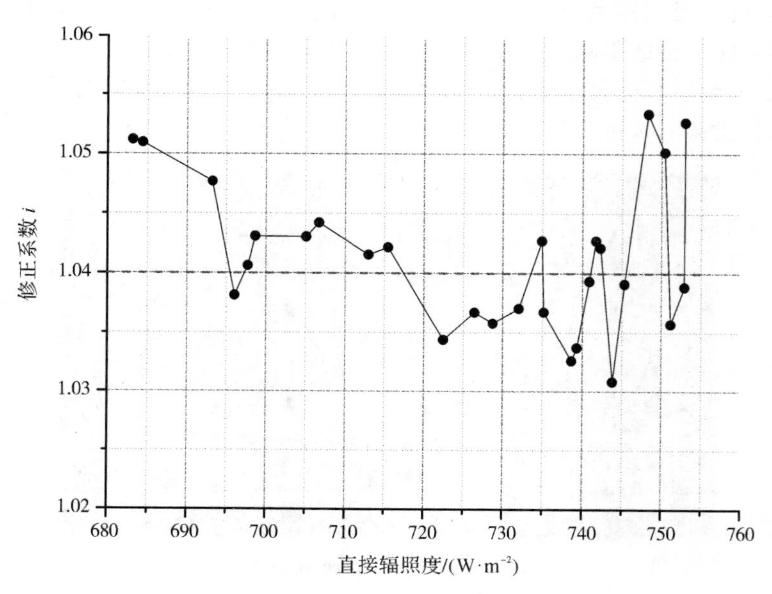

图 5-44　修正系数

由图 5－43 可知，随着太阳能直接辐照度的增加，两套系统对外输出的功率不断增大，且增加的趋势趋于一致。这表明两套系统(包括聚光器)的基本性能一致，聚光集热过程没有重大偏差，从图中也可以看出，同一辐照度下基准系统的热功率输出略小于对比系统的值，这说明基准系统的热效率低一些。由图 5－44 可知，修正系数 i 在 1.02～1.06 范围内变动，形成了以 1.04 为中心上下波动的分布状况，故 i 取 1.04。

修正实验的目的是找到对比系统和基准系统间的修正系数，为以后的数据分析打好基础。在研究工质流量、接收器安装位置等参数变化对系统热性能影响时，基准系统在固定流量、固定安装位置下运行，而对比系统则改变参数运行。在实验数据对比分析时，基准系统的热功率要通过修正系数修正后，再和对比系统的数据统一分析。

5.5.3　结果分析

1.直接辐照度的影响

实验中，基准系统聚光器上未安装接收器，而是设置了铠装热电偶能流密度测量台架，如图 5－45 所示。实验过程中能流密度测量台架和接收器均安装在 2 个聚光器的焦点平面，传热工质流量采用定值 5.56 g/s(20 L/h)。数据均由 TP700 多路数据记录仪采集，每个数据的采集间隔均为 1 min。

图 5－45　直接辐照度影响实验

接收器采光口为圆形，要分析此区域的能流(即 P_{a-r})，最佳方式是采用极坐标系。同时为了得到 P_{a-r} 的数值，需要对此区域进行有限元剖分，剖分方法如图 5－46 所示。

极坐标系中的数据点用 (ρ,θ) 表示，由数据点所围成的圆用实线画出。(ρ_i,θ_j) 代表极径 $\rho=i$ 个单位，$\theta=j(j\in[0,2\pi])$ 的数值，如 (ρ_0,θ_0) 为中心圆点，ρ_1 数据圆上有 4 个数据点等。有限元剖分时，画一个虚线显示的圆做为剖分圆。如图 5－46 所示，数据圆 ρ_2 被两个半径分别 R_2 和 R_3 的剖分圆包围在中间，$R_2=(\rho_1+\rho_2)/2$，$R_3=(\rho_2+\rho_3)/2$。R_2 和 R_3 剖分圆所包围的圆环面积 $S_2=\pi(R_3^2-R_2^2)$，ρ_2 数据圆上有 8 个数据点，均匀分布，故图中 4 点数据所代表的面积为 $S_{2,4}=\pi(R_3^2-R_2^2)/8$，故此区域内的能流等于数据点 4 的数值乘以面积为

$S_{2,4}$，依此类推就可以计算出整个区域的能流P_{a-r}。需要说明的是，边沿数据圆上的点所代表的面积只有内环，如图中$(\rho_4, \pi/2)$点。

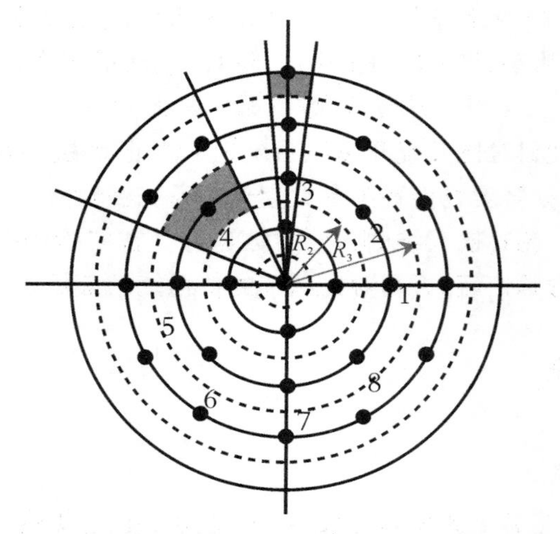

图 5-46　极坐标系下能流密度云图有限元剖分

图 5-47 显示了 4 个直接辐照度下的能流密度分布云图，为了直观显示采光口上能流分布随直接辐照度的变化，设定 4 个图中的颜色标尺一致。从图中可以看出，采光口上的能流密度分布中心区域最高，随着半径的加大能流密度下降明显。直接辐照度对中心区域的能流密度影响较大，随着直接辐照度的降低，中心区域的平均能流密度下降很快。对比分析图 5-47 中的图(a)和图(d)，可以看出直接辐照度较高时，采光口能流密度分布边缘接收到的值介于 50 kW/m² 和 100 kW/m² 之间；直接辐照度数值较低时，采光口能流密度分布边缘接收到的值介于 10 kW/m² 和 50 kW/m² 之间，可见直接辐照度对采光口能流分布影响较大。

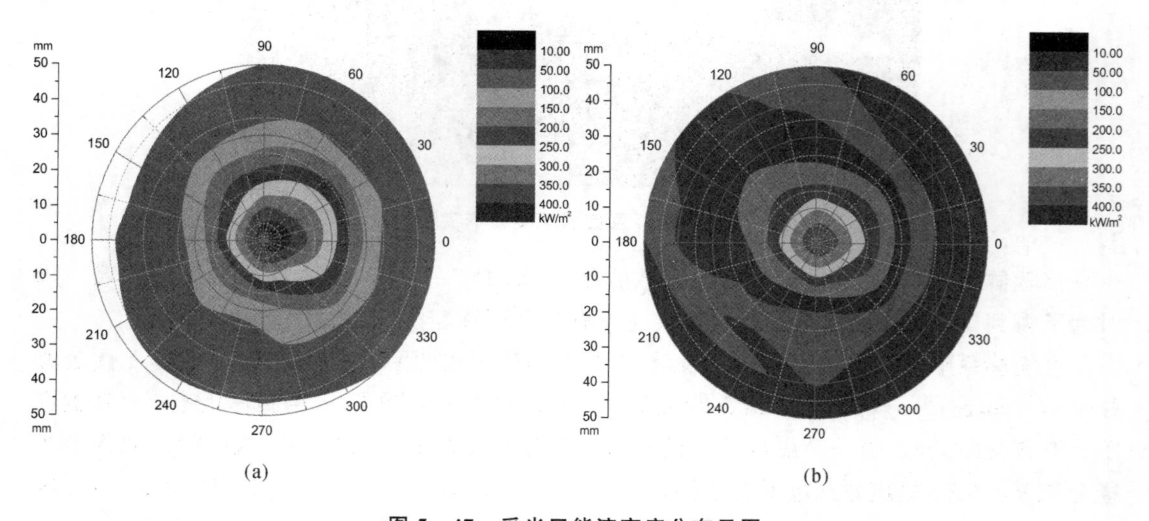

图 5-47　采光口能流密度分布云图

(a)直接辐照度 721 W/m² $2\delta_s$；(b)直接辐照度 652 W/m²

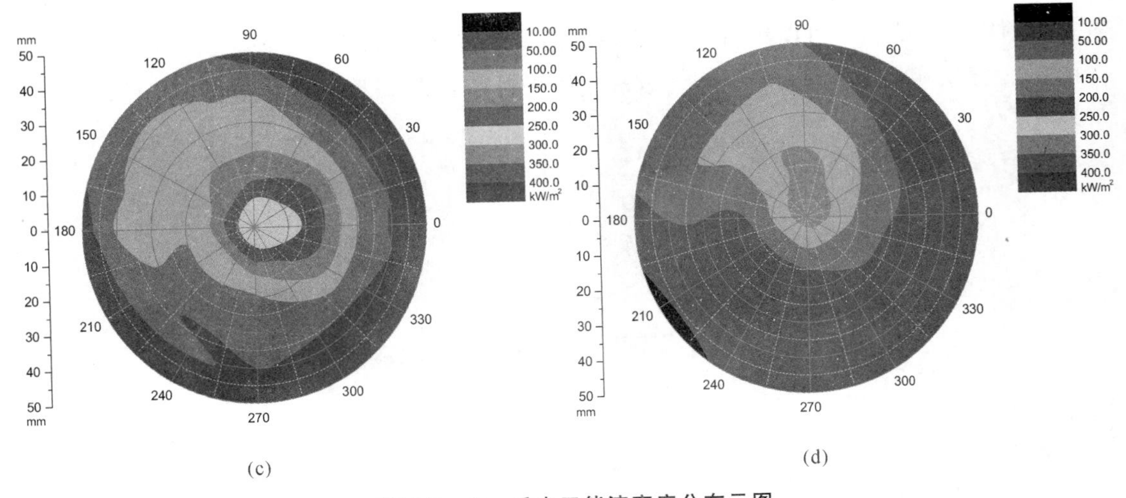

(c)　　　　　　　　　　　　　　　　(d)

续图 5－47　采光口能流密度分布云图

(c)直接辐照度 582 W/m²；(d)直接辐照度 400 W/m²

从图 5－47 中也可以看出，采光口焦面上的能流密度分布有一定的偏差，并不是以通过圆心的横轴或纵轴对称分布，聚光太阳能能流输入接收器时高能流密度区域向右面倾斜，低能流密度区域向左上角倾斜。这些倾斜由聚光器镜面误差和接收器的安装误差造成，相关内容已经在第 3 章分析过。高能流密度区域的倾斜会对接收器内能量传递过程产生影响，会造成内腔左右两侧能流分布不均，腔内温度分布不均。

图 5－48 显示了聚光器的总功率 P_a、采光口入射功率 P_{a-r}、系统的输出功率 P_u 随直接辐照度的变化情况。总功率 P_a 等于直接辐照度乘以聚光器的开口面积，所以其值和直接辐照度成正比；采光口入射功率 P_{a-r}、系统的有效输出功率 P_u 随直接辐照度的增大也在增大，但增大的趋势逐渐变缓，同时两者的差值变大。

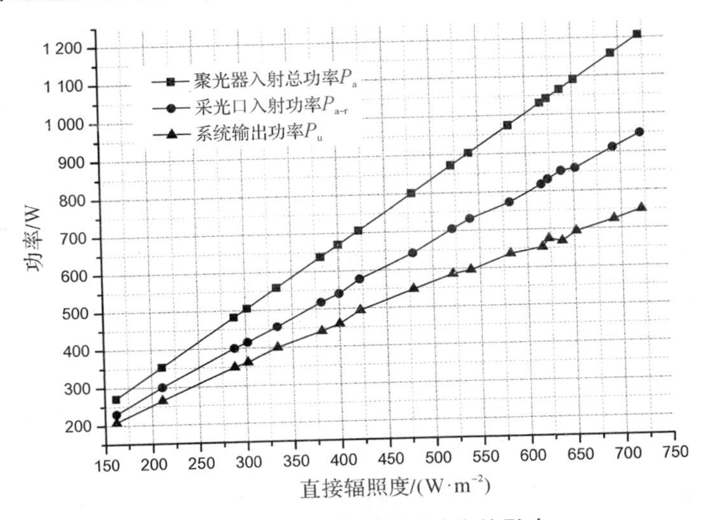

图 5－48　直接辐照度对功率的影响

图 5－49 显示了太阳能直接辐照度对聚光器热效率 η_a 、接收器热效率 η_r 、系统总热效率 η_{total} 的影响。从图中可以看出，随着直接辐照度的增加，三者都呈下降趋势。因为 $\eta_{total}=\eta_a\eta_r$，$\eta_{total}$ 是 η_a 和 η_r 两者作用的结果，故 η_{total} 曲线斜率最陡，下降趋势最明显。

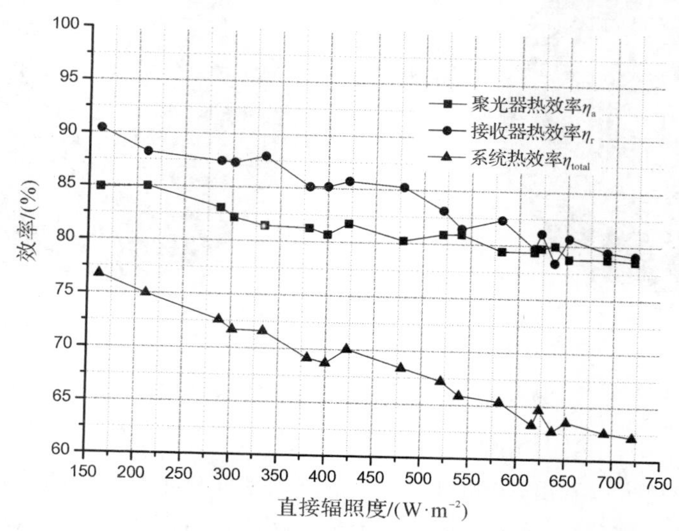

图 5－49　直接辐照度对效率的影响

聚光器效率 $\eta_a=\eta_{op}=\rho\tau a\gamma$ ，其中聚光器镜面反射率 ρ 和接收器采光口的透过率 τ 不会随辐照度变化而变化，故影响 η_a 的主要因素就是 a 和 γ 。a 为接收器腔体内壁面的吸收率，除与自身表面性质和温度有关外，还与发出辐射能量的物体性质和温度有关。根据基尔霍夫定律，漫射灰体表面的吸收率等于其发射率，而铜的发射率随温度升高而升高，故随着直接辐照度的增加，腔体内壁面温度升高，a 随之增加。因此，引起 η_a 下降的主要因素就是参数 γ ，γ 为接收器的光学采集因子，也就是聚光器反射太阳辐射中未到达接收器采光口的能量占总反射能量的比重。由图 5－48 可知，随着辐照度的增加，接收器采光口边缘的能流密度急剧增加，也就是聚焦平面上采光口外围区域（未进入接收器的）能流数值很大，这也就造成了 γ 的下降，同时 γ 的下降抵消了 a 的正向作用，还进一步拉低了 η_a 。

聚光器反射能流通过采光口进入接收器后，能量利用后被分为三个部分：接收器有效利用的能量 Q_U ，由于温度升高引起的接收器组件储热增加量 Q_{rS} ，接收器的热损失 Q_{rL} 。其中 Q_{rS} 随温度的升高而升高，但数值较小，可以忽略不计。因此，引起 η_r 变化的主要因素就是 Q_{rL} 。

热损失 Q_{rL} 包括内腔表面对太阳聚焦光线的反射热损失 Q_{ref} ，内腔对外界的导热热损失 Q_{cond} ，腔体采光口与外界的对流热损失 Q_{conv} 以及内腔表面通过采光口对外界的辐射热损失 Q_{rad} 。其中 Q_{cond} 和 Q_{conv} 与腔体内壁面温度的 1 次方成正比，Q_{rad} 与腔体内壁面温度的 4 次方成正比，可见腔体内壁面温度对接收器的热损失影响较大。图 5－50 显示了腔体外壁面(挨保温层一面)温度随辐照度的变化情况。图中每个平面上的温度取对称布点 1 和 2 的平均值。从图中可以看出,随着辐照度的增加,其底部、中部、上部三个区域的温度也在加大,由于底部温度能流密度最强,其温度最高。

同时,图 5 - 50 中也标出了 $T_{wo2.1}$ 和 $T_{wo2.2}$ 的温度变化情况,两者温度变化较大。其左右温度值变化是由于能流密度区域的倾斜所造成,图 5 - 47 的能流密度分布云图清晰地显示了倾斜趋势。由图 5 - 50 可以看出,这种倾斜对接收器左右两侧的温度分布的影响较大,这会对传热过程造成不利影响。

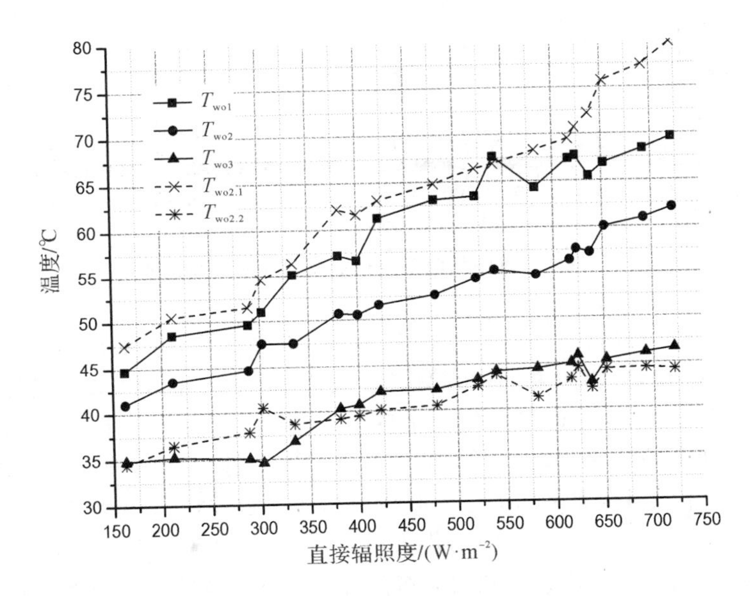

图 5 - 50　直接辐照度对腔体外壁面温度的影响

2.传热工质流量变化的影响

采用基准系统和对比系统开展了工质流量变化对系统热性能影响的实验研究,对比了 6 种流量下热效率和热功率的变化。除了利用 3 根内腔温度传感器测量了铜螺旋管外侧温度外,还通过 Fluke Ti55FT 红外热成像仪拍摄了不同时刻、不同流量下两个接收器腔体内壁面温度。实验中,2 套系统同时运行,基准系统工质流量恒定为 5.56 g/s,对比系统工质流量分别为 2.78 g/s、5.56 g/s、8.33 g/s、11.11 g/s、13.89 g/s 、16.67 g/s。每组流量的测量时间为 10 min,从一组流量调整为下一组流量时,中间调整时间间隔为 5min,接收器传热过程稳定后再开始下一组数据的测量,以减少测量误差。

图 5 - 51 显示了流量变化对系统输出功率和系统热效率的影响,其中对比系统的数据按照修正实验结果进行了修正。在整个实验过程中直接辐照度的平均值为 677 W/m^2,虽然在每个流量的测试时间段内(10 min)辐照度数值略有起伏,但数值变化不大,对测试结果的影响较小。

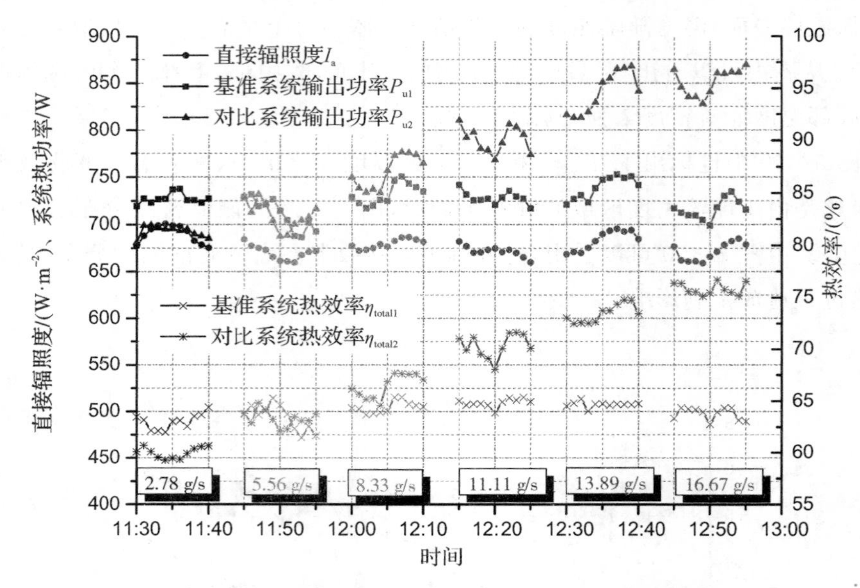

图 5-51　流量变化对系统输出功率和热效率的影响

从图 5-51 中可以看出，基准系统和对比系统的输出功率 P_{u1} 和 P_{u2} 的变化趋势同直接辐照度的变化趋势一致，当辐照度增加时两者随之增加，反之亦然。基准系统定流量运行，各个测试时间段内其输出功率的平均值变化较小。从图 5-51 中可以看出，随着流量的变化，对比系统输出功率的变化明显。当流量小于基准流量时，P_{u2} 的数值明显小于 P_{u1} 的数值；当流量等于基准流量时，P_{u2} 和 P_{u1} 的曲线交织在一起，两者的差异较小；当流量大于基准流量时，随着流量的增加，P_{u2} 的数值明显大于 P_{u1} 的数值，且两者间的差距越来越大。这些结果表明，接收器内工质流量变化对系统输出功率的影响较大，随着流量的增加，系统输出功率是不断加大的。

输出功率数值的变化和聚光器效率、接收器效率是分不开的，由于总的测试时间内直接辐照度数值变化不大，输出功率数值主要取决于接收器效率。由于 2 套系统中都要安装接收器，无法安装能流密度测量系统，因此不能直接得到聚光器输出功率 P_{a-r}，也就无法直接测量得到接收器效率 η_r 数值。由于聚光器效率变化不大，因此可以用系统总热效率 η_{total} 来展开分析。

图 5-51 中显示了不同流量下，基准系统和对比系统热效率 η_{total1}、η_{total2} 的变化情况。同系统输出功率的变化一样，当流量小于基准流量时，η_{total2} 的数值明显小于 η_{total1} 的数值；当流量等于基准流量时，η_{total2} 和 η_{total1} 的曲线交织在一起，两者的差异较小；当流量大于基准流量时，随着流量的增加，η_{total2} 的数值明显大于 η_{total1} 的数值，且两者间的差距越来越大，具体如图 5-52 所示。

对比系统热效率 η_{total2} 的增加意味着其接收器效率 η_{r2} 的增大，接收器结构尺寸固定的情况下，影响接收器效率的最大的因素就是腔体内壁面温度。腔体内壁面温度降低，Q_{cond}、Q_{conv} 和Q_{rad} 等热损失都会减小，接收器效率自然会增大。图 5-53 显示了不同流量下基准系统和对比系统腔体外壁面温度变化情况。从图中可以看出，基准系统的流量固定不变，其底部、中部、上部三个腔体外壁面温度数值变化也不大，只是随辐照度的变化略有起伏。而对比系统的底部、中部、上部三个腔体外壁面温度数值变化较大。当流量低于基准流量时，由于传热工质流量小，单位时间内带走的热量少，大部分能量被铜管吸收造成其温度升高明显，因此对比系统 $T_{wo2.1}$、$T_{wo2.2}$ 和 $T_{wo2.3}$ 的数值要远高于基准系统 $T_{wo1.1}$、$T_{wo1.2}$ 和 $T_{wo1.3}$ 的数值。随着流量的增加，传热工质单位时间内带走的热量增大，对比系统 $T_{wo2.1}$、$T_{wo2.2}$ 和 $T_{wo2.3}$ 的数值逐渐低于基准系统 $T_{wo1.1}$、$T_{wo1.2}$ 和 $T_{wo1.3}$ 的数值。当流量成倍增大时，内壁温降低幅度逐渐变小，流量的增加对热效率的有利贡献逐步削弱。

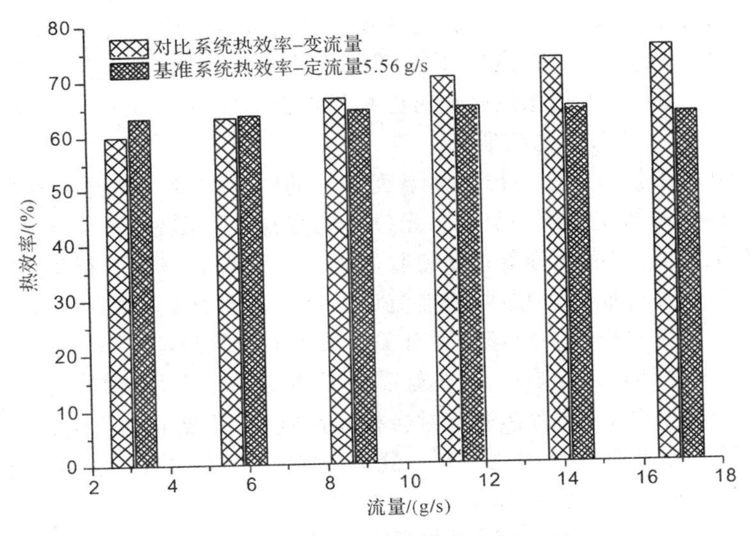

图 5－52　对比系统和基准系统热效率比较

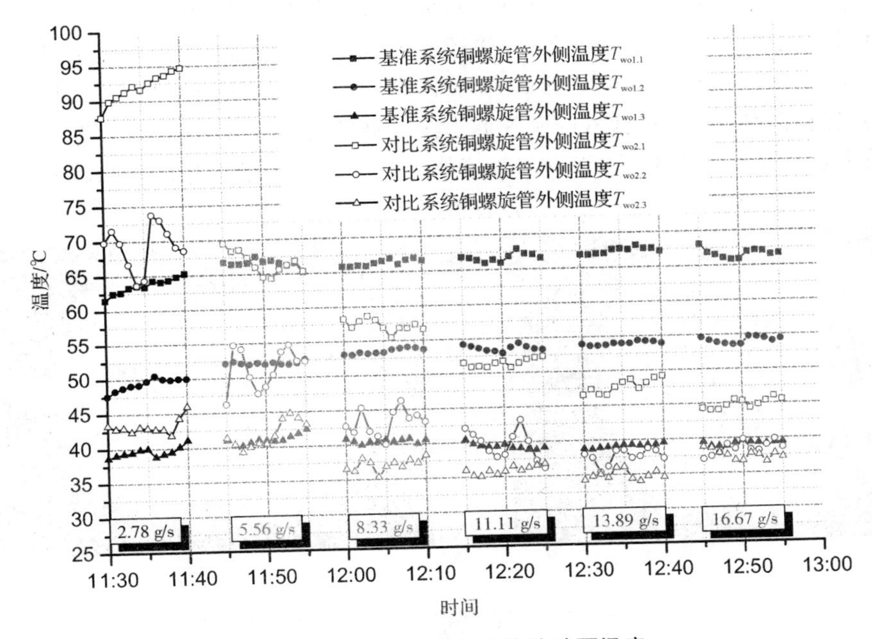

图 5－53　不同流量下腔体外壁面温度

由于腔体外壁面温度主要受铜管温度、传热工质入口水温和流量等的影响，可以间接反映接收器的换热情况，但接收器接收太阳能汇聚能流的部位是内腔（铜螺旋管内侧），所以分析流量对接收器传热过程的影响时，腔体内壁面温度分布情况更能说明问题。

一切温度高于绝对零度的物体都在不停地向周围空间发出红外辐射能量，红外辐射能量的大小及其按波长的分布与它的表面温度有着十分密切的关系。因此，通过对物体自身辐射的红外能量的测量，便能准确地测定它的表面温度。由于接收器采光口入射太阳能能流密度很大，如果放置传感器在腔内，传感器接收到这部分能流后温度会急剧升高直至损坏。若放置铠装热电偶来测温，其较大的体积会对接收器结构造成破坏，影响传热过程。同时，受布置数目的限制，也不能反映腔内温度的真实情况。因此，利用红外热像仪测试腔内温度较为合适。但是，红外热像仪测量时应尽量垂直对准被测物体表面，角度偏差最大不允许超过 30°，这给测量带来了一定难度。

图 5－54 显示了接收器腔体内壁面温度分布的红外图像。要提前说明的是：由于聚光器镜面误差和接收器的安装误差引起采光口的能流密度分布偏差，本应通过采光口进入接收器内腔的太阳能能流，有部分落在了接收器采光平面保护罩上。保护罩由外表面敷了一层耐高温水泥铸铁片构成，保护罩吸收能流后温度升高很多，会形成热斑。另外，这些热斑的形成也和 2 套系统共用同一跟踪平台有关。聚光器和接收器安装过程中难免会产生位置偏差，测量时焦斑位置会有所偏移，这时就需要对跟踪平台进行适当微调。可是，由于 2 套系统放在同一跟踪平台上，两者在调整时会相互影响，很难做到两者的同步，这也造成了保护罩上形成热斑。热斑的形成说明一部分能流未能入射到吸热面上，造成了能量的损失；若长时间运行，还会对保护罩造成破坏。

从图 5－54 的红外图像中，可以直观观察到，接收器腔内温度分布较为均衡，这说明底部反射圆锥的参数设置合理。为了能进一步分析腔内温度变化情况，利用红外图像处理软件 SmartView 绘制了一条腔内温度线，并标注了线上的最大温度、最小温度和平均温度等数值。从图中可以看出，随着流量的加大，腔内平均温度呈现下降趋势。这说明流量增加后增强了传热过程，传热效果较好，进而降低了接收器腔内温度，减小了接收器热损失，增大了接收器效率。同时，由图中也可以看出温度线上最大温度和最小温度之间的差值在缩小，也就是说，随着流量的增加，腔内温度场分布梯度变小。

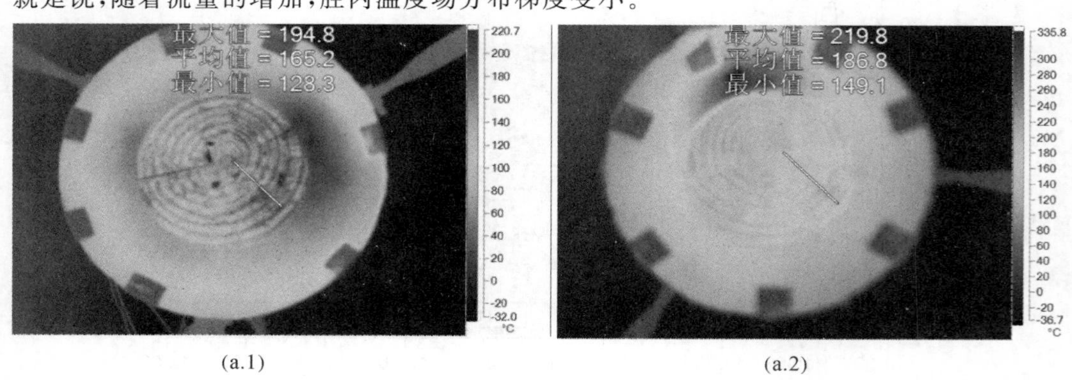

(a.1) (a.2)

图 5－54 接收器腔体内壁面温度分布红外图像

(a.1)基准系统（工质流量 5.56 g/s，直接辐照度 675 W/m²）；(a.2)对比系统（工质流量 2.78 g/s，直接辐照度 678 W/m²）

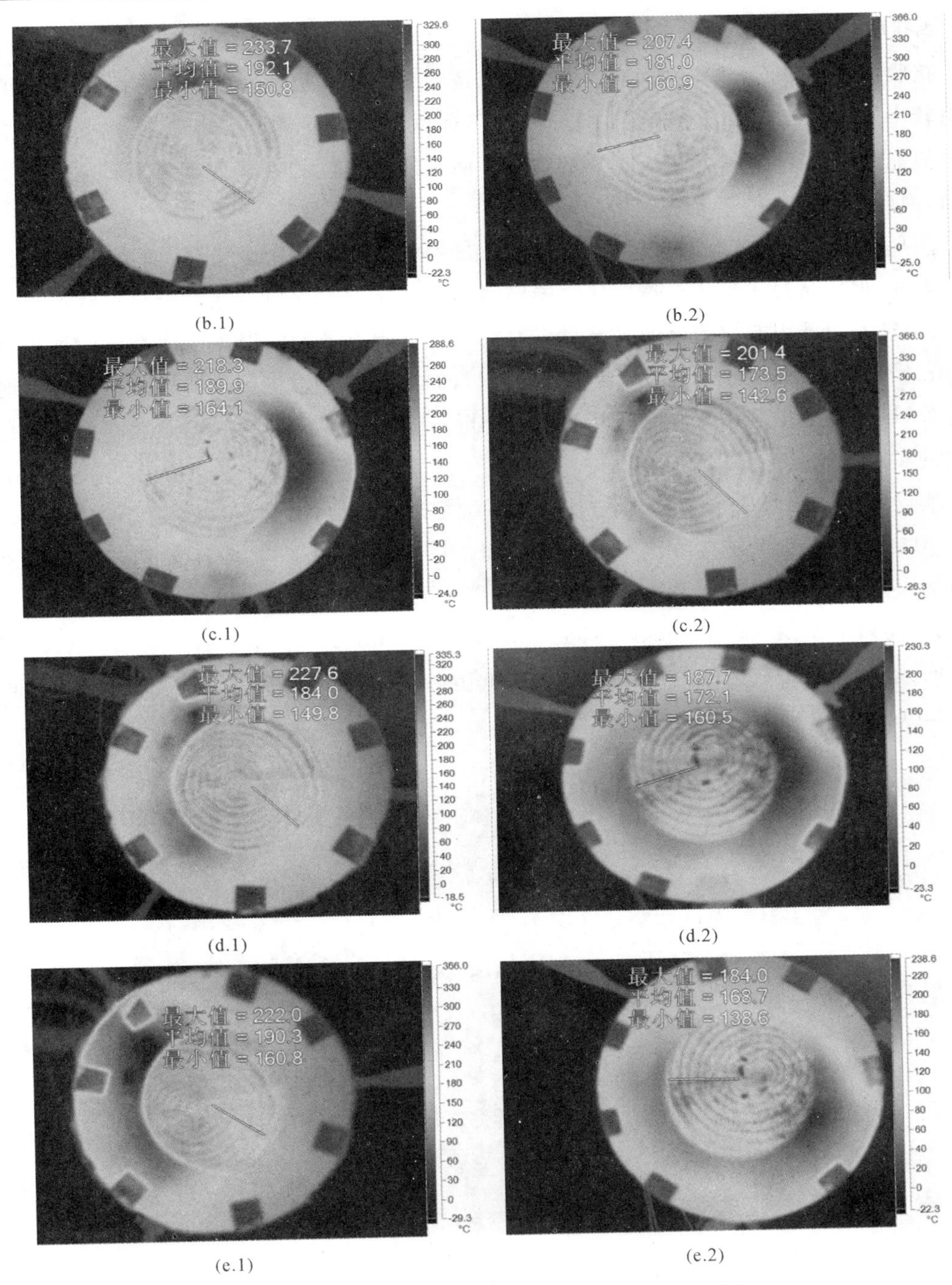

(b.1)　(b.2)　(c.1)　(c.2)　(d.1)　(d.2)　(e.1)　(e.2)

续图 5－54　接收器腔体内壁面温度分布红外图像

(b.1)基准系统(工质流量 5.56 g/s,直接辐照度 712 W/m^2);(b.2)对比系统(工质流量 8.33 g/s,直接辐照度 691 W/m^2);(c.1)基准系统(工质流量 5.56 g/s,直接辐照度 692 W/m^2);(c.2)对比系统(工质流量 11.11 g/s,直接辐照度 688 W/m^2);(d.1)基准系统(工质流量 5.56 g/s,直接辐照度 681 W/m^2);(d.2)对比系统(工质流量 13.89 g/s,直接辐照度 678 W/m^2);(e.1)基准系统(工质流量 5.56 g/s,直接辐照度 698 W/m^2);(e.2)对比系统(工质流量 16.67 g/s,直接辐照度 693W/m^2)

3.接收器安装位置的影响

接收面在法平面(焦点平面)上,聚焦后焦斑的最大能流密度区域形状较规则,焦斑直径相对较小。随着接收面垂直于主轴向上或向下远离焦点平面,焦斑形状会越来越不规则,同时峰值能流密度不断下降,向下远离的聚焦平面其能流密度的衰减程度要大于向上远离的平面,因此法平面上的聚光效果是最好的。

法平面上能流密度分布呈较好的正态分布,中心位置能流密度最高,两边迅速降低,聚光效果好,但能量过于集中会造成接收器局部温度过高,产生热点,除对传热过程产生不利影响外,还有可能引起接收器的局部热应力破坏。总能流最大的聚焦平面是正向远离焦点 20 mm($Z=575$ mm)的测点处。若以高效为目的,则可以考虑将接收器安装于最大总能流位置处,以便高效地利用太阳能。针对以上分析,开展了接收器安装位置变化对系统热性能影响的实验研究。

实验中,基准、对比系统同时运行,两个系统均定流量运行,其流量恒定为 5.56 g/s。如图 5-55 所示,基准系统接收器安装在法平面($Z=555$ mm)上,接收器采光口平面与通过焦点的聚焦平面重合;对比系统接收器安装位置,分别为 $Z=515$ mm、$Z=525$ mm、$Z=535$ mm、$Z=545$ mm、$Z=555$ mm、$Z=565$ mm、$Z=575$ mm、$Z=585$ mm、$Z=595$ mm,共 9 个平面。同样,每组数据的测量时间均为 10 min,从一组数据调整到下一组数据时,中间间隔 5 min,作为缓冲。

图 5-55 接收器变动安装位置实验

图 5-56 显示了安装位置变化对系统输出功率和热效率的影响。从图中可以看出,小于焦点位置($Z=555$ mm)的 4 个平面上,随着焦距的增加,对比系统的输出功率不断增大,但在每个测量平面上其值总小于基准系统的输出功率。在法平面上,由于对比系统和基准

系统均安装在相同位置，因此两者输出功率间差异不大。在大于焦点位置的安装平面上，$Z=565$ mm和 $Z=575$ mm 平面上的对比系统输出功率要大于基准系统输出功率，$Z=575$ mm平面上的数值最大，且其测量期间的平均直接辐照度值还较小。实验结果证明第 3 章理论安装位置推论的正确性。随着焦距的继续增大，$Z=585$ mm 和 $Z=595$ mm 平面上对比系统的输出功率又开始变小，要小于基准系统的输出功率。

接收器输出功率是一个有量纲的量，其数值受直接辐照度的影响较大，虽然采用了基准系统进行对比分析，但采用无量纲的量——系统热效率，更能说明问题。图 5－56 中也显示了安装位置变化对系统热效率的影响，如图所示，系统热效率的变化同上述输出功率的变化趋势一致。系统热效率按从大到小的顺序依次为：$Z=575$ mm 平面、$Z=565$ mm 平面、$Z=555$ mm 平面、$Z=585$ mm 平面、$Z=545$ mm 平面、$Z=595$ mm 平面、$Z=535$ mm 平面、$Z=525$ mm 平面、$Z=515$ mm 平面。

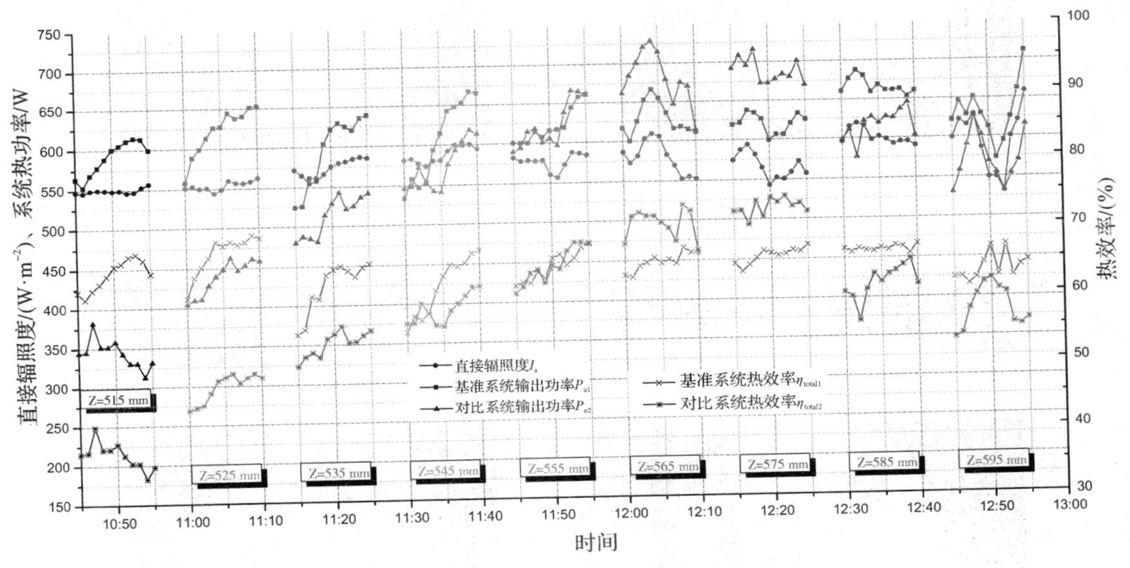

图 5－56　安装位置变化对系统输出功率和热效率的影响

安装位置的变化，引起接收器采光口截获能流的变化，进而影响到了系统的热效率。为进一步分析接收器采光面(包括采光口和保护罩)能流输入情况，利用红外热像仪对不同安装位置上的接收器采光面及腔内温度进行了测量，如图 5－57 所示。为直观地显示保护罩和腔内温度大小，利用软件 SmartView 绘制了其 3D 温度场分布图，并在腔内画了一条温度线，标注了线上的最大温度、最小温度和平均温度，同时在保护罩上标注了 5 个点的温度。

由图 5－57 可以看出，保护罩的温度要高于腔内温度。保护罩温度较高，要从两个方面来分析。一方面是由聚焦焦斑的发散所引起，是不可避免的。聚光器反射的太阳能聚光能流大部分通过采光口入射到接收器吸热面(铜螺旋管)上，由于聚光器镜面误差聚焦平面的焦斑有一定的发散，采光口外围区域的能流密度也较高。这部分发散的能流大部分入射到保护罩上，开始时大部分能量被吸收，少部分通过对流和辐射散失到空气中；随着保护罩温度的升高，散热和吸热达到平衡后，保护罩的温度才固定下来，其最终温度较高。接收器内传热工质不断带走热量，换热量很大，其腔体内壁面温度较低。对于这种情况，图 5－57 中(0)、(＋10)2 个图中 3D 温度场分布表现得很明显。

保护罩温度较高的另外一个因素由安装位置的变化所引起。在焦点平面附近，焦斑区域较小，能量很集中。在远离焦点平面的位置，不管是正向远离还是负向远离，能流的聚集趋于分散，相同能流密度的区域在扩大。扩大后，大部分能流照射在保护罩上，增加了保护罩的入射能流，引起其温度升高。

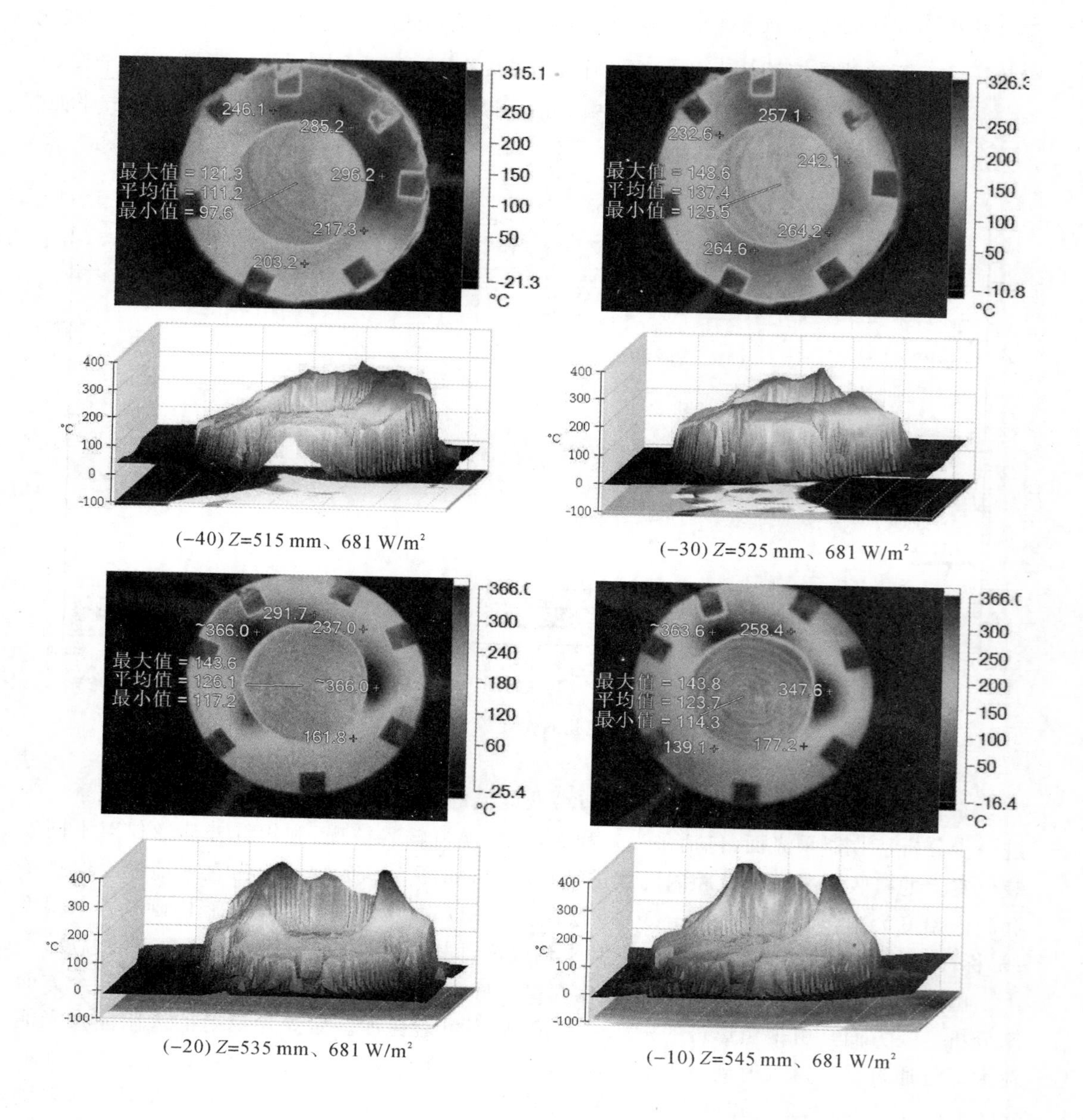

(−40) Z=515 mm、681 W/m^2

(−30) Z=525 mm、681 W/m^2

(−20) Z=535 mm、681 W/m^2

(−10) Z=545 mm、681 W/m^2

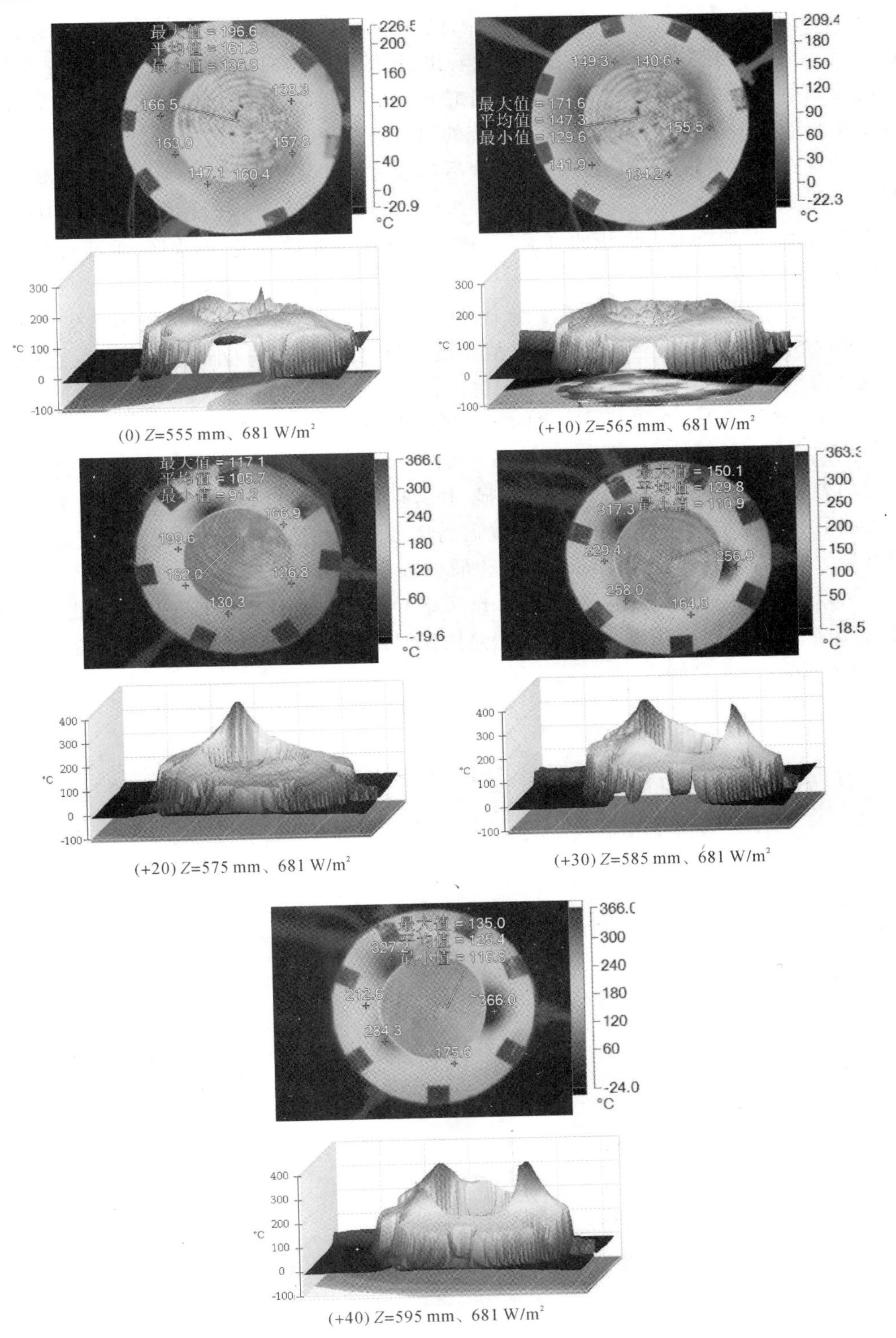

(0) Z=555 mm、681 W/m²

(+10) Z=565 mm、681 W/m²

(+20) Z=575 mm、681 W/m²

(+30) Z=585 mm、681 W/m²

(+40) Z=595 mm、681 W/m²

图 5－57　接收器保护罩和腔内温度红外图像

越是远离焦点位置，这种扩散越明显，图 5-57 中(−40)、(−30)2 个图很明显说明了这一点。从(−40)、(−30)2 个图中可以看出，扩散使得焦斑面积变大，能流密度变低，大部分能流入射到保护罩上，保护罩温度上升较快，温度要远远高于接收器腔内温度。这直接导致了接收器效率的下降，进而拉低了系统的热效率。

随着安装位置逐渐靠近法平面，汇聚后的能流趋于集中，发散所引起的不良效果在逐渐削弱。图 5-57 中(−20)、(−10)、(+20)、(+30)、(+40)5 个图能说明情况。从这 5 个图中可以看出，保护罩上大面积的高温区(相对于接收器腔内温度)消失了，取而代之的是少数温度较高的热斑。

从图 5-57 的腔体内壁面温度线上也可以看出，随着安装平面负向远离焦点平面和正向远离 20 mm 以上，线上温度的最大值和最小值之间的差异较小，腔内温度分布比较均匀，这说明由于发散作用，入射能流的分布也比较均匀。但是，和保护罩上温度相比，腔内温度要小得多，差距在 100 ℃以上，这也间接说明了焦斑产生了发散，部分能流入射到保护罩上。

焦点平面(0)图和正向远离 10 mm 平面(+10)图中，腔内温度线上的最大值和最小值之间的差异变大，腔内温度分布梯度明显，和保护罩上的温度相比较，腔内温度要高，但差异不太明显。(+20)图的情况和安装位置远离焦点平面的情况近似，腔内温度要低，保护罩温度略高。同时，腔内温度线上的最大值和最小值之间的差异不大。

从以上分析也可以看出：Z=575 mm 安装位置上采光面的能流密度分布也发生了分散效应，保护罩也出现了热斑，一定程度上削弱了接收器效率。接收器最佳的安装位置应在 Z=565～575 mm 之间。

第6章　磁性纳米流体强化太阳能热利用研究

提高能源利用效率是全球研究的重点，换热器作为能量传递的关键设备，对系统能效有着重大影响。虽然优化换热器结构可以增强其换热性能，但随着设备逐渐走向高度集成化，如电子器件和高精度仪器等，换热器结构的优化空间变得有限。因此，要应对高能流密度的工作环境，采用高效换热工质成为了解决问题的关键所在。

传统的换热工质如水、醇、油等，其换热能力相对有限。而固体虽然具有较高的导热率，但由于缺乏流动性，其在实际应用中受到限制。因此，一些研究者开始探索如何将固体的高导热性与液体的流动性相结合。这一方向的研究已经取得了一些进展。1995年，Choi等首次提出了纳米流体的概念，通过将金属或非金属纳米粉体分散到液体介质中，形成稳定的悬浮液，显著提高了液体的导热能力。这种纳米流体在能源、航空、化工和电子制造等领域展现出广阔的应用前景。

6.1　研究意义

间接式太阳能集热器在热量传递和热对流过程中，导致太阳能光热转换效率受到限制。为了提高系统对太阳能的利用率，学者们研发了直接吸收式太阳能集热器，通过流动工质直接吸收太阳能，减少热损失，从而提高热效率。因此，优化集热介质是提高热效率的关键。在传统工质(如水、乙二醇、油类)中加入纳米粒子，制备成纳米流体。这种纳米流体具有优异的光学性能和热物性，能更好地吸收太阳辐射，提高集热效率。如果纳米粒子具有磁性，形成的磁性纳米流体还会受到磁场的影响。为了进一步增强 Fe_3O_4 在磁场下的传热能力和光学性能，研究磁性纳米流体在磁场作用下的强化换热机理至关重要。通过与导热性能更佳的石墨烯复合，可以进一步完善磁性纳米流体的强化传热传质机理。

6.1.1　纳米流体热物性研究

Hossein等研究了水基石墨烯纳米流体在均匀壁面圆管内层流换热系数，发现在水中加入少量体积分数的石墨烯纳米颗粒可以显著提高工作流体导热系数和对流换热系数，且0.02%的浓度下增幅最大，并在雷诺数为1 850时，导热系数增强为10.3%，换热系数增强为14.2%。S. Askari等采用多壁碳纳米管和纳米多孔石墨烯纳米流体，对逆流式机械湿式冷却塔的热性能进行了实验研究，发现多壁碳纳米管和纳米多孔石墨烯纳米流体在45 ℃时的导热系数分别提高了20%和16%，与水相比可提高效率，但同时密度和黏度也相应增加。Monireh等通过分子动力学模拟计算石墨烯/甘油纳米流体的黏度和扩散系数，在293.15 K时计算的黏度与其实验值很接近，研究表明，石墨烯/甘油纳米流体的扩散系数随着石墨烯层数的增加而减小。Amirsaleh等选用高表面积的多孔石墨烯纳米颗粒以及去离子水做纳米流体，研究表明，当纳米流体的质量分数为1%时导热系数基本不变，仅增强3.8%，但对流换热系数显著增强为34%。石墨烯纳米流体的对流换热系数随温度的升高而升高，改善的速率随温度的升高而加快。

Milad等研究了不同温度和剪切速率下氧化石墨烯流体的流变性能，研究发现氧化石墨烯纳米流体的黏度随浓度线性增加，同时，在温度为25 ℃，质量分数为0.1%时，导热系数分别提高了18.9%。Mutlu等介绍了一种利用红酒中提取的多酚功能化还原氧化石墨烯制作石墨烯纳米颗粒的新方法，并研究了石墨烯纳米流体的化学稳定性、黏度、润湿性、导电性和导热性，发现当体积分数为4%时，导热系数显著提高了45.1%；又进一步研究了纳米流体在具有均匀壁面层流时的换热系数，估计其冷却能力。Hooman等通过不同质量分数(0.02%～0.1%)、不同雷诺数(5 000～17 500)的石墨烯-铂混合纳米流体研究其传热特性，实验发现，与基液相比，所有纳米流体样品都具有更高的传热能力。纳米复合材料的努塞尔数和换热系数的增加与雷诺数和质量分数有关。

Saeed等制作了稳定性良好的煤油基多碳纳米管和石墨烯纳米流体，结果显示，在60 ℃和质量分数为0.5%时，多碳纳米管和石墨烯纳米流体相交基液的热导率提高了28%和23%；在雷诺数为4 448和质量分数为0.5%时，纳米流体的增强效果最大，多碳纳米管纳米流体增强为40.26%，石墨烯纳米流体增强为22.79%。李天宇通过超声剥离法制备了石墨烯粉末，配制了石墨烯-乙醇纳米流体，对其热物性和湿润性进行研究，结果表明，纳米流体导热系数随石墨烯纳米流体的体积份额增大而提高，体积分数为0.1%的纳米流体比基液提升了10%。梅倩等研究了多孔石墨烯-乙二醇水溶液纳米流体在汽车散热器中的传热性能，结果表明，当石墨烯质量分数为0.1%时，最大传热系数达12 173 W/(m^2·K)，比基液提高了29%。

何钦波制备了石墨烯-Fe_3O_4纳米流体，研究了影响纳米流体稳定性、热物性和光热特性的因素。结果发现，质量分数为0.04%的石墨烯-Fe_3O_4添加十二烷基苯磺酸钠(SDBS)最佳量为0.03%(质量分数)；pH=8.5时，石墨烯-Fe_3O_4的分散性最好。温度为30 ℃时质量分数为0.01%的纳米流体导热系数比去离子水提高了6.23%，质量分数为0.1%的纳米流体导热系数比去离子水提高了18.12%。Shunsuk等利用同步X射线成像技术研究在300.15 K条件下，二氧化硅纳米流体与乙二醇/水溶剂相比对其传热系数的增强机理。Tae等用毛细管作用将多壁碳纳米管填充成石蜡，并用激光散射法定量评价了7天内各悬浮液的稳定性，进一步用差示扫描量热法(DCS)和三拍法分别测定了纳米流体的有效比热和消光系数，填充了体积分数为1%的水基MWCNT纳米流体的有效比热比，比不含石蜡的水基MWCNT纳米流体高5.1%。Allouhi等对使用纳米流体的热管平板太阳能集热器的性能进行数值表征，提出了一维瞬态传热模型的数学公式，对不同工作模式下的CuO、Al_2O_3和TiO_2基纳米流体进行了能量和㶲的比较，与基液(水)相比，含铜纳米流体在能量效率和㶲效率方面的提高最高。Shu－rong 等通过数值模拟的方法研究了不同氧化铝纳米颗粒形态的水基纳米流体的自然对流，并对血小板状、圆柱体状、刀片状、长方体状的纳米颗粒进行比较，通过模型预测了传热速率和熵产。

通过前人的研究发现，纳米粒子的加入可以提高基液的导热系数和传热系数，并且与纳米粒子的种类、粒径、形状、质量分数有关，其中纳米粒子的种类和质量分数对纳米流体的导热系数和传热系数影响最大。纳米流体稳定性是研究热物性的基础，其与分散剂和 pH 值的选取有关。

6.1.2　纳米流体光学特性研究

M. Vakili 等配置了不同质量分数的水基石墨烯纳米流体，从形态结构、稳定性、光学性能和热导率上研究其性能，研究表明纳米流体在波段为 250 nm 到 300 nm 内具有强吸收能力，可作为直接吸收式集热器的流动工质。Alexandra 等用透射电镜观察了碳纳米粒子的形貌，用动态光散射法研究了碳纳米粒子在室温和高温下的粒径分布。利用库贝尔-蒙克理论，用带积分球和不带积分球的分光光度计测量了水和纳米流体的弹道透光率、吸收系数和散射反照率，实验表明，碳纳米流体可提高低温直接吸收太阳能集热器的整体效率。L. Syam Sundar等对水基纳米金刚石纳米流体在平板太阳能集热器内循环的集热器效率、传热、能量和环境排放进行了实验分析，并对纳米流体的稳定性和热物性进行了研究，发现在体积分数为 1%的情况下，Nusselt 数和换热增加到 32.31%和 52.33%。Muhammad 和 Yusuf 综述了纳米颗粒粒径、纳米颗粒形状、纳米颗粒浓度、温度、表面活性剂和光程长度等因素对纳米流体太阳光谱吸收、透射和散射特性的影响，此外，还介绍了纳米流体作为太阳光谱分离器的应用现状和潜力。

通过前人的研究发现，纳米颗粒的加入对基液的光学性能有显著影响，可以有效增强基液对光的吸收能力，吸收效果和纳米颗粒的种类和质量分数有关。

6.1.3　复合纳米流体研究

Mehdi 等通过模拟的方法来评估含有石墨烯-银的混合纳米流体在两个路径不同的微通道散热器中的流动、传热和熵增。研究表明，纳米流体的加入比纯水能更有效地冷却表面，微通道的最高温度也降低。Mohammad 等以直接吸收式太阳能集热器为对象，研究了石墨烯-银混合纳米流体的热物性和光学性能，分析了石墨烯质量分数和银修饰含量等影响因素，发现在 4×10^{-5} 的低浓度下可达到 77%的集热器效率。许喜伟用 $CuSO_4\cdot5H_2O$、KBH_4 和 KOH 在 1∶1∶23 的条件下，通过氧化还原法制得铜-还原氧化石墨烯（Cu/rGO）复合材料，并使用拉曼光谱、透射电子显微镜和 X 射线衍射对其进行形态和成分的检测，进一步测试影响纳米流体分散性和稳定性的因素，发现在 pH＝7，以十六烷基三甲基溴化铵（CTAB）作为分散剂时的效果最好。

复合纳米流体的研究资料较少，其传热机理和稳定性成因较为复杂，通过复合的方式后期优化的空间变大，应用前景广泛。

6.1.4 磁性纳米流体研究

Uddi 等采用非均匀动力学模型，分析了在均匀磁场存在下具有波状上壁的氧化铜纳米流体填充方形容器的自然对流换热问题，结果表明随着瑞利数、壁面波数、纳米固体体积比、固体几何比和几何倾角的增大，以及随着哈特曼数和纳米颗粒直径的减小，流动场、热场和浓度场适合于强化传热，通过增加传热装置上表面的波数，可使传热性能提高 20%。Mojtaba 等提出了一种将旋转吸收管和磁场感应器与纳米流体同时使用的混合方法，研究表明，集热器的能量和㶲性能均得到了提高，在 1 000 Gs 磁场强度和 0.4 rad/s 转速下，集热器总损失可减少 37.4%。Elzbieta 等进行了数值研究，以了解在强磁场(高达 10 T，1 T=10 kGs)作用下，纳米银流体对系统中发生的输运过程的影响及其相互作用，并将数值分析结果与实验结果进行了比较，结果非常吻合。

S. O. Giwa 等采用新型水基 Fe_2O_3 - MWCNT 纳米流体，研究其在磁场下热对流换热问题，并对混合纳米流体进行了稳定性、黏度、导热性和形貌表征的研究。研究表明在无磁场下，平均努塞尔数会随着瑞利数和温差的增大而增加；进一步发现，换热率随着黏度增加而降低。Mutlu 等研究了恒定磁场和交变磁场作用下 Fe_3O_4/水纳米流体在直管中的强迫对流换热，研究发现与无磁场相比，恒磁场可使对流换热增强 13%，交变磁场使管道内的对流换热增加了 35%；进一步发现，低频交变磁场对增强对流换热更有效。Durgesh 等对比研究了磁场对水基 Fe_3O_4 磁性纳米流体和水基 CuO 纳米流体的影响，分析了瑞利数、哈特曼数、纳米颗粒的体积分数和磁场倾角等因素对传热传质的影响，研究表明，低雷诺数下磁场中水基 Fe_3O_4 磁性纳米流体比水基 CuO 纳米流体有着更高的传热效率，磁场对传质的影响在瑞利数越大时越明显。

Sara 等使用氧化镍纳米粒子去水的基本流体中，在磁场的存在下，用池沸腾装置研究了核状态下的池沸腾换热系数，并通过透射电子显微镜(TEM)、动态光散射(DLS)、X 射线衍射(XRD)等验证了纳米流体的粒径和稳定性，研究表明磁场强度的增加对强化传热有积极的影响。Had 等对水基铜纳米流体在恒定磁场和交变磁场作用下的自然对流换热进行了实验和数值研究，通过研究发现，无磁场情况下，纳米流体的努塞尔数随体积分数的增加而增大，此外，如果受到的磁场强度大于阈值的哈特曼数，那么增加纳米颗粒体积分数会降低传热性能。

通过前人的研究发现，磁性纳米流体在磁场下表现出了异于非磁场下的性质，并且随着磁场的大小、方向而改变，同样有助于强化传热。

6.1.5 纳米流体应用研究

D. Anin 等以石墨为原料，采用改进的 Hummer 方法合成氧化石墨烯纳米粒子，并以氧化石墨烯纳米流体为工质，在太阳能平板集热器上进行纳米流体的热物性测试。研究表明，当质量浓度为 2%，流量为 0.0167 kg/s 时，氧化石墨烯纳米流体集热效率比去离子水基液提高了 7.3%，并随质量分数和流量的增加，集热器效率提高。M. Vakili 等研究了石墨烯/

去离子水在太阳能集热器中的性能，通过质量分数分别为 0.000 5%、0.001%、0.005%的纳米流体在不同温度和不同质量流量下的实验，研究表明，当基液和纳米流体在流量为 0.015 kg/s 时均可获得最大集热器效率。

Pablo 等研究了水基多层石墨烯在带有抛物面聚光器的真空管太阳能集热器中的热效率，通过半经验方程来估计热效率，发现石墨烯纳米流体在体积分数为 0.000 45%和 0.000 68%时，与基液水相比，太阳能集热器的热效率分别提高了 31%和 76%。王宁进行了石墨烯纳米流体太阳能重力热管与去离子水太阳能重力热管分别应用于热管式真空管集热器与热管式平板集热器的室外对比实验，并对纳米流体的悬浮稳定性、分散性、导热系数、黏度进行了研究，发现添加 PVP 且与石墨烯比例为 5∶1 时获得最佳稳定性；进一步研究发现，石墨烯纳米流体热管比去离子水热管的启动时间短，启动温度更低，太阳辐射稳定时，前者比后者集热效率提升了 4.2%。

陈晨和彭浩进行了石墨烯纳米流体相变材料蓄冷特性的数值模拟，发现随着石墨烯纳米片质量分数提高，相材料完全凝固的时间缩短，当纳米流体质量分数为 1.2%时，相较去离子水凝固时间缩短了 30.1%。Huang 等通过在去离子水中加入 Au@TiO_2核-壳纳米颗粒，发现核壳结构可以提高海水的光热转换和蒸发效率。

综上所述，纳米流体的高导热传热性能备受人们关注，国内外学者为此做了大量实验研究。由于纳米粒子的小尺寸，高表面能、量子效应等特殊性质，在各个领域如航空航天、冶金、石油开采、机械润滑等领域大放异彩。磁性纳米流体又有其独特性质，在磁场条件下，展现出一定的可控性，传热性质和光学性质也随之发生变化，但相关研究较少，尤其是复合磁性纳米流体传热增强机理和光学性质几乎鲜有报道。因此，针对 Fe_3O_4 磁性纳米流体做了改进，使 Fe_3O_4 粒子与石墨烯复合形成复合磁性纳米流体，为纳米流体传热增强提供实验依据，并为直接吸收式太阳能集热提供理论基础。

6.2　纳米流体的制备及稳定性

作为一种新型高效传热工质，纳米流体的稳定性是研究其热物性和光学特性的基础。制备纳米流体可按照步骤分为“一步法”和“两步法”。“一步法”是通过物理或化学方法，制备纳米粒子的同时将其直接混溶于基液中。“两步法”是先制备好纳米粒子，再借助物理、化学等分散手段将其分散于基液中，形成稳定悬浮液。“一步法”制备的纳米流体分散性和稳定性较好，但该方法的产量小、费用高，不适于实际应用。“两步法”操作简单，制备速度快，能够满足工业生产需求，本书采用“两步法”制备纳米流体。

6.2.1　纳米流体的制备

1.纳米粒子和分散剂

本书石墨烯纳米颗粒由浙江亚美纳米科技有限公司提供，Fe_3O_4 颗粒由南京埃普瑞材料有限公司提供，石墨烯- Fe_3O_4复合纳米粒子由先丰纳米材料有限公司提供，分散剂由国药控股化学试剂有限公司提供。纳米粒子与分散剂的基础参数和热物理参数如表 6-1、表 6-2 所示。

表 6-1　纳米颗粒参数

名称	纯度/(%)	平均粒径/nm	比表面积/(m^2/g)	密度/(g/cm^3)
Fe_3O_4	>99.9	20 nm	66.0	0.84
石墨烯	>99.9	200 nm	540	0.24
石墨烯- Fe_3O_4	>99.9	200 nm	550	0.52

表 6-2　试剂参数

试　剂	规　格
柠檬酸钠，无水	GR
十六烷基三甲基溴化铵	AR
十二烷基苯磺酸钠	AR
油酸钠	CP
聚乙二醇	CP
氢氧化钠	AR
聚乙烯吡咯烷酮	GR
阿拉伯树胶	AR

图 6-1 为石墨烯纳米颗粒、Fe_3O_4纳米颗粒、石墨烯- Fe_3O_4复合纳米颗粒的 TEM 图。从样品图像中可以看出，Fe_3O_4稳定修饰在石墨烯上。

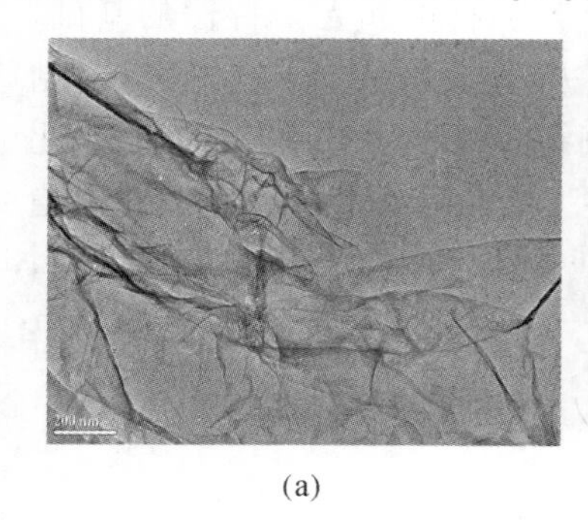

(a)

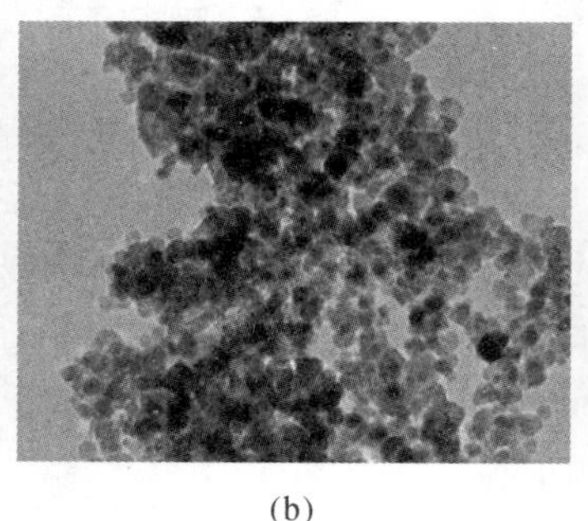

(b)

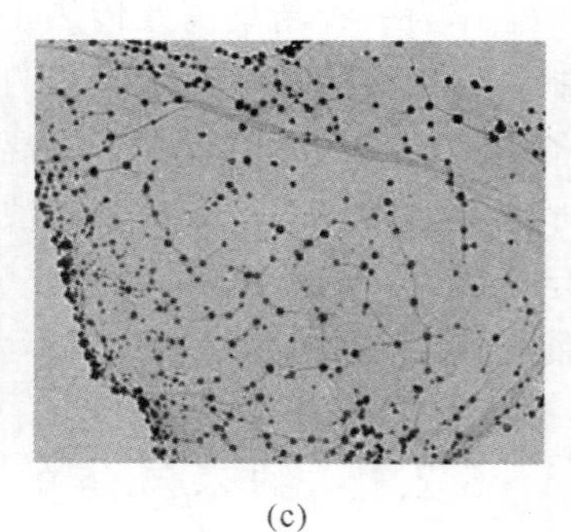

(c)

图 6-1　纳米粒子 TEM 图

(a)石墨烯纳米片；(b)Fe_3O_4 纳米颗粒；(c)石墨烯- Fe_3O_4 复合纳米颗粒

2.制备方法

本书采用“两步法”制备纳米流体，通过物理和化学两种分散手段配置。物理分散是先通过机械搅拌将加入的溶液和固体粉末混合均匀，再利用超声震荡打破分子间相互作用力，防止粒子团聚，从而提高其分散性和稳定性。超声震荡会使纳米粒子和基液之间产生空化作用，导致溶液内气泡形成、增长、破灭从而释放出大量能量，提高周围的溶液温度，过高的局部温度会加剧布朗运动，使粒子碰撞的几率增加，引发团聚现象，因此超声震荡存在最佳时间。

化学分散法是指通过添加分散剂吸附在纳米粒子表面，降低其表面能，形成有效空间位置，能够有效提高纳米流体的分散性和稳定性。分散剂的种类对纳米流体稳定性有重要影响，本书配置了石墨烯纳米流体、Fe_3O_4 纳米流体、石墨烯-Fe_3O_4 复合纳米流体，分别确定了三种纳米流体分散剂的种类，及石墨烯-Fe_3O_4 复合纳米流体的超声震荡时间。

3.制备设备

纳米流体制备过程中需要称重、粉碎、搅拌等步骤，所用实验设备有电子天平、超声波细胞粉碎机、磁力加热搅拌器等设备。图 6-2 所示为本实验所用电子天平，型号为 FA2104SN。天平具有稳定、精确的优良性能，可以满足所有实验室质量分析要求。通过高性能单片微处理机控制，确保高精度的称量结果。其最大量程为 210 g，精度为 0.1 mg。

超声波细胞粉碎机是一种利用超声空化效应的多功能、多用途的仪器，能用于动植物细胞、病毒细胞的破碎，同时可用来乳化、分离、清洗及加速化学反应等。本书采用上海豫明超声波细胞粉碎机 YM-1200Y，如图 6-3 所示，工作频率为 19～23 kHz，超声功率比为 1%～99%（10～1 500 W）。

图 6-2　FA2104SN 电子天平

图 6-3　YM-1200Y 超声波细胞粉碎机

磁力加热搅拌器利用磁场推动放置在容器中带磁性的搅拌子进行圆周运转，从而搅拌液体。为满足搅拌时的温度要求，其配备了温度控制系统，如图 6-4 所示。本实验采用的磁力加热搅拌器电机功率为 25 W，加热功率为 200 W，转速为 0～2 000 r/min，可无级调节。

图 6-4　磁力搅拌器

4.纳米流体制备

纳米流体的制备流程如下：

(1)首先根据公式计算所需纳米粒子和去离子水的质量，使用 FA2104SN 电子天平称取一定质量的去离子水放入烧杯中。

$$\Phi_P = \frac{m_p}{m_p + m_l} \tag{6.1}$$

式中：m_p和 m_l分别为纳米颗粒和去离子水的质量；Φ_P 为质量分数。

根据需求将一定质量的分散剂加入去离子水中，采用磁力加热搅拌器混合均匀，待分散剂完全溶于去离子水中，再称取一定质量的纳米粒子粉末添加进去，磁力搅拌 20 min。

(2)将搅拌后的混合液放置到超声波细胞粉碎机中进行超声处理，超声细胞粉碎机的振动器功率为 240 W，工作频率为 40 kHz。为避免超声空化效应使液体局部温度过高，破坏分散剂的活性，每超声震荡 20 min，冷却 5 min。

(3)将制备好的纳米流体按种类和质量分数，分别密封存储在防冻试管中，一部分静置观察其稳定性，另一部分用于热物性和光学特性的测试。样品配置如表 6-3 所示，制备流程及部分样品如图 6-5、图 6-6 所示。

表 6-3　纳米流体样品配制表

纳米颗粒	分散剂	质量分数/(%)
石墨烯	PVP	0.01
	PVP	0.05
	PVP	0.1
	PVP	0.5
	PVP	1
	CTAB	0.01
	SDBS	0.01
	油酸钠	0.01

续表

纳米颗粒	分散剂	质量分数/(%)
石墨烯	PVP	0.01
	PVP	0.05
	PVP	0.1
	PVP	0.5
	PVP	1
	CTAB	0.01
	SDBS	0.01
	油酸钠	0.01
石墨烯	PVP	0.01
	PVP	0.05
	PVP	0.1
	PVP	0.5
	PVP	1
	CTAB	0.01
	SDBS	0.01
	油酸钠	0.01

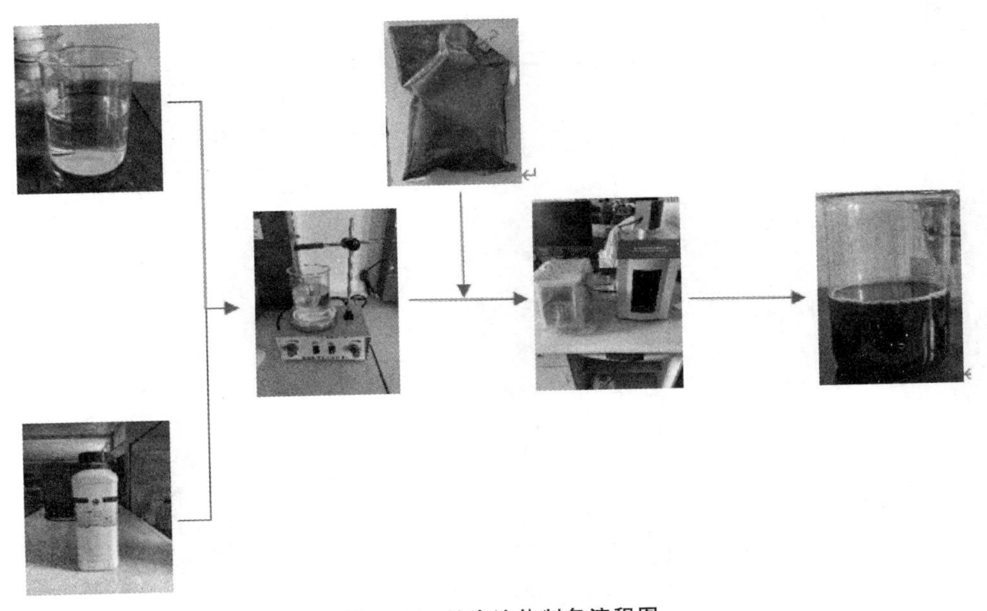

图 6-5　纳米流体制备流程图

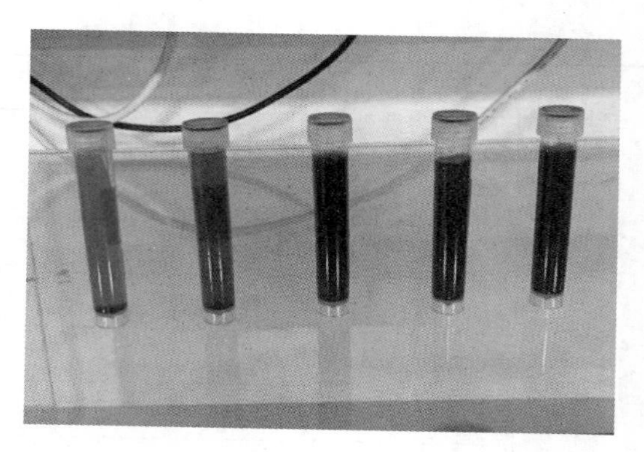

图 6-6　配置好的纳米流体样品

6.2.2　纳米流体稳定性

本书选用四种不同类型的分散剂进行试验，研究其对纳米流体稳定性的影响。选用的分散剂为十六烷基三甲基溴化铵(CTAB 阳离子型)、十二烷基苯磺酸钠(SDBS 阴离子型)、阿拉伯树胶(GA)、油酸钠、聚乙烯吡咯烷酮 K30(PVP)。

如图 6-7 所示，显示了质量分数为 0.1%时不同分散剂对三种纳米流体的影响。纵坐标为纳米流体未发生沉淀的稳定天数，时间越长表明纳米流体的稳定性越好。经过静置观察发现，在相同质量分数下(0.1%)石墨烯纳米流体的最佳分散剂为 PVP，Fe_3O_4 纳米流体的最佳分散剂为 CTAB，石墨烯-Fe_3O_4 复合纳米流体的最佳分散剂为 PVP 且在分散剂的作用下稳定性最好。

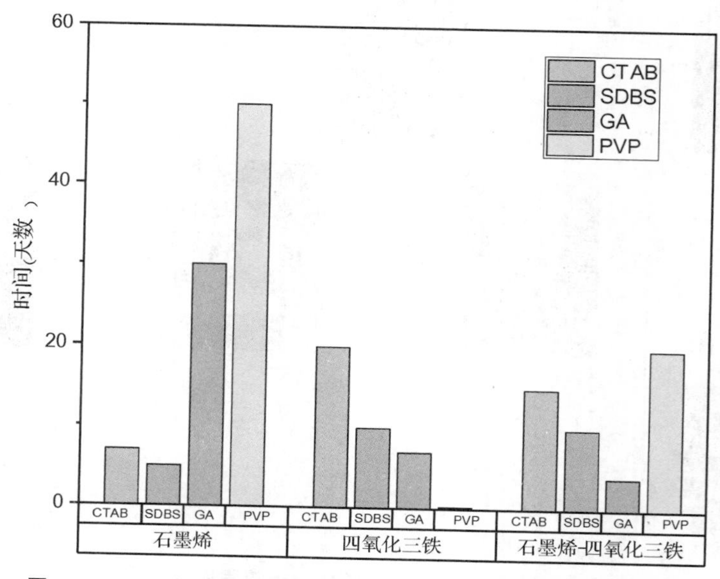

图 6-7　0.1%(质量分数)纳米流体在不同分散剂下的稳定天数

如图 6－8 所示，石墨烯－Fe_3O_4复合纳米流体超声震荡时间与稳定性的关系。纵坐标为纳米流体未发生沉淀的稳定天数，横坐标为超声震荡的时间。观察对比发现超声震荡 1 h 时，石墨烯－Fe_3O_4复合纳米流体的稳定性最好，同时，超声震荡过程种产生超声空化现象，使得局部温度迅速升高，对分散剂的活性产生不利影响。因此，需要每隔 20 min，冷却 5 min，来保持纳米流体的温度不至于超出分散剂活性温度。

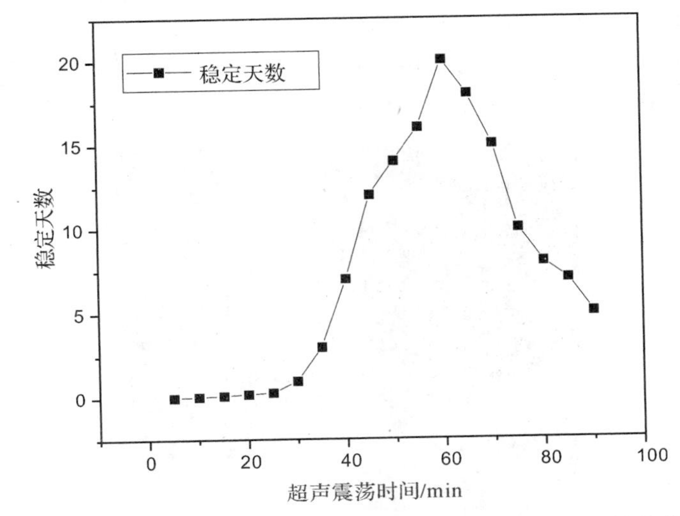

图 6－8　石墨烯－Fe_3O_4复合纳米流体超声震荡时间与稳定性的关系

制备了石墨烯纳米流体、Fe_3O_4纳米流体、石墨烯－Fe_3O_4复合纳米流体，探讨了不同分散剂对纳米流体稳定性的影响，以及超声震荡的最佳时间。对此总结如下：

1）通过静置观察法发现，石墨烯纳米流体的最佳分散剂为 PVP，60 天后稳定性良好；Fe_3O_4纳米流体的最佳分散剂为 CTAB，20 天后稳定性良好；石墨烯－Fe_3O_4复合纳米流体的最佳分散剂为 PVP，20 天后稳定性良好。其中石墨烯纳米流体加入分散剂后的稳定性最好。

2）纳米流体的稳定性会随着超声震荡的时间先增后减，超声震荡的时间为 1h 时，达到最佳效果，再延长震荡时间分散稳定性反而减弱。这是由于长时间的超声震荡会提高纳米粒子的碰撞概率，从而加剧纳米粒子的团聚效果。

6.3　磁性纳米流体热物性

能源的高效利用是各国近几年研究的重点课题，提高工质导热能力是解决能源高效利用的关键之一。磁性纳米流体作为高导热系数的工质在热工领域中的作用愈发凸显，近年来受到国内外学者的重视。通过热常数分析仪对制备的石墨烯纳米流体、Fe_3O_4磁性纳米流体、石墨烯－Fe_3O_4磁性纳米流体进行测量，分析对比纳米粒子种类、质量分数以及温度对导热系数和比热容的影响。

6.3.1 热物性测试方法

1.实验仪器

采用 TPS－2500S 热常数分析仪测量纳米流体的导热系数和比热容。如图 6－9 所示，其测量范围为 0.005～500 W/(m·K)，测量准确度为±3%。为确保实验结果的准确性，首先测试了去离子水在 25～45 ℃下的导热系数。对比参考数据，去离子水导热系数测量的相对误差的平均值和最大值分别为 0.344%和 0.751%，说明测试设备和实验结果可靠。

图 6－9 TPS－2500S 热常数分析仪

图 6－10 为传感器示意图，探头部分由导电金属镍构成，外层由薄膜材料保护。探头外层标注型号，可以根据测试对象的种类、温度和导热系数范围进行选取；测试过程中，探头既作为热源加热纳米流体样品，同时也作为阻值温度计记录温度随时间的变化。

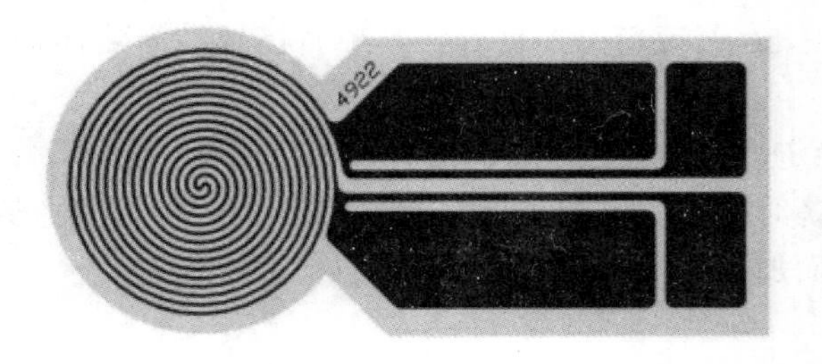

图 6－10 TPS－2500S 热常数分析仪传感器

对液体测量时需要避免自然对流，应将测量限制在较短时间内，使传感器加热引起的扰动最小，因此选用半径尽量小的传感器。图 6－11 所示是一种专门测量液体的单元，将传感器垂直固定在中央的空腔中，从进口将液体注入，液体温度变动小，从而减少对流，避免蒸发。

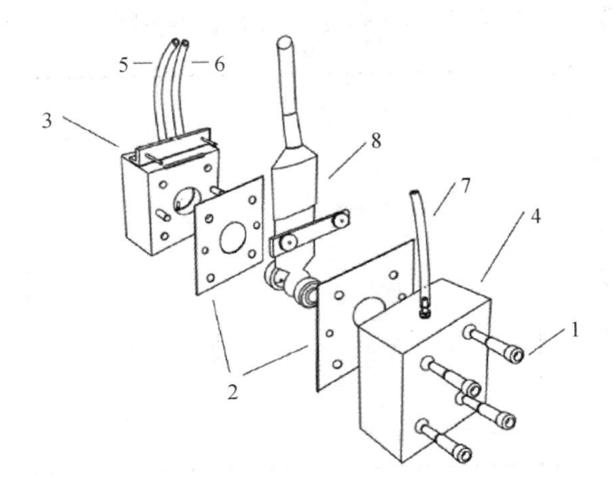

图 6-11　液体测试架

1—螺丝;2—防漏垫片;3—方形金属槽 A;4—方形金属槽 B;5—进口;6—出口;7—排气口;8—传感器

2.测量方法

液体导热系数的测量方法可分为稳态法和非稳态法。稳态法主要包括平板法、热流计法、圆管法等。非稳态法基于非稳态导热方程,原理是对处于热平衡的试样施加热干扰,测试试样温度的变动,结合非稳态导热方程,计算出试样的热物性参数。非稳态方法主要有瞬态热线法、3ω 方法、温度振荡法等。瞬态热线法测量设备简单、速度快,成为目前最常用的方法。瞬态平面热源测试法基于瞬态热线法的原理,测量精度可以达到 3%,被国内外众多重点研究机构所采用。本书基于瞬态平面热源测试方法,采用 TPS-2500S 热常数分析仪测量纳米流体的导热系数和比热容。

6.3.2　实验结果

1.质量分数对导热系数的影响

如图 6-12 所示,在 45 ℃条件下,质量分数分别为 0.01%、0.05%、0.1%、0.5%、1%的石墨烯-Fe_3O_4复合纳米流体的导热增强为 53.7%,55.4%,56.4%,103%,114%。Fe_3O_4纳米流体在 45 ℃条件下,质量分数分别为 0.01%、0.05%、0.1%、0.5%、1%的 Fe_3O_4纳米流体的导热系数增强比为 1.070、1.572、1.867、2.126、2.232。

从图 6-12 中可以看出,相同温度下,纳米流体的导热系数随着质量分数提高而增加,因为纳米流体的质量分数越高,液体单位体积内纳米粒子数量就越大,提高了纳米粒子间的碰撞频率,在微观层面促进了纳米粒子间的热量交换,从而在宏观层面表现出导热系数增强的趋势。

此外,纳米流体的导热系数并没有随着质量分数的提高而线性增加,这是由于在高质量分数下,液体单位体积内纳米粒子的数量急剧增加,布朗运动使活跃粒子的碰撞概率迅速提升,更容易打破粒子间的洛伦兹力,使其发生团聚,导致纳米流体内的热扩散能力减弱,所以随着纳米流体质量分数的逐步提高，其导热能力增强的趋势降低。

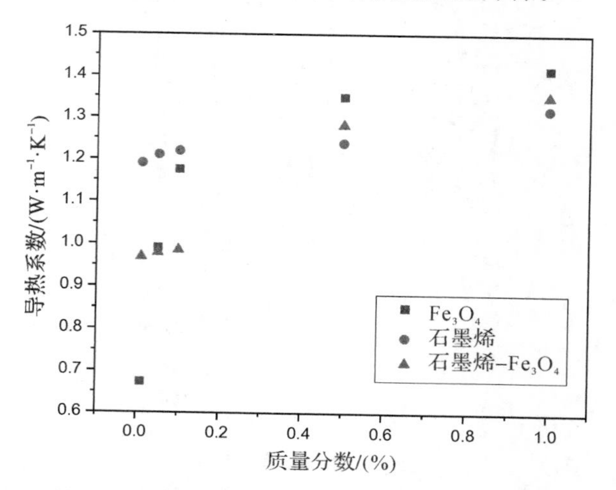

图 6-12　不同质量分数下纳米流体的导热系数

2.温度对导热系数的影响

如图 6-13 所示为不同温度下纳米流体相比于去离子水的导热系数增强情况。质量分数为 0.01%的石墨烯纳米流体、Fe_3O_4 纳米流体、石墨烯-Fe_3O_4 复合纳米流体在 25～45 ℃，纳米流体相比于去离子水的导热系数分别是 51.2%～87.4%，1.1%～7.0%，34.3%～53.7%。

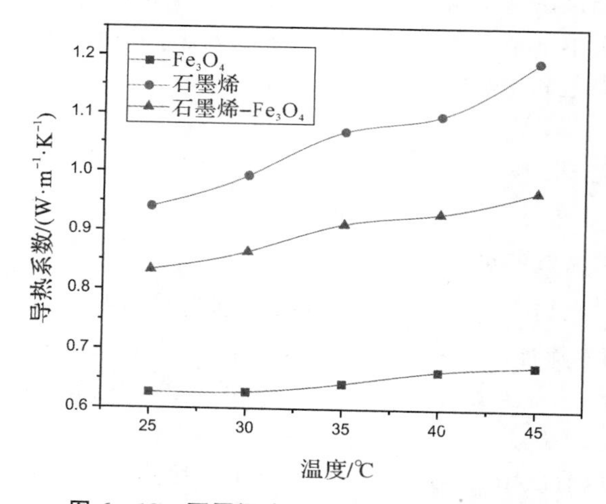

图 6-13　不同温度下纳米流体的导热系数

从图 6-13 中看出，相同质量分数下，纳米流体的导热系数随着温度的升高而提高。其原因是温度的升高导致纳米粒子分子热运动和布朗运动加剧，强化了流体的能量传递过程。相同温度时，石墨烯纳米流体的导热系数最高，石墨烯-Fe_3O_4 纳米流体次之，Fe_3O_4 纳米流体最低。

3.纳米粒子种类对导热系数的影响

纳米粒子按种类可以分为金属、金属氧化物、非金属、非金属氧化物。常见的金属纳米粒子有Cu、Fe、Au、Ag；金属氧化物有Al_2O_3、Fe_2O_3、Fe_3O_4、CuO、TiO_2；非金属碳纳米管(MWCNT)、石墨烯；非金属氧化物SiO_2。纳米粒子的导热系数不同，加入基液后会影响纳米流体的导热系数。

图6－14、图6－15、图6－16所示为不同质量分数的Fe_3O_4纳米流体、石墨烯纳米流体、石墨烯-Fe_3O_4纳米流体的导热系数随温度的变化。可以看出三种纳米流体的导热系数均随温度和质量分数的升高而增加，这是由于提高温度加剧了纳米粒子与去离子水分子间的布朗运动，加剧液体内部的微对流现象，使局部传热能力加强，从而提高了纳米流体的导热系数。

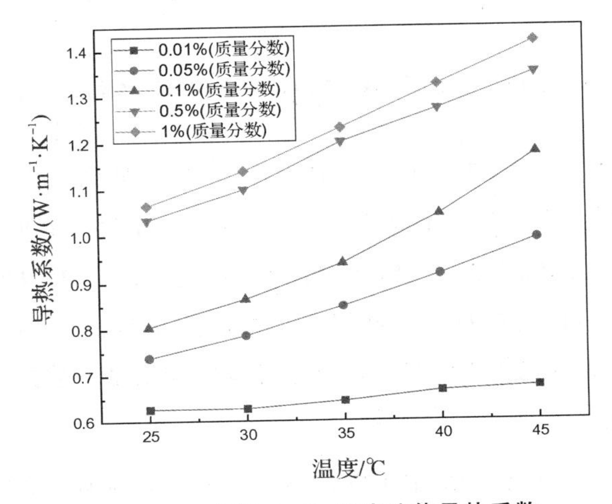

图6－14　水基Fe_3O_4纳米流体导热系数

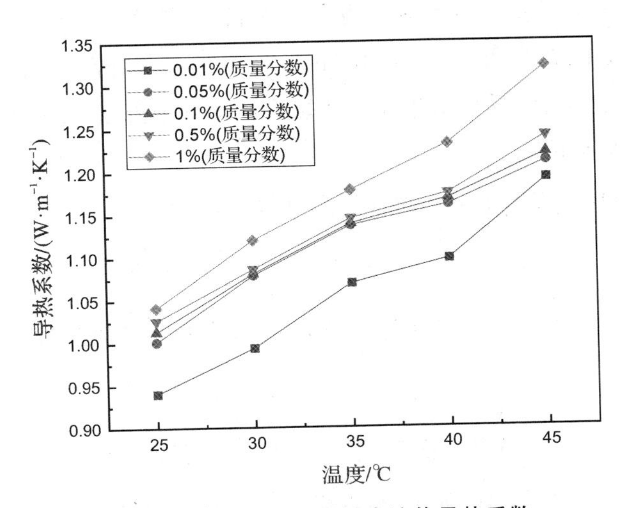

图6－15　水基石墨烯纳米流体导热系数

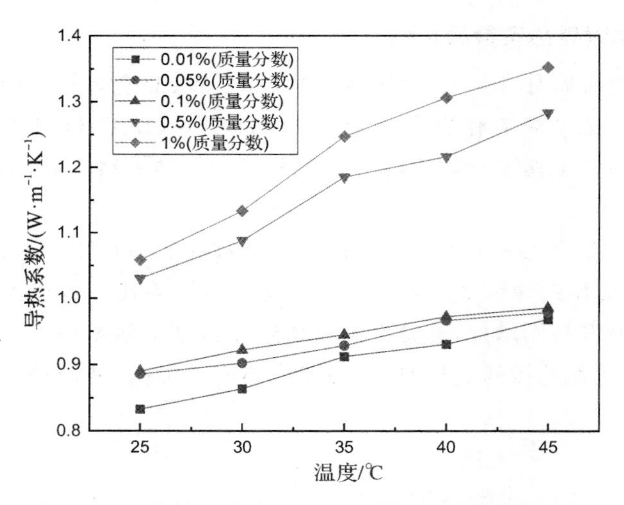

图 6－16　水基石墨烯－Fe_3O_4 复合纳米流体导热系数

对比三种纳米流体，质量分数为 0.01％时，导热系数由低到高为 Fe_3O_4 纳米流体、石墨烯－Fe_3O_4 复合纳米流体、石墨烯纳米流体；而在质量分数为 1％，温度为 45 ℃时，导热系数由低到高为石墨烯纳米流体、石墨烯－Fe_3O_4 复合纳米流体、Fe_3O_4 纳米流体。从图中看出，Fe_3O_4 纳米流体导热系数随着质量分数和温度提高的速率最快，这是由于 Fe_3O_4 粒子的粒径最小，布朗运动引起的微观粒子间热交换频率随温度和质量分数提升最快。

4.纳米流体比热容

对纳米流体比热容的研究，多集中于以去离子水为基液的纳米流体，重点研究添加纳米颗粒对纳米流体比热容的影响，结果表明添加纳米颗粒后的纳米流体比基液有所下降。Zhou 等对水基 Al_2O_3 纳米流体的比热容测定结果表明，纳米颗粒体积分数为 21.7％时，纳米流体比热容比基液下降了 40％。Namburu 等对 SiO_2－乙二醇/水纳米流体比热容测定表明，纳米颗粒体积分数为 10％时，纳米流体比热容比基液下降了 12％，结果表明添加纳米颗粒后溶液的比热容所有下降。

本研究采用 Roetzel 的关于纳米流体比热计算公式为

$$C_{p,n} = \frac{\varphi_V \rho_p C_{p,p} + (1-\varphi_V)\rho_l C_{p,l}}{\rho_n} \tag{6.2}$$

式中：$C_{p,n}$ 为纳米流体比热；$C_{p,p}$ 为纳米颗粒比热；$C_{p,l}$ 为混合工质基液比热；φ_V 为体积分数。由式(6.3)计算得出：

$$\frac{\rho_n V_n + \rho_p V_p}{V_n + V_p} = (1-\varphi_V)\rho_n + \varphi_V \rho_p \tag{6.3}$$

图 6－17、图 6－18、图 6－19 所示，为不同质量分数和温度下石墨烯纳米流体、Fe_3O_4 纳米流体、石墨烯－Fe_3O_4 纳米流体的容积比热容变化。

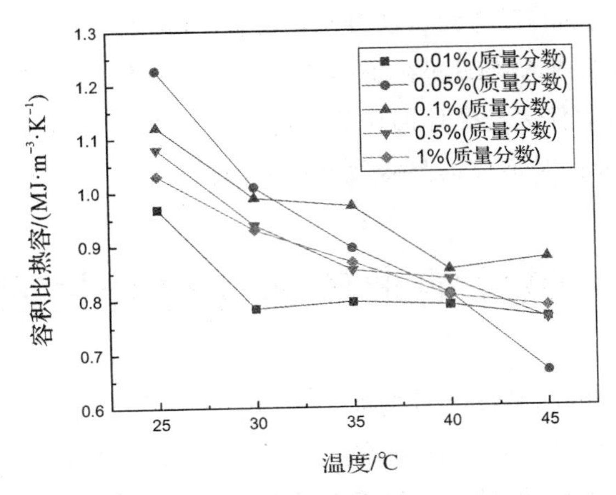

图 6－17　水基石墨烯纳米流体比热容

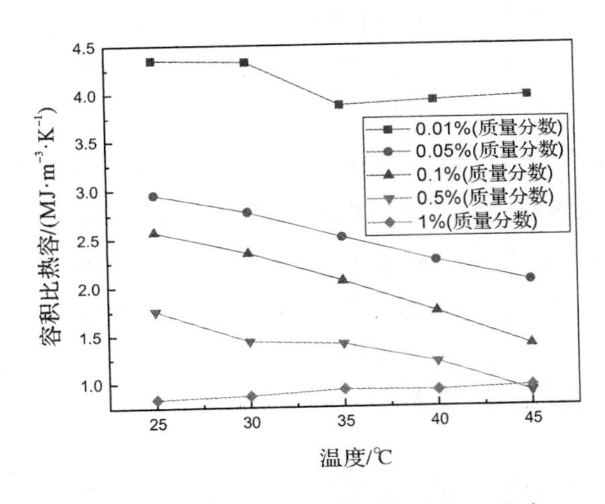

图 6－18　水基 Fe_3O_4 复合纳米流体比热容

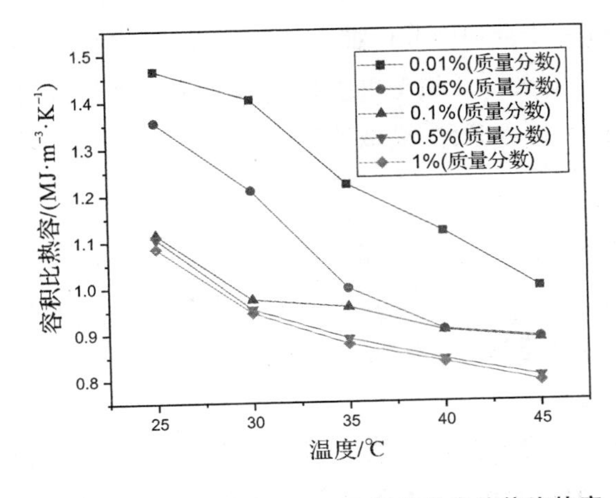

图 6－19　水基石墨烯－Fe_3O_4 复合纳米流体比热容

从上述图中看出，比热容随着温度的升高而降低。相同温度下，质量分数小的纳米流体比热容高，这是因为溶液内固体纳米粒子的比热容小于液体的比热容，随着质量分数的提高，其体积分数增加，从而使溶液整体的比热容降低。在同一质量分数下，容积比热容随着温度的升高而下降，其原因是液体的热胀冷缩造成同样容积下，升高 1 K 所需的热量降低。

6.4 磁性纳米流体光热特性研究

纳米流体作为集热介质，其性能对直接式太阳能集热器效率有重大影响。纳米粒子独特的小尺寸、大表面积等效应，使得纳米流体与常规液体的光学性质有较大差异。一般认为纯液体对光只具备吸收作用，而纳米流体不仅具有吸收光的能力，对光还具有一定的散射作用，因此，透射率是纳米流体光学性质的重要参数之一，纳米流体的透射率受纳米粒子的种类、质量分数、光程等影响。除上述因素，磁性纳米流体的光学性质还受磁场强度、方向的影响。

基于纳米流体光学性质理论，利用分光光度计对石墨烯纳米流体、Fe_3O_4纳米流体、石墨烯-Fe_3O_4复合纳米流体的透射率和光热转换效率进行了实验研究，分析了不同种类、不同质量分数纳米流体对透射率的影响，以及磁场条件下，石墨烯-Fe_3O_4复合纳米流体的光热转换能力，为提高直接式太阳能集热器的热效率提供理论基础。

6.4.1 纳米流体光学特性理论

由于纳米粒子的存在，所以光通过纳米流体时发生的散射现象不可忽视，此外，纳米流体对光还具有反射、折射、吸收等作用，因此分析纳米流体的光学性质是一个非常复杂的过程，而发生团聚沉降会进一步会加剧分析难度。纳米流体光学性质常用分析模型为有效介质模型和辐射传递模型。有效介质模型以纳米流体为研究对象；辐射传递模型则是以纳米粒子为研究对象，以基液为边界条件，模拟计算光在纳米粒子作用下的散射和吸收等特性。

1.辐射传递模型

光作为电磁波以辐射的形式进行能量转移，在介质中传播受吸收、散射、发射的影响。辐射传递方程（Radiative Transfer Equation，RTE）用数学方法描述了介质内部的相互作用。通常用辐射强度描述能量转移，即单位时间内，通过垂直于射线传输方向的单位透射面积及单位立体角的辐射能量。

依据能量平衡原理可建立空间内的能量辐射过程，如图 6－20 所示。在含有粒子的体系中，辐射波传递过程主要由吸收、发射和散射过程所决定，而根据辐射波传递方向，又可以分为内散射与外散射过程。辐射波在介质空间的传递过程可以如图 6－21 所示。

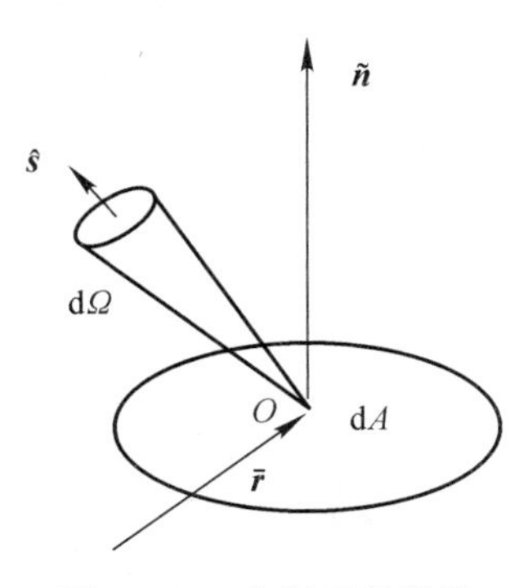

图 6-20　空间辐射强度

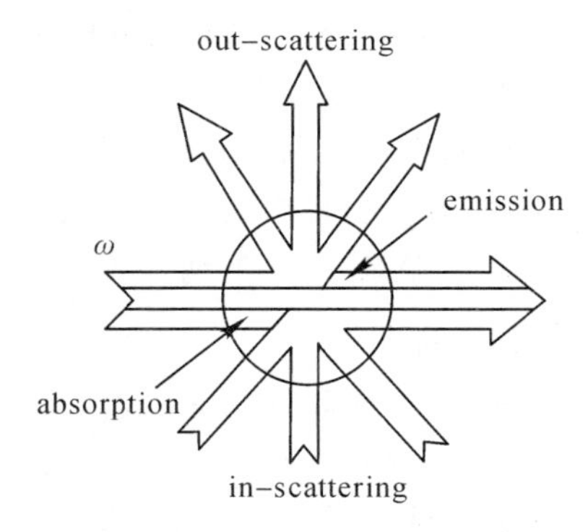

图 6-21　空间辐射传递过程

2.有效介质模型

为避免辐射传递模型中复杂的数值计算，研究者提出了有效介质理论，该理论通过有效介质特性方程，将整个体系视为单一分散体系，研究其光学特性。有效介质理论只适用于颗粒粒径远小于辐射波波长的情形。Maxwell - Garnett 模型为常用有效介质模型，应用于球形粒子分散于连续介质中。太阳能光谱范围为 250～2 500 nm，一般球形纳米粒子的直径在 10～50 nm，满足直径远小于入射波波长的条件，因此 Maxwell - Garnett 模型可以用于纳米流体的光学特性参数计算，即

$$\varepsilon_{r,eff}=\varepsilon_{r,c}\left[1-\frac{3\varphi(\varepsilon_{r,c}-\varepsilon_{r,d})}{2\varepsilon_{r,c}+\varepsilon_{r,d}+\varphi(\varepsilon_{r,c}-\varepsilon_{r,d})}\right] \tag{6.4}$$

式中：$\varepsilon_{r,eff}$ 为有效介电常数；$\varepsilon_{r,c}$ 为分散连续相介电常数；$\varepsilon_{r,d}$ 为分散相介电常数；φ 为分散相的体积分数。

6.4.2　纳米流体光热特性实验

1.光学测试说明

图 6-22　岛津 UV-Vis3600 分光光度计

如图 6-22 所示，本实验采用紫外可见光近红外分光光度计 UV-3600 进行测量。其装载三个检测器，保证了整个测试波长范围内的高灵敏度；采用高性能双单色器，具有超低

杂散光(<0.000 05%,340 nm)以及高分辨率(0.1 nm)。测试范围为 185～3300 nm，覆盖了紫外、可见、近红外区。通过对比分析，研究在 200～1 100 nm 波段之间，纳米流体种类、质量分数对透射率的影响。测试时将样品装在厚度为 10 mm 的石英比色皿中，再用同种规格的空比色皿作为基准线，得出纳米流体的透射率。测试对象：质量分数为 0.01%，0.05%，0.1%，0.5%，1%的石墨烯-Fe_3O_4纳米流体。

2.光热特性实验说明

如图 6-23 所示，本实验利用亥姆霍兹线圈通直流电产生的静磁场来给测试样品提供可调的磁场，实验装置实物图如 6-24 所示。亥姆霍兹线圈原理如图 6-25 所示，它是一对彼此平行且连通的共轴圆形线圈，两线圈内的电流方向一致、大小相同。线圈之间距离 d 正好等于圆形线圈的半径 R 时，这种圆形载流线圈称为 Helmhohz 线圈，这种线圈的特点是能在其公共轴线中点附近产生较广的均匀磁场。

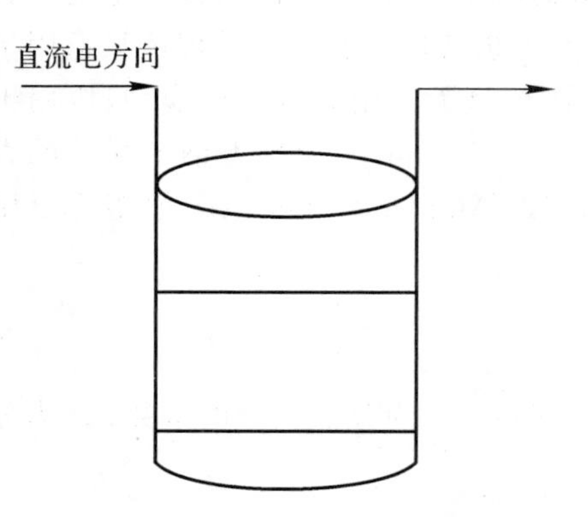

图 6-23　实验装置示意图

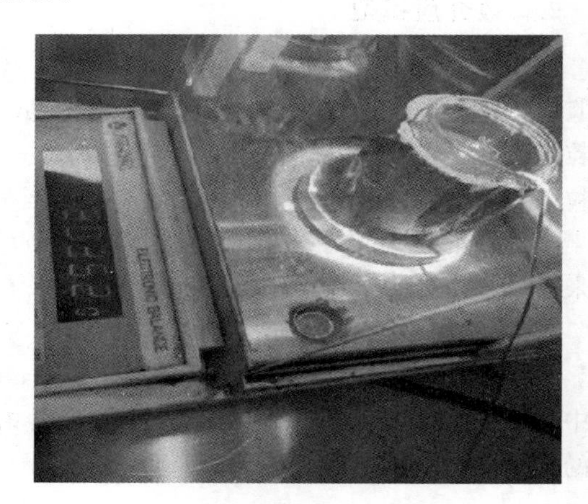

图 6-24　光热转换装置

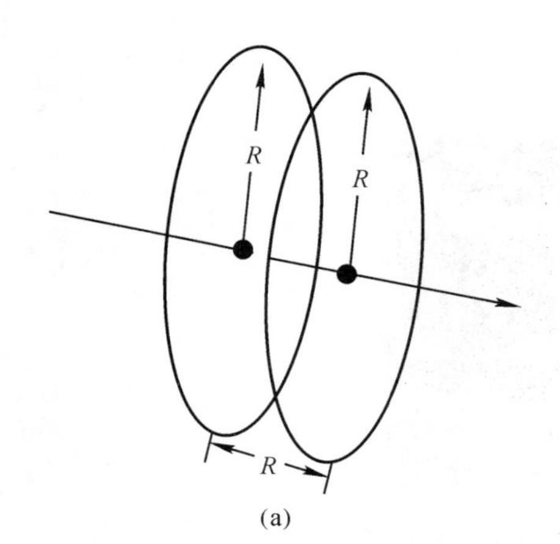

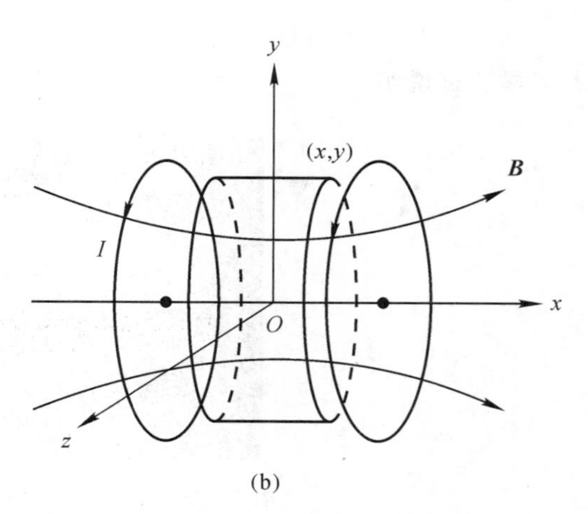

图 6-25　亥姆霍兹线圈原理图

(a)结构图；(b) 磁力图

本实验由室内太阳能模拟器模拟太阳辐射，功率为1 000 W/m²，对石墨烯-Fe_3O_4复合纳米流体进行光热转换实验，测试样品装在规格的50 ml玻璃烧杯中，吸收太阳辐射升温，通过采集温度数据对比纳米流体在不同条件下的温升速率。测试对象：质量分数为0.01%、0.05%、0.1%、0.5%、1%的石墨烯-Fe_3O_4复合纳米流体和质量分数为0.05%的石墨烯纳米流体、Fe_3O_4纳米流体。

依据毕奥-萨伐尔定律，亥姆霍兹线圈产生的磁场可由下式计算：

$$dB = \frac{\mu_0 I dl \times r_0}{4\pi r^2} \tag{6.5}$$

根据毕奥-萨伐尔定律及磁场迭加原理，可推导出亥姆霍兹线圈轴线中心区的磁场强度B的大小，其公式为

$$B = \frac{\mu_0 N I R^2}{2\left[R^2 + \left(\frac{R}{2} + x\right)^2\right]^{\frac{3}{2}}} + \frac{\mu_0 N I R^2}{2\left[R^2 + \left(\frac{R}{2} - x\right)^2\right]^{\frac{3}{2}}} \tag{6.6}$$

式中：μ_0为真空磁导率，$4\pi \times 10^{-7}$ T·m/A；I为线圈内电流强度，A；R为线圈平均半径，m；N为线圈缠绕的匝数；x为两线圈之间周线上某点的位置，m。

6.4.3 结果分析

1.纳米粒子种类对透射率的影响

纳米粒子会引起液体的散射现象，当粒径远小于入射波长时，散射影响非常小，不同类型纳米粒子对光的散射作用不同，对光的吸收程度不同。图6-26是三种纳米流体在质量分数为0.05%时的透射率。从图看出，透射率从小到大依次为石墨烯-Fe_3O_4复合纳米流体，石墨烯纳米流体，Fe_3O_4纳米流体。石墨烯纳米流体和石墨烯-Fe_3O_4复合纳米流体的透射率差距较小。其原因在于随着粒子粒径的增大，散射作用将加强，透射率减小，而且纳米粒子对短波长光的散射比长波长光强烈，所以石墨烯-Fe_3O_4复合纳米流体的透射率要小于Fe_3O_4纳米流体。

2.质量分数对透射率的影响

图6-27所示为石墨烯-Fe_3O_4复合纳米流体在不同质量分数下透射率随波长的变化曲线。测量波长为200～1 100 nm。从图中可以看出，在波长为200～400 nm的范围内，石墨烯-Fe_3O_4复合纳米流体的透射率随波长的增加，先减后增；在400～800 nm范围内，其透射率随波长的增加而提高；在800～1 100 nm范围内，其透射率随着波长的增加，先增后减；当波长达到1 000 nm附近时，存在极小值。

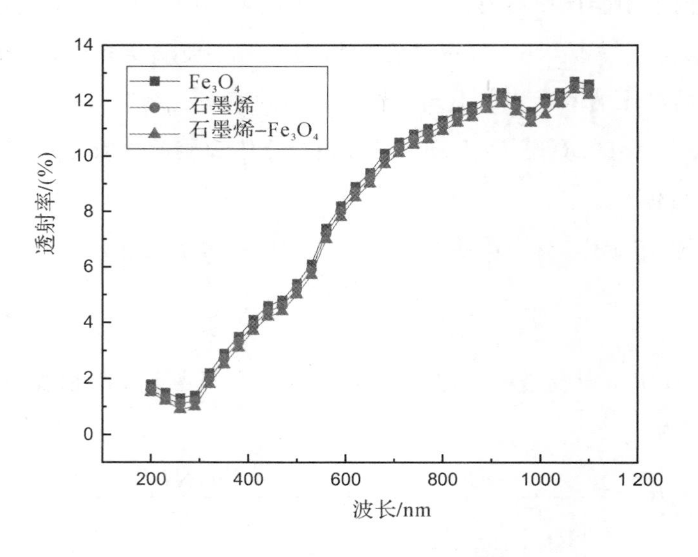

图 6-26　不同纳米流体的透射率

通过对比发现，添加少量的石墨烯-Fe_3O_4可有效提高光的吸收性能、降低透光性。石墨烯-Fe_3O_4复合纳米流体的透射率随质量分数的提高而降低。当质量分数为 0.01%时，透射率约为 10%；进一步提高质量分数达到 0.1%时，透射率几乎为零。这是由于纳米粒子的增多，会相应增加光程，导致纳米流体对光散射和吸收的增强，同时随着纳米流体质量分数的增加，纳米粒子之间的相互作用力变大也会导致透过率的降低。

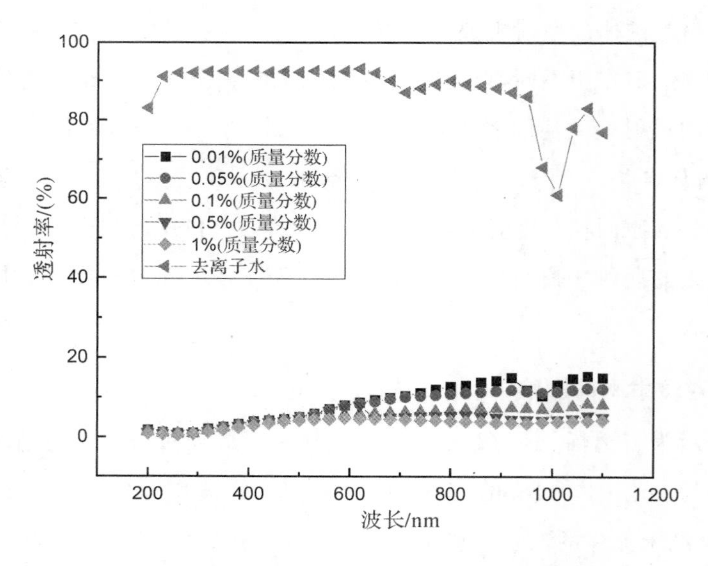

图 6-27　石墨烯-Fe_3O_4 复合纳米流体透射率

3.光热转换效率

光热转换效率

$$\eta = \frac{m c_p (T_e - T_b)}{AG\Delta t} \tag{6.7}$$

$$c_{P,n} = (1 - \varphi_V) c_{p,l} + \varphi c_{p,n} \tag{6.8}$$

式中：m 为纳米流体质量，g；c_p为纳米流体比热容，J(/g·K)；T_b为纳米流体初始温度，℃；T_e为太阳辐射结束后纳米流体温度，℃；A 为纳米流体受辐射面积，m^2；G 为太阳能辐射强度，W/m^2；Δt 纳米流体从温度 T_e至 T_b所经历的时间，s；φ_V为粒子体积分数；下标 n、l、p 分别代表纳米流体、去离子水和纳米粒子。

将太阳辐射模拟器的辐射强度设为 1 000 W/m^2。如图 6－28 所示，为石墨烯－Fe_3O_4复合纳米流体的温升情况，与去离子水相比，加入石墨烯－Fe_3O_4纳米粒子可显著提高液体的升温速率和最高温度，但并不是随着质量分数的增加而一直提高。从图中看出，当纳米流体质量分数达到 0.1%时，其温升速率最快，且最高可以达 29.2 ℃；而继续增加质量分数到 1%时，升温速率和最高温度反而降低。其原因是当纳米粒子浓度较大时，太阳辐射不能完全穿透纳米流体，液体接收的辐射能量主要集中在其表面，未通过纳米流体内部发生散射、吸收转换为热量，且液体表面接收辐射的能力有限，辐射能量有所损失，因此最高温度反而下降。同时，纳米流体内部只能通过热传导和微对流的形式进行热量传递，降低了升温速率，所以石墨烯－Fe_3O_4纳米流体存在最佳质量分数。

通过散射，纳米流体可以改变太阳辐射在液体中的分布情况，影响其吸收光谱的能力，从而影响光热转换的效率。大粒径的纳米粒子，内部散射能力较强，除直接吸收太阳辐射，主要以散射形式使能量发生转移传递。而对于粒径小的粒子，则以直接吸收为主。

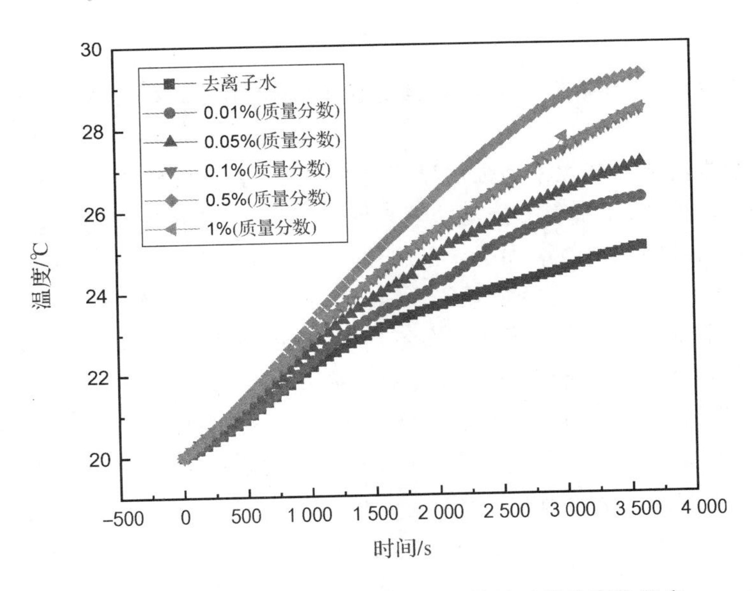

图 6－28　石墨烯－Fe_3O_4 复合纳米流体随时间升高的温度

4.磁场下复合纳米流体的光热特性

磁性纳米粒子在磁场作用下,改变了粒子间的相互作用力,影响纳米流体的微观结构,从而增强或减弱其光热转换性能,因此有必要研究磁场强度对磁性纳米流体光热转换性能的影响。本实验中,石墨烯-Fe_3O_4磁性纳米流体周围的磁场由亥姆霍兹线圈提供,其产生的磁场均匀,且大小可以通过直流电源调节。

图6-29展示了石墨烯-Fe_3O_4复合纳米流体在不同磁场强度下的温升曲线,从图中可以看出,纳米流体的光热转换效率在磁场作用下得到加强,且随磁场强度的增大而提高,但存在最佳磁场强度,超过该强度则会导致最高温度下降。本实验中,当磁场强度为150 Gs①时,温度升高幅度最大。

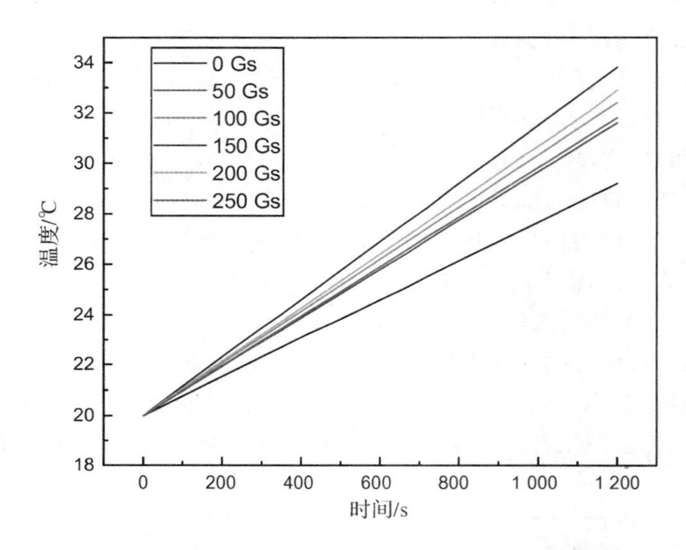

图6-29 石墨烯-Fe3O4磁性纳米流体在不同磁场强度下的温升曲线

磁场引起纳米流体光热效率增强的原因有两个:一是纳米粒子在磁场作用下会沿着磁场方向形成链状结构,太阳辐射方向与液体表面的磁链平行时,更容易穿过到达内部,同时,链状结构使液体内部的散射效应加强,可以吸收更多的辐射能量;二是磁链在液体内部形成了导热通道,加强了不同层面之间的热交换,从而提高了升温速率和最高温度。但是,过强的磁场会导致纳米流体内纳米粒子的分布不均匀,集中在磁场方向上,容易发生团聚,降低液体内部的散射能力,从而降低纳米流体光热转换效率。

图6-30为纳米流体在不同磁场强度下和无磁条件下的最高温度。从图中可以看出,无磁场条件下的纳米流体温升程度基本相同,而在磁场条件下,石墨烯-Fe_3O_4磁性纳米流体的温度改变较明显。当磁场强度为150 Gs时,石墨烯-Fe_3O_4磁性纳米流体的最高温度为34.6 ℃,比无磁时提高了18.5%,相较于去离子水,则提高了38.1%。

① $1\ Gs=10^{-4}\ T$

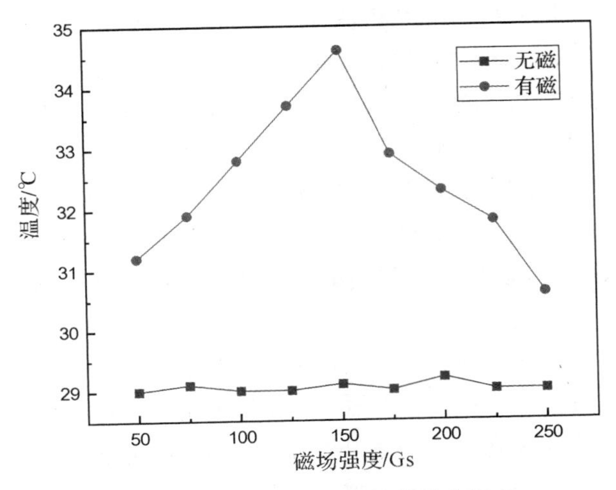

图 6-30　纳米流体光热转换最高温度

5.实验不确定度

热电偶的精度决定了温度的不确定性，在本实验中，热电偶的精度为±0.2 ℃。实验结果取两根热电偶所测数据的平均值，温度的不确定性可以通过下式计算：

$$\frac{\delta T}{T}=\left[\left(\frac{\delta T_1}{T_1}\right)^2+\left(\frac{\delta T_2}{T_2}\right)^2\right]^{0.5} \tag{6.9}$$

热电偶 1 的不确定度：

$$\frac{\delta T_1}{T_1}\leqslant\frac{0.2}{20}=1\%$$

热电偶 2 的不确定度：

$$\frac{\delta T_1}{T_1}\leqslant\frac{0.2}{20}=1\%$$

最终温度测试结果不确定度：

$$\frac{\delta T}{T}\leqslant 1.41\%$$

6.5　纳米流体对流换热实验研究

6.5.1　对流换热实验系统

在磁场条件下石墨烯-Fe_3O_4复合纳米流体的换热性能是本书的研究重点，以水平圆管对流换热理论为基础，开展了磁场和非磁场作用下石墨烯-Fe_3O_4复合纳米流体在水平圆管内的强制对流换热实验，分析了纳米流体质量分数对纳米流体换热性能的影响。

图 6-31 所示为实验台示意图，纳米流体水平圆管强制对流换热平台主要由三部分组成：数据监测系统、电磁系统、循环回路。数据监测系统负责监测整个系统的参数，并加以存储；电磁系统利用电磁感应为水平圆管提供恒定磁场；循环回路通过小型水泵调节水平圆管中纳米流体的流速，并通过恒温水槽保证入口处纳米流体的温度。

水平圆管的材质是紫铜，其长度为 1 000 mm，内径为 10 mm，外径为 12 mm。为防止漏电，在其外壁包裹一层耐高温塑料薄膜，并在薄膜表面均匀缠绕直径为 0.5 mm 的镍铬加热丝(Cr20Ni80)用以提供实验所需的加热单元。为了防止与外界发生热量交换，在最外层包裹保温石棉套管，套管长为 1 000 mm，内径为 13 mm，外径为 33 mm。在塑料薄膜和保温石棉之间布置了 7 个 K 型热电偶，用来测量水平圆管的温度变化，进出口处流体的温度则由 2 个 PT100 热电阻测得。磁场由石棉套管外围的电磁线圈提供，磁场的大小可通过调节电流电压来实现，纳米流体在管中的流量由高精度数显流量计测量，压差传感器负责测量试验段进出口的压降，最后通过多路数据仪进行数据采集。

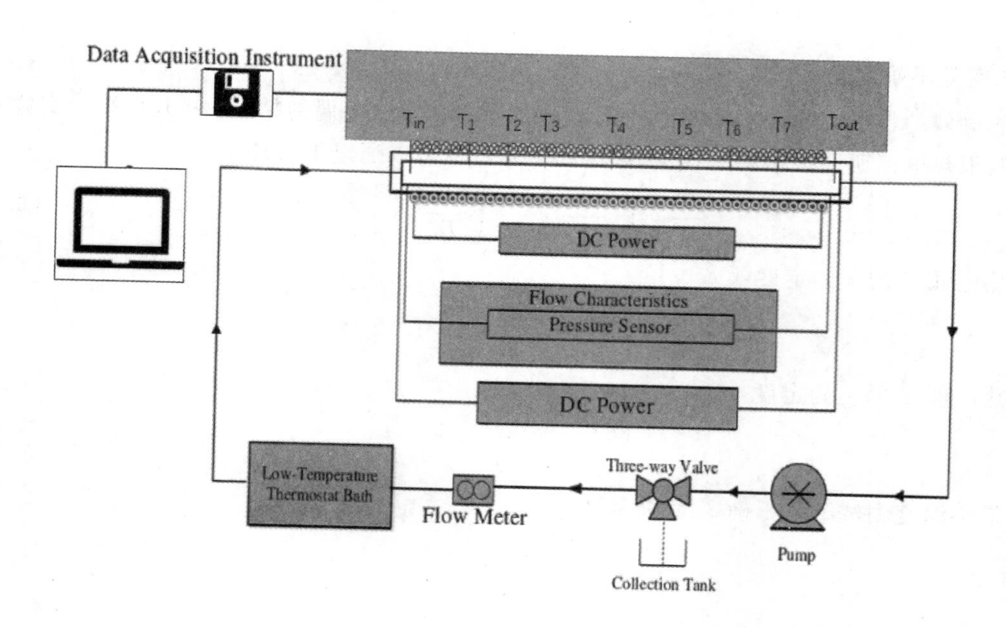

图 6-31　实验流程图

6.5.2　实验仪器和设备

台架主体为实验室自己制作，如图 6-32 所示，内部为紫铜圆管，内径为 10 mm。为了防止导电，在其外面包裹绝缘层，最外面覆盖保温石棉，其内径为 12 mm，外面缠绕电磁线圈，圆管的长度为 1 000 mm。在防冻套管和绝缘层之间，每隔 100 mm 设置电阻。

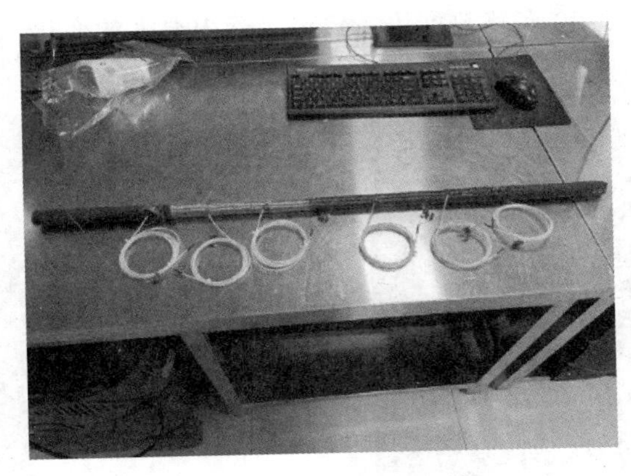

图 6－32　实验台架主体

本实验需要对磁场大小进行测量，选用的是 TX－15A 手持式高斯计，如图 6－33 所示，根据霍尔效应原理制成，其有准确性高、测量范围广、使用便捷等优势。亥姆霍兹线圈以及水平圆管外围电磁感应产生磁场用高斯计测量，通过理论计算，发现结果基本一致，说明数据来源可靠，其参数如表 6－4 所示。

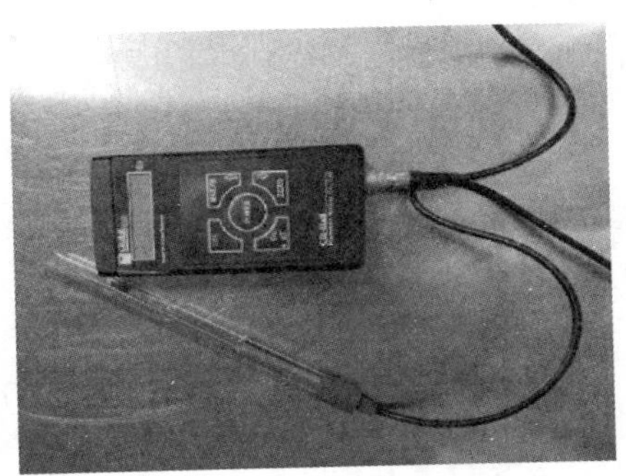

图 6－33　TX－15A 手持式高斯计

表 6－4　手持式高斯计参数

产品名称	TX－15A
分辨率	0.1 Gs
量程	±30 kGs
响应频率	DC
温度系数	±(0.03%±1count)/ ℃
外观尺寸	150 mm×70 mm×25 mm
精度	DC 读数的±0.5%、±0.05%量程

直流稳压电源可将交流电转换为直流电，为加热丝和电磁线圈提供稳定电流输出，确保加热功率和电磁感应产生磁场的大小和方向一定，其实物如图 6－34 所示。

本书采用拓普瑞 TP700 多路数据记录仪记录管内温度的变化，如图 6－35 所示。

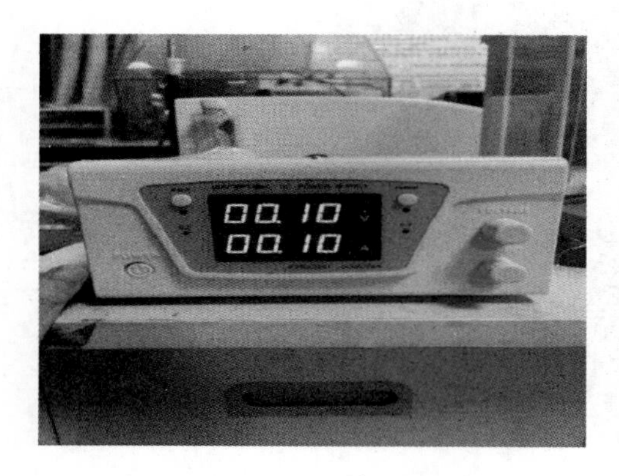

图 6－34　直流稳压电源

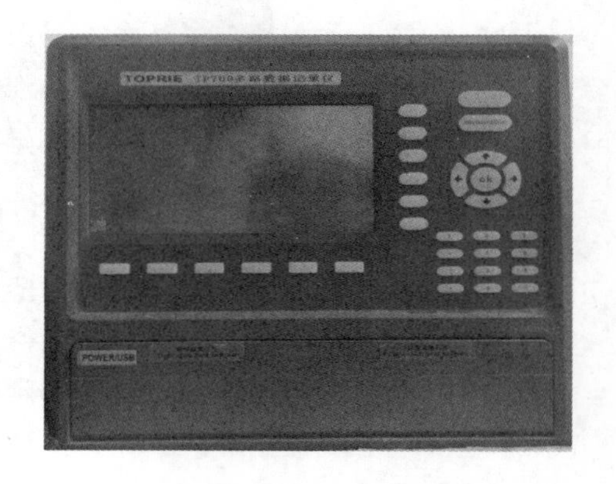

图 6－35　TP700 多路数据记录仪

本书采用粘贴式铂电阻测试紫铜管外壁的温度变化，如图 6－36 所示，具有反应快、灵敏度高的特性，结构参数如表 6－5 所示。

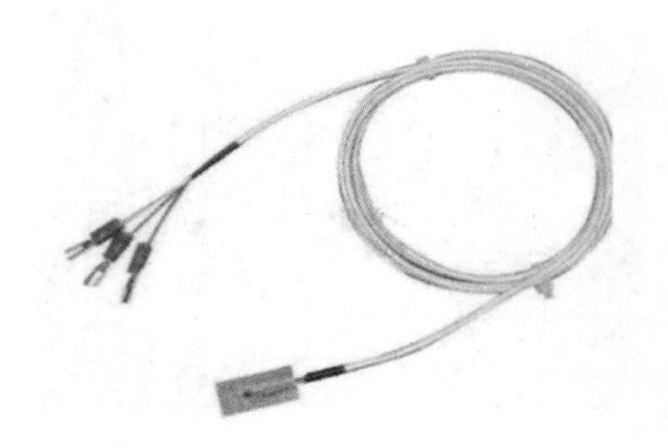

图 6－36　粘贴式铂电阻

表 6－5　铂电阻参数

产品名称	超薄粘贴铂电阻
分度号	PT100
探头直径	12 mm×20 mm(厚度 1 mm)
探头长度	10 mm
引线长度	1 500 mm
测温范围	铂电阻(－50～260 ℃)
测温精度	0.1 ℃
连接方式	U 型连接端子

6.5.3　水平圆管内纳米流体压降

纳米流体换热性能建立在其流动特性的基础上，因此有必要研究纳米流体在水平圆管中的流动特性，所选纳米流体质量分数为 1%。

1.非磁场下纳米流体的流动压降

研究对象为质量分数为 0.01%，0.05%，0.1%，0.5%，1%的水基石墨烯-Fe_3O_4复合纳米流体，通过与去离子水作对比分析，研究其流动压降及阻力系数的变化，结果如图 6-37 所示。从图中可以看出，不同质量分数的水基石墨烯-Fe_3O_4复合纳米流体流动压降均随着雷诺数的不断提高而增大，且当雷诺数相同时，纳米流体的流动压降要高于去离子水。在层流状态下，雷诺数为 2 000 时，质量分数为 1%的石墨烯-Fe_3O_4复合纳米流体流动压降比质量分数为 0.05%时提高了 26.98%，与去离子水相比则提高了 53.33%。在湍流状态下，雷诺数为 5 000 时，质量分数为 1%的石墨烯-Fe_3O_4复合纳米流体流动压降比质量分数为 0.05%时提高了 22.5%，与去离子水相比则提高了 36.15%。结果表明，纳米流体的流动压降随着雷诺数的升高而增大，这是由于加入磁性纳米粒子会使纳米流体的密度增大，黏度增大，从而导致流动压降提高。同时还发现纳米流体在湍流状态下的流动压降比层流状态下要高。

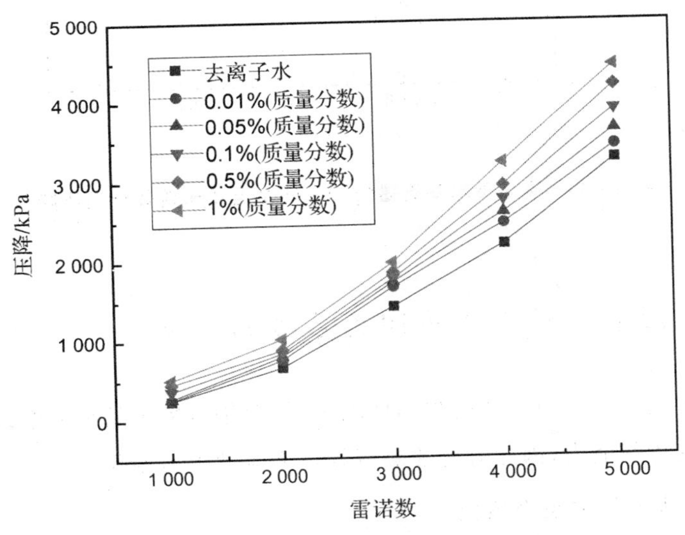

图 6-37　水基石墨烯-Fe_3O_4复合纳米流体流动压降

2.磁场下纳米流体的流动压降

磁场会改变磁性纳米粒子之间的相互作用，从而改变纳米流体在圆管内的流动状态，进一步影响传热效果，所以有必要对磁场下的纳米流体流动特性进行研究。图 6-38 所示为磁场强度为 150 Gs、质量分数为 1%时，水基石墨烯-Fe_3O_4复合纳米流体和去离子水的流动压降情况。

从图 6－38 中看出，磁场作用下，水基石墨烯－Fe_3O_4复合纳米流体的流动压降依然大于去离子水。在层流状态下，雷诺数为 2 000 时，质量分数为 1％的石墨烯－Fe_3O_4复合纳米流体流动压降与去离子水相比则提高了 56.36％，与非磁场下同等质量分数的纳米流体流动压降相比提高了 1.98％；在湍流状态下，雷诺数为 5 000 时，质量分数为 1％的石墨烯－Fe_3O_4复合纳米流体流动压降比去离子水提高了 38％，与非磁场下同等质量分数的纳米流体流动压降相比提高了 1.36％。结果表明，磁场作用下纳米流体流动压降情况与非磁场下变化不大。

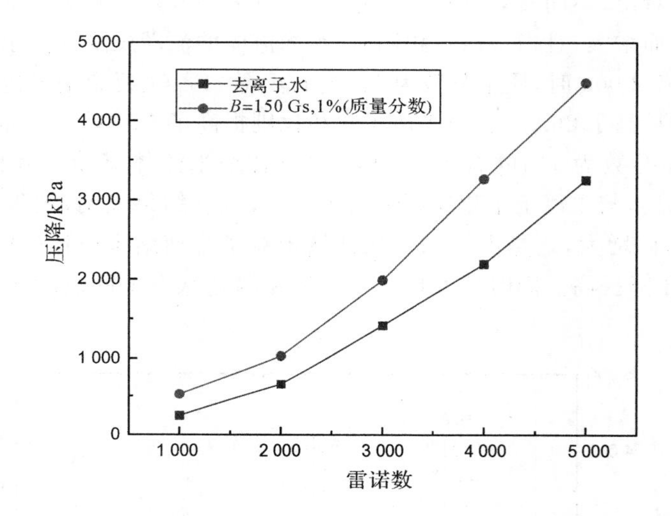

图 6－38　磁场下水基石墨烯－Fe_3O_4复合纳米流体流动压降

6.5.4 水平圆管内纳米流体阻力系数的变化

管内流动阻力会随着工质流速的提高而增大，同时纳米粒子的加入会改变工质黏度，进而影响整个系统的传热能力，因此有必要测试管道内流动阻力变化。

1.非磁场下纳米流体的阻力系数

如图 6－39 所示，为水基石墨烯－Fe_3O_4复合纳米流体阻力系数变化情况。层流状态下，雷诺数为 2000 时，质量分数为 1％的水基石墨烯－Fe_3O_4复合纳米流体阻力系数比质量分数为 0.05％时提高了 2.97％，与去离子水相比提高了 5.88％；湍流状态下，雷诺数为 5 000 时，质量分数为 1％水基石墨烯－Fe_3O_4复合纳米流体阻力系数比质量分数为 0.05％时提高了 4.92％，与去离子水相比提高了 10.3％。结果表明，湍流状态纳米流体流动阻力系数比层流时低，但不同质量分数纳米流体之间的阻力系数差距较小。

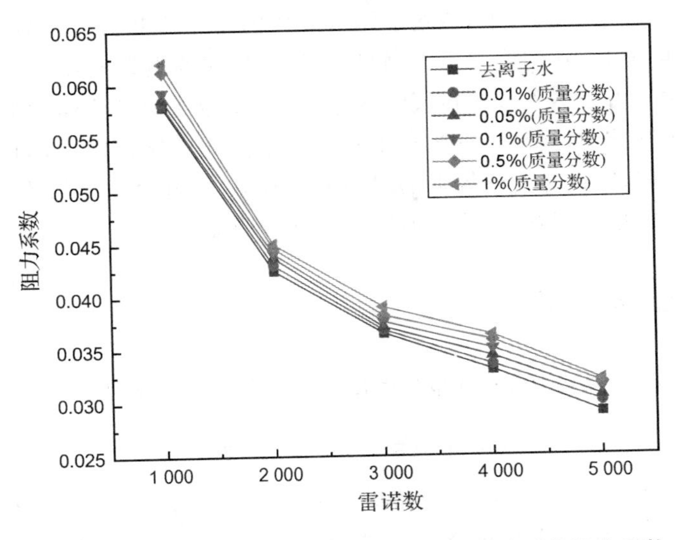

图 6－39　非磁场下水基石墨烯－Fe_3O_4复合纳米流体阻力系数

2.磁场下纳米流体的阻力系数

图 6－40 所示为水平磁场下，质量分数为 1%的水基石墨烯－Fe_3O_4复合纳米流体的流动阻力系数随雷诺数变化的情况。从图中看出，在磁场强度为 500 Gs 时，不管是层流状态还是湍流状态，复合纳米流体的阻力系数均大于去离子水。在层流状态下，雷诺数为 2 000 时，质量分数为 1%水基石墨烯－Fe_3O_4复合纳米流体阻力系数比其在非磁场下提高了 1.56%，与去离子水相比提高了 7.53%；在湍流状态下，雷诺数为 5 000 时，质量分数为 1%水基石墨烯－Fe_3O_4复合纳米流体阻力系数与其在非磁场下几乎没有变化，与去离子水相比提高了 10.7%。

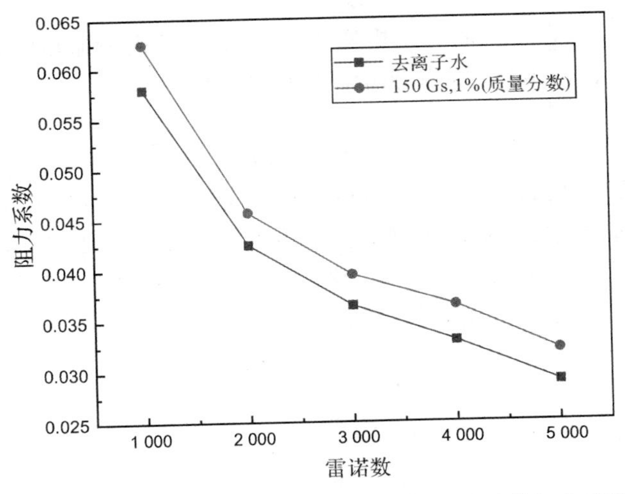

图 6－40　磁场下水基石墨烯－Fe_3O_4复合纳米流体阻力系数

实验结果表明：在层流状态下，磁场下纳米流体的阻力系数大于非磁场下，但提升的幅度有限，变化并不明显；而在湍流状态下，磁场中纳米流体的阻力系数与非磁场下比较，几乎没有任何变化。这是由于纳米流体在层流状态下，磁场会使纳米流体中的纳米粒子形成与磁场方向一致的磁链结构，提高了纳米粒子和水分子之间的摩擦阻力，而在湍流状态下，这种磁链结构无法形成，因此与非磁场下的阻力系数比较，几乎不会有变化。同时发现，磁场下纳米流体的阻力系数尽管有所提高，但影响程度不明显。

6.5.5 对流传热强化

为分析对流传热的强化效果，局部对流传热系数的计算公式为

$$h(x)=\frac{q}{T_{\mathrm{w,in}}(x)-T_{\mathrm{b}}(x)} \tag{6.10}$$

式中：$T_{\mathrm{w,in}}$是试验段管道的内壁温，通过傅里叶导热公式计算得到；T_{b}为轴向位置某处的磁性纳米流体的温度，根据能量平衡公式计算得到；x 为从管道入口到热电偶的水平轴向距离。

$$T_{\mathrm{w,in}}(x)=T_{\mathrm{w,out}}(x)-\frac{q}{2\pi Lk}\ln\left(\frac{D_{\mathrm{in}}}{D_{\mathrm{out}}}\right) \tag{6.11}$$

式中：$T_{\mathrm{w,out}}$是热电偶读取的铜管外壁面的温度；L 是试验段的长度；k 是铜管的导热系数；D_{in}是铜管的内径；D_{out}是铜管的外径。

$$T_{\mathrm{b}}(x)=T_{\mathrm{in}}+\frac{\pi q D_{\mathrm{in}}}{c_{\mathrm{nf}}\rho_{\mathrm{nf}} q_{\mathrm{v}}}x \tag{6.12}$$

式中，T_{in}是读取的流体入口温度；ρ_{nf} 和 c_{nf} 是流体的密度 h 和比热容；q_{v}是测量的流体体积流量；q 是管道壁面的恒定热流密度，通过公式计算得到：

$$q=\frac{Q}{\pi D_{\mathrm{in}}L}=\frac{VI}{\pi D_{\mathrm{in}}L} \tag{6.13}$$

式中：Q 是流体流过试验段所吸收的总热量；V 和 I 实验过程中加热电源的电压和电流值。此外实验中热流密度也可用公式通过能量守恒计算得出。

$$q=\frac{Q}{\pi D_{\mathrm{in}}L}=\frac{c_{\mathrm{nf}}\rho_{\mathrm{nf}} q_{\mathrm{v}}(T_{\mathrm{out}}-T_{\mathrm{in}})}{\pi D_{\mathrm{in}}L} \tag{6.14}$$

式中：T_{in}和 T_{out}是流体进出口的温度。值得一提的是，通过实验测量得到的管道壁面热流密度与沿试验段通过能量守恒计算得到的恒定热流密度之间存在差异，这是由于热损失导致的。每个实验，这些差异最多为 5%。雷诺数由公式计算得出。值得一提的是，在磁场的作用下，本实验假设纳米流体黏度是恒定的。

$$Re=\frac{\rho_{\mathrm{nf}} u D_{\mathrm{in}}}{\mu_{\mathrm{nf}}} \tag{6.15}$$

摩擦阻力系数由公式计算得出：

$$f=\frac{2D_{\mathrm{in}}}{\rho_{\mathrm{nf}} u^{2}}\cdot\frac{\nabla P}{L} \tag{6.16}$$

实验数据的不确定性源于流量、温度和长度等量的测量误差。本研究实验值的不确定

性通过建议的方法进行估算。假设 F 是几个独立变量的函数，每个变量都有自己的不确定性，则 F 的整体不确定性计算如下：

$$\delta y=\sqrt{\sum_{i=1}^{n}\left(\frac{\partial Y}{\partial x_i}\right)^2(\delta x_i)^2} \tag{6.17}$$

摩擦阻力系数 f 的不确定性可表示为

$$\frac{\delta f}{f}=\sqrt{\left(\frac{\delta P}{P}\right)^2+\left(\frac{\delta L}{L}\right)^2+\left(\frac{\delta D_{\mathrm{in}}}{D}\right)^2+\left(\frac{\delta u}{u}\right)^2} \tag{6.18}$$

使用去离子水作为换热工质进行对流换热实验，将实验结果与计算结果相比较。

如图 6－41 所示，研究了水平磁场下质量分数为 1%的石墨烯－Fe_3O_4复合纳米流体的对流传热系数与雷诺数之间的关系。从图中可以看出，石墨烯－Fe_3O_4复合纳米流体相比于去离子水的传热系数，提升十分明显，可以有效提高基液的换热能力。非磁场下，雷诺数为 2 000 时，纳米流体传热系数比去离子水提高了 59.6%；雷诺数为 5 000 时，纳米流体传热系数相比于去离子水提高了 11.3%；与其在非磁场下比较，雷诺数为 2 000 时减弱了 6.7%，雷诺数为 5 000 时减弱了 0.9%。

从图中看出，在非磁场或磁场下，石墨烯－Fe_3O_4复合纳米流体的传热系数均高于去离子水，当加入水平方向的磁场时，对流传热系数略低于无外加磁场。这是由于纳米粒子的加入改变了液体内部的热传递，液体内部的布朗运动和热泳动加剧，进而扰动了热边界层，增强了层流和湍流状态下的对流换热。加入水平磁场后，石墨烯－Fe_3O_4纳米粒子受磁场的影响，聚集形成磁链，与液体的流动方向平行，增加了流动阻力，起到减弱了垂直方向上动量和能量传递的作用，进而削弱了传热能力。

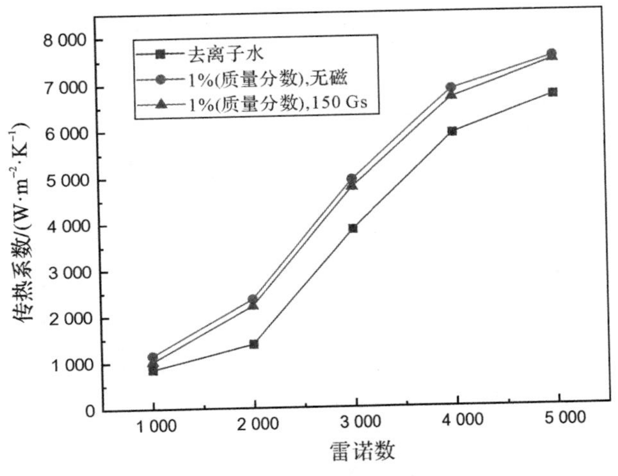

图 6－41　磁场下水基石墨烯－Fe_3O_4复合纳米流体传热系数

本节介绍了磁场作用下纳米流体对流换热实验平台，对实验流程和实验设备进行了介绍，并分析了实验数据的处理过程。为确保实验数据的的准确性以及科学性，对实验参数进行了不确定性分析，结果表明：

1)不同质量分数的水基石墨烯－Fe_3O_4复合纳米流体流动压降均随着雷诺数的不断提

高而增大，且当雷诺数相同时，纳米流体的流动压降要高于去离子水。雷诺数为 2 000 时，质量分数为 1%的石墨烯－Fe_3O_4复合纳米流体流动压降比质量分数为 0.05%时提高了 26.98%，与去离子水相比则提高了 53.33%；雷诺数为 5 000 时，质量分数为 1%的石墨烯－Fe_3O_4复合纳米流体流动压降比质量分数为 0.05%时提高了 22.5%，与去离子水相比则提高了 36.15%。磁场作用下纳米流体流动压降情况与非磁场下变化不大。

2)纳米流体相较于去离子水，阻力系数略微有所提高，但整体变化不大。雷诺数为 2 000时，质量分数为 1%的水基石墨烯－Fe_3O_4复合纳米流体阻力系数比质量分数为 0.05%时提高了 2.97%，与去离子水相比提高了 5.88%；雷诺数为 5 000 时，质量分数为 1%的水基石墨烯－Fe_3O_4复合纳米流体阻力系数比质量分数为 0.05%时提高了 4.92%，与去离子水相比提高了 10.3%。磁场下纳米流体的阻力系数尽管有所提高，但影响程度不明显。雷诺数为 2 000 时，质量分数为 1%的水基石墨烯－Fe_3O_4复合纳米流体阻力系数比其在非磁场下提高了 1.56%，与去离子水相比提高了 7.53%；雷诺数为 5 000 时，质量分数为 1%的水基石墨烯－Fe_3O_4复合纳米流体阻力系数与其在非磁场下几乎没有变化，与去离子水相比提高了 10.7%。

3)石墨烯－Fe_3O_4复合纳米流体相比于去离子水的传热系数，提升十分明显，可以有效提高基液的换热能力。非磁场下，雷诺数为 2 000 时，纳米流体传热系数比去离子水提高了 59.6%。雷诺数为 5 000 时，纳米流体传热系数相比于去离子水提高了 11.3%；与其在非磁场下比较，雷诺数为 2 000 时减弱了 6.7%，雷诺数为 5 000 时减弱了 0.9%。

参 考 文 献

[1] CHOI S U S. Enhancing thermal conductivity of fluids with nanoparticles[J]. Office of Scientific and Technical Information Technolical Reports，1995,231(1):99－105.
[2] 张齐，王建华. 磁性液体三维蒙特卡洛模拟[J]. 自然科学进展，1995(1)：105－113.
[3] TENG A，DENGHAI M I，PEDIATRICS D O. The progress of magnetic nanomaterialsin application of biomedicine[J]. Journal of Biomedical Engineering，2014,31(2):472－493.
[4] 李天宇. 石墨烯纳米流体的制备和换热特性研究[D]. 哈尔滨:哈尔滨工业大学，2015.
[5] 梅倩，蒙小聪，杨旭，等. 三维石墨烯纳米流体传热性能的实验研究[J]. 装备制造技术,2017(6):208－210.
[6] 何钦波. 外加磁场强化磁性纳米流体的光热特性及机理研究[D]. 广州:华南理工大学，2015.
[7] 许喜伟. 铜/石墨烯纳米流体的合成及其分散稳定性[D]. 兰州:兰州理工大学，2016.
[8] 王宁. 石墨烯纳米流体热管式太阳能集热器热性能实验研究[D]. 南京:东南大学，2017.
[9] 陈晨，彭浩. 石墨烯纳米流体相变材料蓄冷特性的数值模拟[J]. 化工进展，2018,37(2):681－688.
[10] HUANG J，HE Y，WANG L，et al. Bifunctional Au@TiO_2 core-shell nanoparticle films for clean water generation by photocatalysis and solar evaporation[J]. Energy Conversion and Management，2017(132)：452－459.
[11] LO C H，TSUNG T T，CHEN L C. Shape-controlled synthesis of cubased nanofluid using submerged arc nanoparticle synthesis system (SANSS)[J]. Journal of Crystal Growth，2005(277):636－642.
[12] HONG T K，YANG H S，CHOI C J. Study of the enhanced thermal conductivity of Fe Nanofluids[J]. Journal of Applied Physics，2005(97):1－4.
[13] 徐小娇，刘妮，王玉强，等.纳米流体悬浮液稳定性的最新研究进展[J].流体机械，2012，40(10):46－52.
[14] 莫子勇，吴张永，王娴，等.水基纳米碳化钛流体稳定性分析[J].材料导报:研究篇，2014,28(7):28－36.
[15] PAUL G，CHOPKAR M，MANNA I，et al. Techniques for measuring the thermal conductivity of nanofluids：a review [J]. Renewable and Sustainable Energy

Reviews, 2010(14): 1913 - 1924.

[16] 姚凯，郑会保，刘运传，等. 导热系数测试方法概述[J]. 理化检验-物理分册，2018，54(10):741 - 747.

[17] 付小雨，向雄志. 纳米流体的热导率及其模型的研究进展[J].金属功能材料，2021，28(1):50 - 57.

[18] PAUL G, CHOPKAR M, DAS K P. Techniques for measuring the thermal conductivity of nanofluids: a review [J]. Renewable and Sustainable Energy Reviews, 2010,14(7):1913 - 1924.

[19] PUTRA N, ROETZEL W, DAS S K. Natural convection of nanofluids [J]. Heat and Mass Transfer,2003,39(9): 775 - 784.

[20] 王辉,骆仲泱,蔡洁聪，等. SiO_2 纳米流体透射率影响因素实验研究[J]. 浙江大学学报(工学版)，2010, 44(6): 1144 - 1148.

[21] 方晓鹏，宣益民，李强. 外磁场作用下磁流体薄层的光学特性研究[J]. 工程热物理学报,2009, 30 (8) : 1386 - 1388.

[22] 赵佳飞. 纳米流体辐射特性机理研究及其在太阳能电热联用系统中的应用研究[D]. 杭州:浙江大学,2009.

[23] BOHREN C F, HUFFMAN D R. Absorption and scattering of light by small particles[M]. New York: Wiley, 1983.

[24] HORNG H E, YANG S Y, et al. Magnetically modulated optical transmission of magnetic fluid films[J]. Journal of Magnetism and Magnetic Materials, 2002(252): 104 - 106.

[25] LI J. Field modulation of light transmittance through ferrofluid film[J]. Appl. Phys. Lett., 2007,91(25):3108.

[26] NAPHON P, ASSADAMONGKOL P, BORIRAK T.Experimental investigation of titanium nanofluids on the heat pipe thermal efficiency [J]. International Communications in Heat & Mass Transfer, 2008, 35(10):1316 - 1319.

[27] PEYGHAMBARZADEH S M, HASHEMABADI S H, HOSEINI S M, et al. Experimental study of heat transfer enhancement using water/ethylene glycol based nanofluids as a new coolant for car radiators[J].International Communications in Heat & Mass Transfer, 2011, 38(9):1283 - 1290.

[28] SARKAR J.A critical review on convective heat transfer correlations of nanofluids [J].Renewable & Sustainable Energy Reviews, 2011, 15(6):3271 - 3277.

[29] Heat and mass transfer of nanofluids containing metallic nanoparticles [J]. AIP Conference Proceedings, 2023, 2849(1):160003.

[30] AKRAM S, ATHAR M, SAEED K,et al. Hybridized consequence of thermal and concentration convection on peristaltic transport of magneto Powell - Eyring nanofluids in inclined asymmetric channel[J].Mathematical Methods in the Applied Sciences, 2023, 46(10):11462 - 11478.

[31] 吴俊杰，马丽，侯竣升，等.复合纳米流体强化换热研究进展[J].工程科学学报，2023(46):1-12.

[32] REDDY N K, SANKAR M. Buoyant heat transfer of nanofluids in a vertical porous annulus: a comparative study of different models[J]. International Journal of Numerical Methods for Heat and Fluid Flow, 2023,33(2):477-509.

[33] PAN C G, LIU C, SHAO L Y, et al. Multistage circulation absorption improvement: simulation and energy-saving evaluation of an innovative amine-based CO_2 Capture Process[J]. Energy & Fuels, 2024, 38 (3): 2129-2140.

[34] Heat transfer enhancement for laminar nanofluids flow: a numerical study using two phases[J].AIP Conference Proceedings, 2023, 2849(1):160005.

[35] ZHAO X, ZHOU F, CHEN Z, et al.Dynamic monitoring and enhanced oil recovery evaluation of the water flooding process of liquid nanofluids in tight reservoirs[J]. Energy & Fuels, 2023, 37(6): 4256-4266.

[36] BP. BP statistical review of world energy 2022 [R]. London: BP Energy Economics, 2022.

[37] BP. BP statistical review of world energy 2021 [R]. London: BP Energy Economics, 2021.

[38] WEN H, LIANG W, CHIEN-CHIANG Lee. China's progress toward sustainable development in pursuit of carbon neutrality: regional differences and dynamic evolution[J].Environmental Impact Assessment Review, 2023卷(期):106959.

[39] FANG Z.Assessing the impact of renewable energy investment, green technology innovation, and industrialization on sustainable development: a case study of China [J].Renewable Energy, 2023卷(期):772-782.

[40] HU J, ZHANG H, IRFAN M.How does digital infrastructure construction affect low-carbon development? A multidimensional interpretation of evidence from China [J].Journal of cleaner production, 2023卷(期):396-421.

[41] ZHENG C, CHEN H.Revisiting the linkage between financial inclusion and energy productivity: technology implications for climate change[J]. Sustainable Energy Technologies and Assessments, 2023卷(期):57-66.

[42] ABDULLAH A, ESSA A F, PANCHAL H, et al. Enhancing the performance of tubular solar stills for water purification: a comprehensive review and comparative analysis of methodologies and materials [J]. Results in Engineering, 2024(21): 101722.

[43] GARCIA R L J, BULNES A A C, ARRIAGA M F, et al. Optical and hydrodynamic performance of photocatalytic monoliths of different shapes in a solar photoreactor with compound parabolic collector [J]. Catalysis Today, 2024(429): 114498.

[44] 张沛晔，穆瑞琪，刘明，等. 太阳能热利用系统能势匹配程度的对比分析 [J]. 太阳能

学报，2022，43 (9)：119 - 124.

[45] MERT T，IBRAHIM D. Development of concentrated solar and agrivoltaic based system to generate water，food and energy with hydrogen for sustainable agriculture [J]. Applied Energy，2024(358)：122539.

[46] 李文甲. 光伏-光热-热化学互补的太阳能利用理论、方法与系统[D]. 北京：中国科学院大学(中国科学院工程热物理研究所)，2018.

[47] 李申生. 太阳能物理学 [M]. 北京：首都师范大学出版社，1996.

[48] AHMED FAHEEM ZOBAA. Energy storage-technologies and applications [M]. Rijeka：InTech Prepress，2013.

[49] ATLANTA W T R. Concentrator photovoltaics [M]. Berlin：Springer-Verlag，2007.

[50] 朱冬生，黄银盛.太阳能热发电技术[C]//全国太阳能热利用学术年会，2010.

[51] SEO T，RYU S，KANG Y.Thermal performance of the receivers for the Dish-Type solar energy collecting system of Korea Institute of energy research. Proceeding of the International Solar Energy Conference[C]//Madison，Wisconsin：American Solar Energy Society，2000，19(5)：303 - 306.

[52] REDDY K S，SENDHIL N K. Combined laminar natural convection and surface radiation heat transfer in a modified cavity receiver of solar parabolic dish[J]. International Journal of Thermal Sciences，2006，34(1)：48 - 57.

[53] BLANCO M J，SANTIGOSA L R. Advances in concentrating solar thermal research and technology[M]. London：Joe Hayton，2017.

[54] 国家能源局. 我国太阳能资源是如何分布的[EB/OL]. [2014 - 08 - 03]. http://www.nea.gov.cn/2014 - 08/03/c_ 133617073.htm.

[55] 何雅玲.太阳能光热发电原理、技术及数值分析[M].北京：科学出版社，2023.

[56] 黄素逸，黄树红，许国良，等. 太阳能热发电原理与技术 [M]. 北京：中国电力出版社，2012.

[57] 熊亚选，TRAORE M K，吴玉庭，等. 槽式太阳能聚光集热技术[J]. 太阳能，2009 (6)：21 - 26.

[58] HUTCHISON JA. Parabolic trough solar collector：US 4423719 [P]. 1984 - 01 - 03.

[59] A FERNANDEZ-GARCíA，ZARZA E，VALENZUELA L，et al. Parabolic - trough solar collectors and their applications[J]. Renewable and Sustainable Energy Reviews，2010，14(7)：1695 - 1721.

[60] PRICE H，LUPFERT E，KEARNEY D，et al. Advances in parabolic trough solar power technology[J]. Journal of Solar Energy Engineering，2002，124(2)：109 - 125.

[61] 徐海荣，钟史明. 分布式能源系统：太阳能发电简介[C]//可再生能源规模化发展国际研讨会暨第三届泛长三角能源科技论坛，南京，2006.

[62] PITZ-PAAL R，BOTERO N B，STEINFELD A. Heliostat field layout optimization for high temperature solar thermochemical processing [J]. Solar

Energy, 2011, 85(2): 334 - 343.

[63] JONES S, LUMIA R, DAVENPORT R, et al. Heliostat Cost Reduction Study [R]. California: Sandia National Laboratories, 2007.

[64] Laboratory National Renewable Energy. Planta Solar 20 [J/OL]. http://www.nrel.gov/csp/solarpaces/project_detail.cfm/projectID = 39 (accessed September 10, 2012).

[65] AL VILA-MARIN. Volumetric receivers in solar thermal power plants with central receiver system technology: a review[J]. Solar Energy, 2011, 85(5): 891 - 910.

[66] PAVLOVIC T, RADONJIC I, MILOSAVLJEVIC D, et al. A review of concentrating solar power plants in the world and their potential use in serbia[J]. Renewable and Sustainable Energy Reviews, 2012, 16(6): 3891 - 3902.

[67] WU S C, DING Y W, ZHANG C B, et al. Improving the performance of a thermoelectric power system using a flat - plate heat pipe[J]. Chinese Journal of Chemical Engineering, 2019, 27(1): 44 - 53.

[68] 贾柠泽,任志宏,常泽辉,等. 太阳能建筑采暖系统槽式复合多曲面聚光器性能研究[J]. 可再生能源, 2017, 35(8): 1156 - 1161.

[69] 赵耀华,邹飞龙,刁彦华,等. 新型平板热管式太阳能集热技术[J]. 工程热物理学报, 2010, 31(12): 2061 - 2064.

[70] 范满,由世俊,张欢,等. V 型多通道平板太阳能集热器的热性能研究[J]. 太阳能学报, 2022, 43(1): 478 - 483.

[71] 高志超,隋军,刘启斌,等. 30 m^2 槽式太阳能集热器性能模拟研究[J]. 工程热物理学报, 2010, 31(4): 541 - 544.

[72] KUNDU B. Analytic method for thermal performance and optimization of an absorber plate finhaving variable thermal conductivity and overall loss coefficient [J]. Applied Energy, 2011,87(7): 2243 - 2255.

[73] HUSSEIN H M, MOHAMAD M A, EL-ASFOURI A S. Optimization of a wickless heat pipe flat plate solar collector [J]. Energy Conversion and Management, 1999, 40(18): 1949 - 1961.

[74] HUSSEIN H M, MOHAMAD M A, EL-ASFOURI A S. Theoretical analysis of laminar - film condensation heat transfer inside inclined wickless heat pipes flat-plate solar collector[J]. Renewable Energy, 2001, 23(3/4): 525 - 535.

[75] 路阳,刘建波,王克振,等. 流量对平板太阳能集热器热性能的影响[J]. 兰州理工大学学报, 2015, 41(4): 60 - 64.

[76] PURNAYAN F, SHI MOHAMMADI R, MALEKI A, et al. Improvement of solar flat late collector performance by optimum tilt angle and minimizing top heat loss coefficient using particle swarm optimization[J]. Energy Science and Engineering, 2020(2). 795 - 799.

[77] HEGAZY A A. Effect of dust accumulation on solar transmittance through glass

covers of plate - type collectors [J]. Renewable energy, 2001, 22(4): 525 - 540.

[78] ELMINA H K, GHITA A E, HAMID R H, et al. Effect of dust on the transparent cover of solar collectors[J]. Energy Conversion & Management, 2006, 47(18/19): 3192 - 3203.

[79] SMAIL SEMAOUI, AMAR HADJ ARAB, ELAMIN KOUADRI BOUDJELTHIA, et al. Dust Effect on Optical Transmittance of Photovoltaic Module Glazing in a Desert Region[J]. Energy Procedia, 2015(74):77 - 86.

[80] 侯祎. 积尘对平板型太阳能集热系统性能的影响[D]. 西安：西安建筑科技大学，2015.

[81] 李念平，马俊，刘刚，等. 平板型太阳能集热器表面积尘对其热性能影响的分析[J]. 太阳能学报，2013，34(7)：1197 - 1201.

[82] 刘建波. 新型平板太阳能集热器热性能研究[D]. 兰州：兰州理工大学，2014.

[83] 杨艳，王杰，田明中，等. 中国沙尘暴分布规律及研究方法分析[J]. 中国沙漠，2012，32(2)：465 - 472.

[84] 闫素英，魏泽辉，马靖，等. 镜面积尘对线性菲涅尔镜场反射比及系统集热性能的影响[J]. 太阳能学报，2019，40(3)：766 - 771.

[85] 王志敏，产文武，杨畅，等. 基于槽式太阳能系统的镜面积尘的影响及预测方法分析[J]. 光学学报，2020，40(18)：70 - 78.

[86] 赵明智，张丹，宫博，等. 沙漠环境对光伏组件的影响研究[J]. 太阳能学报，2020，41(5)：365 - 370.

[87] GAO M M, ZHU L, PEH C K, et al. Solar absorber material and system designs forphotothermal water vaporization towards clean water and energy production[J]. Energy Environmental Science, 2019(21):841 - 864.

[88] BAI B L, YANG X H, TIAN R, et al. High-efficiency solar steam generation based on blue brick - graphene inverted cone evaporator[J]. Appl. Therm. Eng, 2019(163):114379.

[89] XU Z Y, ZHANG L, ZHAO L, et al. Ultrahigh-efficiency desalination via a thermally - localized multistage solar still[J]. Energy and Environmental Sci, 2020, 13(3): 830 - 839.

[90] XU J, XU F, QIAN M, et al. Copper nanodot-embedded graphene urchins of nearly full - spectrum solar absorption and extraordinary solar desalination[J]. Nano Energy, 2018(53):425 - 431.

[91] 杨敏林，杨晓西，林汝谋，等. 太阳能热发电技术与系统[J]. 热能动力工程，2008，23(3):221 - 228.

[92] 崔福庆，何雅玲，程泽东，等. 有压腔式吸热器内辐射传播过程的 Monte Carlo 模拟[J]. 化工学报，2011(增刊 1):60 - 65.

[93] 孟继安. 基于场协同理论的纵向涡强化换热技术及其应用[D]. 北京：清华大学，2003.

[94] GUO Z Y, TAO W Q, SHAH R K. The field synergy (coordination) principle and its applications in enhancing single phase convective heat transfer[J]. International Journal of Heat and Mass Transfer, 2005, 48(9):1797-1807.

[95] MOHAMMAD S H, BAHMAN S. Air flow through confined metal foam passage: Experimental investigation and mathematical modelling[J]. Experimental Thermal and Fluid Science, 2018(99):13-25.

[96] BODLA K K, MURTHY J Y, GARIMELLA S V. Microtomography-based simulation of transport through open-cell metal foams [J]. Numerical Heat Transfer, Part A: Applications, 2010, 58(7):527-544.

[97] 黄素逸,黄树红.太阳能热发电原理及技术[M].北京:中国电力出版社, 2012.

[98] 刘鉴民.太阳能热动力发电技术[M].北京:化学工业出版社, 2012.

[99] 宋记锋,丁树娟.太阳能热发电站[M].北京:机械工业出版社, 2012.

[100] 赵刚.碟式太阳能热动力发电系统的研究[D].哈尔滨:哈尔滨理工大学, 2006.

[101] KARNI J, KRIBUS A, OSTRAICH B.A high-pressure window for volumetric solar receivers[J].Journal of Solar Energy Engineering,1998,120(2):101-107.

[102] XIAO L, WU S Y, LI Y R. Numerical study on combined free-forced convection heat loss of solar cavity receiver under wind environments [J]. International Journal of Thermal Sciences, 2012,60(10):182-194.

[103] 杨世铭,陶文铨.传热学[M].4 版.北京:高等教育出版社,2011.

[104] RIFFAT S B, ZHAO X, DOHERTY P S. Developing a theoretical model to investigate thermal performance of a thin membrane heat-pipe solar collector[J]. Applied Thermal Engineering, 2005, 25(5/6): 899-915.

[105] ABREU S L, COLLE S. An experimental study of two-phase closed thermosyphons for compact solar domestic hot-water systems[J]. Solar Energy, 2004, 76(1/2/3): 141-145.

[106] ALA H, KURNITSKI J, JOKIRANTA K. A combined low temperature water heating system consisting of radiators and floor heating[J]. Energy and Buildings, 2009,41(5):470-479.

[107] JACQUES M, SERRES L, TROMBE A. Radiant ceiling panel heating-cooling systems: experimental and simulated study of the performances, thermal comfort and energy consumptions[J]. Applied Thermal Engineering, 2002, 22(16): 1861-1873.

[108] 国家能源局. 国家能源局关于因地制宜做好可再生能源供暖工作的通知[EB/OL]. [2021-01-27]. https://www.gov.cn/zhengce/zhengceku/2021-02/13/content_5586982.htm.

[109] ABDELAZIZ L. Development of a radiant heating and cooling model for building energy simulation software[J]. Building and Environment, 2004, 39(4): 421-431.

[110] 许登科，庞建勇，杜传梅，等.太阳能毛细管低温辐射供暖系统的试验研究[J]. 流体机械，2018(4)：61-66.

[111] TAEYEON K, KATO S, MURAKAMI S. Indoor cooling/heating load analysis based on coupled simulation of convection, radiation and HVAC control[J]. Building & Environment, 2001, 36(7): 901-908.

[112] DOOSAM S, KATO S. Radiational panel cooling system with continuous natural cross ventilation for hot and humid regions[J]. Energy and Buildings, 2004, 36(12):1273-1280.

[113] 王婷婷.毛细管平面辐射空调系统设置方式与运行策略研究[D].济南：山东建筑大学，2012.

[114] 冯国会，崔洁，黄凯良，等. 基于太阳能热水的毛细管网壁面低温辐射采暖系统[J].沈阳建筑大学学报(自然科学版)，2013(2)：320-326.